Kostensimulation

Thorsten Claus · Frank Herrmann
Enrico Teich

Kostensimulation

Grundlagen, Forschungsansätze,
Anwendungsbeispiele

Thorsten Claus
Professur für Produktionswirtschaft
und Informationstechnik
TU Dresden (IHI Zittau)
Zittau, Deutschland

Frank Herrmann
Fakultät für Informatik und Mathematik
Quantitative Methoden in der
Produktionsplanung
OTH Regensburg
Regensburg, Deutschland

Enrico Teich
Professur für Produktionswirtschaft
und Informationstechnik
TU Dresden (IHI Zittau)
Zittau, Deutschland

ISBN 978-3-658-25167-3   ISBN 978-3-658-25168-0 (eBook)
https://doi.org/10.1007/978-3-658-25168-0

Die Deutsche Nationalbibliothek verzeichnet diese Publikation in der Deutschen National-
bibliografie; detaillierte bibliografische Daten sind im Internet über http://dnb.d-nb.de abrufbar.

Springer Gabler
© Springer Fachmedien Wiesbaden GmbH, ein Teil von Springer Nature 2019
Das Werk einschließlich aller seiner Teile ist urheberrechtlich geschützt. Jede Verwertung, die
nicht ausdrücklich vom Urheberrechtsgesetz zugelassen ist, bedarf der vorherigen Zustimmung
des Verlags. Das gilt insbesondere für Vervielfältigungen, Bearbeitungen, Übersetzungen,
Mikroverfilmungen und die Einspeicherung und Verarbeitung in elektronischen Systemen.
Die Wiedergabe von Gebrauchsnamen, Handelsnamen, Warenbezeichnungen usw. in diesem Werk
berechtigt auch ohne besondere Kennzeichnung nicht zu der Annahme, dass solche Namen im
Sinne der Warenzeichen- und Markenschutz-Gesetzgebung als frei zu betrachten wären und daher
von jedermann benutzt werden dürften.
Der Verlag, die Autoren und die Herausgeber gehen davon aus, dass die Angaben und
Informationen in diesem Werk zum Zeitpunkt der Veröffentlichung vollständig und korrekt sind.
Weder der Verlag noch die Autoren oder die Herausgeber übernehmen, ausdrücklich oder implizit,
Gewähr für den Inhalt des Werkes, etwaige Fehler oder Äußerungen. Der Verlag bleibt im
Hinblick auf geografische Zuordnungen und Gebietsbezeichnungen in veröffentlichten Karten und
Institutionsadressen neutral.

Springer Gabler ist ein Imprint der eingetragenen Gesellschaft Springer Fachmedien Wiesbaden
GmbH und ist ein Teil von Springer Nature.
Die Anschrift der Gesellschaft ist: Abraham-Lincoln-Str. 46, 65189 Wiesbaden, Germany

Vorwort

Thorsten Claus, Frank Herrmann und Enrico Teich

Simulation ist ein Verfahren zur Nachbildung eines Systems mit seinen dynamischen Prozessen in einem experimentierbaren Modell, um zu Erkenntnissen zu gelangen, die auf die Wirklichkeit übertragbar sind; aus der VDI Richtlinie 3633. Namhafte Beispiele sind Hochregallager und Paketsortieranlagen. Bei diesen stehen ingenieurwissenschaftliche Aufgaben, wie das Layout, der Materialfluss, die Erreichung von Kennzahlen oder der funktional korrekte Betrieb im Vordergrund. Betriebswirtschaftliche Aufgaben, bei denen häufig Kosten maßgeblich sind, fehlen oftmals. In diesem Sinne können entscheidende Fragen zur Ausgestaltung von Produktions- und Logistiksystemen, aber auch zum operativen Betrieb dieser Systeme, ohne die Berücksichtigung von Kosten nicht beantwortet werden. Durch eine Kostensimulation soll das dominierende Vorgehen um eine ökonomische Betrachtung erweitert werden. Dadurch lassen sich die vorliegenden Entscheidungsoptionen systematisch und fundiert bewerten. Dies unterstützt eine zielgerichtete Entscheidungsfindung wesentlich. Gerade durch die gegenwärtig stattfindende vierte industrielle Revolution einerseits und der stetig zunehmenden Komplexität und wachsenden Planungsunsicherheit in Produktion und Logistik, beispielsweise hervorgerufen durch die fortschreitende Entwicklung der Produktvariantenvielfalt, andererseits, ist zu erwarten, dass die Bedeutung der Simulation im Allgemeinen und der Kostensimulation im Besonderen weiter zunimmt und sowohl für die Praxis als auch für die Wissenschaft gleichermaßen ein aktuelles und relevantes Themenfeld bildet.

Zentraler Gegenstand des vorliegenden Buches sind ausgewählte Forschungsansätze und Anwendungsbeispiele zur Berücksichtigung von Kostendaten in Simulationsmodellen in den Bereichen Produktion und Logistik. Diesen Ausführungen vorangestellt ist ein Grundlagenteil, der sich mit wichtigen Begriffsdefinitionen, bedeutenden Aspekten der Kostenrechnung, relevanten Verfahren der Simulation und Optimierung als auch der Klassifikation von Kostensimulationsansätzen befasst.

Dieses Buch richtet sich an Anwender, die ihre unternehmerischen Entscheidungsprozesse durch Kostensimulation zukünftig verbessern wollen, ebenso wie an Wissenschaftler, die sich zu den Grundlagen der Kostensimulation und aktuellen Forschungen in diesem Themenfeld informieren wollen.

Die Erstellung dieses Buches erfolgte durch die Arbeitsgruppe „Kostenbasierte dynamische Simulation", welche zur Fachgruppe „Simulation in Produktion und Logistik"der Arbeitsgemeinschaft Simulation (ASIM) gehört. Das Buch wird innerhalb der ASIM als ASIM-Mitteilung Nr. 169 geführt. Folgende Personen haben an der Erstellung dieses Werkes mitgewirkt (alphabetisch aufgelistet):

Claus, Thorsten	Müller, Christian
Gamankova, Irina	Sauer, Jürgen
Hanfeld, Marc	Schallner, Harald
Herrmann, Frank	Spieckermann, Sven
Hirsch, Christine	Stumvoll, Ulrike
Janssen, Larissa	Teich, Enrico
Kühn, Mathias	Trost, Marco
Laroque, Christoph	Vitzthum, Thorsten
Laue, Ralf	Völker, Michael
Livonius, Friedrich	Wunderlich, Jürgen
Lorenz, Torsten	Zirkler, Bernd
Mühsinger, Steffen	

Die Herausgeber möchten diesen Personen hiermit einen besonderen Dank aussprechen, da ohne ihren Einsatz die Erstellung dieser umfangreichen Arbeit nicht denkbar gewesen wäre. Es bleibt zu wünschen, dass dieses Buch ein Standardwerk für Kostensimulation in Wissenschaft und Praxis wird.

Dresden und Regensburg, Januar 2019

Inhaltsverzeichnis

Vorwort v
Thorsten Claus, Frank Herrmann und Enrico Teich

Teil I Grundlagen

1 Einführung in die Kostensimulation 3
Jürgen Wunderlich
   1.1   Herausforderungen bei der Erweiterung der Simulation um
         Aspekte der Kostenrechnung 3
   1.2   Bezugsrahmen für die Anreicherung der Simulation um
         Kostendaten 5
         1.2.1   Ereignisdiskrete Simulation als Ausgangsbasis 5
         1.2.2   Definition elementarer Kostenzuordnungsobjekte 5
         1.2.3   Berücksichtigung von nicht im Simulationsmodell
                  nachgebildeten Aspekten 8
         1.2.4   Anforderungen aus der Experimentplanung 9
   1.3   Über- bzw. Neubearbeitung der Kostensimulationsrichtlinie 9
         1.3.1   Aktualisierungsbedarf der bisherigen
                  Kostensimulationsrichtlinie 10
         1.3.2   Kernpunkte der Arbeitskreistätigkeiten 10
   1.4   Zwischenfazit und Ausblick 15

2 Kostenrechnerische Grundlagen für Kostensimulationen 17
Bernd Zirkler und Steffen Mühsinger
   2.1   Zielsysteme und Rechenkreise 17
   2.2   Rechnungszwecke und Ergebnisdeterminaten 19
   2.3   Grundsysteme der Kostenrechnung 20
   2.4   Rechnungszweckbezogene Kostensimulationen 22
   2.5   Fazit und Ausblick 32

3 Grundlagen von Kostensimulationsexperimenten 33
Enrico Teich, Marco Trost und Thorsten Claus
- 3.1 Begriffsdefinition und Begriffsabgrenzung 33
  - 3.1.1 Simulation 33
  - 3.1.2 Simulationsarten 34
  - 3.1.3 Simulationsmodell 35
  - 3.1.4 Simulationsexperiment 37
  - 3.1.5 Simulationswerkzeug 38
- 3.2 Planung von Simulationsexperimenten 39
  - 3.2.1 Einführung 39
  - 3.2.2 Ermittlung von Einflussgrößen 40
  - 3.2.3 Ermittlung der Dauer und Anzahl von Simulationsläufen 49
  - 3.2.4 Verifikation und Validierung 55

4 Grundlagen der Optimierung 61
Frank Herrmann
- 4.1 Einleitung 61
- 4.2 Struktur und Lösung von Optimierungsproblemen 62
- 4.3 Heuristiken 68

5 Grundlagen der Kostensimulation im Produktionsumfeld 89
Christine Hirsch, Irina Gamankova, Friedrich Livonius, Enrico Teich und Thorsten Claus
- 5.1 Aktuelle Herausforderungen im Produktionsumfeld 89
- 5.2 Kosten im Produktionsumfeld 90
- 5.3 Ansätze zur Kostensimulation im Produktionsumfeld 91
  - 5.3.1 Integrierte Kostensimulation 93
  - 5.3.2 Vorgelagerte Kostensimulation 93
  - 5.3.3 Nachgelagerte Kostensimulation 94
- 5.4 Klassifikationsschema zur Einordnung von Kostensimulationsansätzen 94
  - 5.4.1 Aufbau der Klassifikationsmatrix 95
  - 5.4.2 Exemplarische Anwendung der Klassifikationsmatrix ... 96

Teil II Forschungsansätze und Anwendungsbeispiele

6 Status der Berücksichtigung von Kosten in der Anwendungspraxis der Simulation in Produktion und Logistik 103
Sven Spieckermann
- 6.1 Einleitung 103
- 6.2 Kosten in ereignisdiskreten Simulationsmodellen 104
- 6.3 Gründe für die Rolle der Kostenrechnung in der ereignisdiskreten Simulation 106
- 6.4 Zusammenfassung und Ausblick 109
- Literatur 109

7 Verschiedene Möglichkeiten zur Berücksichtigung von Kostenaspekten im Rahmen der Simulationsbewertungsfunktion der Optimierung 111
Ulrike Stumvoll
- 7.1 Einleitung 111
  - 7.1.1 Grundsätzlicher Ablauf: Simulation als Bewertungsfunktion der Optimierung 112
  - 7.1.2 Zielsystem der Produktionsplanung und -steuerung 113
- 7.2 Möglichkeiten zur Berücksichtigung von Kostenaspekten in der Bewertungsfunktion 114
  - 7.2.1 Monetäre Bewertung des Nutzens und der Kosten 114
  - 7.2.2 Nicht-monetäre Bewertung des Nutzens und der Kosten . 114
  - 7.2.3 Zieldominanz unter Berücksichtigung von Schranken ... 115
  - 7.2.4 Kosten-Wirksamkeits-Analyse 116
- 7.3 Anwendungsbeispiel: Berücksichtigung der Kostenaspekte bei der Bewertung unterschiedlicher Einstellungen der Planungsparameter eines ERP-Systems 117
  - 7.3.1 Hinterlegung des Zielsystems 117
  - 7.3.2 Beispielhafter Ablauf 118

8 Kostenorientierte Ablaufplanung komplexer Prozesse am Beispiel der Montage 125
Michael Völker und Mathias Kühn
- 8.1 Simulationsbasierte Erstellung von Ablaufplänen in Montagesystemen mit komplexen Prozessen 126
  - 8.1.1 Modell komplexer „Montageprojekte" 127
  - 8.1.2 Vorgehensweise zur Modellerstellung 128
  - 8.1.3 Kostenorientierte Entscheidungsmodelle 133
  - 8.1.4 Simulationsbasierte Optimierung 135
- 8.2 Fallbeispiel 143
  - 8.2.1 Auftragsszenario 143
  - 8.2.2 Ablaufplanerstellung, Evaluation und KVP 147

9 Anwendungsbeispiel für die Kostensimulation der Bestellmengenplanung für verderbliche Güter in Lebensmittelfilialen 153
Larissa Janssen, Jürgen Sauer und Harald Schallner
- 9.1 Einführung 153
- 9.2 Anforderungen an das Kostensimulationsmodell 154
- 9.3 Abbildung der filiallogistischen Kernprozesse 155
- 9.4 Konzeption und Realisierung des Simulationsmodells 157
  - 9.4.1 Präsentation 158
  - 9.4.2 Simulation 158
  - 9.4.3 Optimierung 159
  - 9.4.4 Daten 162
  - 9.4.5 Protokollierung 165

	9.4.6	Externe Datenspeicherung	166
9.5		Zusammenfassung	169

10 Kostenintegration und Kostenermittlung in Simulationsexperimenten ... 171
Jürgen Wunderlich
10.1 Perspektiven der simulationsbasierten Kostenrechnung aus der Sicht unterschiedlicher Interessensgruppen am Beispiel einer Produktionsnetzwerkoptimierung ... 171
    10.1.1 Planung und Optimierung globaler Produktions- und Logistiknetzwerke als Anwendungsfeld für eine Kostensimulation ... 172
    10.1.2 Erwartungen von Top-Managern an eine Kostensimulation 178
    10.1.3 Erwartungen von Planern und Anwendern an eine Kostensimulation ... 183
    10.1.4 Zusammenfassende Gegenüberstellung der unterschiedlichen Perspektiven auf die Kostensimulation 188
    10.1.5 Ausblick ... 189

11 Stochastische Simulation und Genetischer Algorithmus zur optimierten Flexibilitätsausnutzung von Swing-Optionen mit unterjährigen Restriktionen bei der Energiebeschaffung ... 191
Marc Hanfeld
11.1 Einleitung ... 191
11.2 Modelle ... 194
    11.2.1 Formalisierung des Entscheidungsproblems ... 194
    11.2.2 Genetischer Algorithmus ... 198
    11.2.3 Stochastisches Simulationsmodell für die Preisunsicherheit ... 201
11.3 Modellanwendung ... 204
    11.3.1 Fallbeschreibung ... 204
    11.3.2 Ergebnisse ... 206
    11.3.3 Zusammenfassung und Fazit ... 213

12 Aufbau von Kostensimulationsmodellen mit Standard-Modellierungssprachen ... 217
Christoph Laroque, Ralf Laue und Christian Müller
12.1 Standard-Modellierungssprachen ... 217
12.2 Business Process Model and Notation (BPMN) ... 218
12.3 Business Process Simulation Interchange Standard (BPSim) ... 221
12.4 Bewertung des BPSim-Standards ... 224
    12.4.1 Ausdrücke als Parameter ... 224
    12.4.2 Querbeziehungen zwischen BPMN- und BPSim-Semantik 226
    12.4.3 Ressourcenmodell ... 226
    12.4.4 Arbeit mit historischen Daten ... 227
    12.4.5 Ergebnispräsentation ... 228

	12.4.6	Zusammenfassung: BPMN und BPSim 228
12.5	SysML als Beschreibungssprache 229	
	12.5.1	Eignung von SysML für Simulations-Anwendungen 230
	12.5.2	Eignung von SysML für Simulations-Anwendungen der Kostensimulation 233
12.6	Zusammenfassung 234	

Teil I
Grundlagen

Kapitel 1
Einführung in die Kostensimulation

Jürgen Wunderlich

1.1 Herausforderungen bei der Erweiterung der Simulation um Aspekte der Kostenrechnung

Seit vielen Jahren werden Simulationswerkzeuge mit Erfolg eingesetzt, um Systeme und Prozesse in Produktion und Logistik technisch effizient zu gestalten. So bieten sie die Möglichkeit, verschiedene Produktionskonzepte vor einer möglichen Realisierung zu untersuchen und deren Eigenschaften zu vergleichen. Des Weiteren können Engpässe aufgedeckt, unterschiedliche Steuerungsstrategien getestet und Kapazitäten dimensioniert werden. Eine nähere Betrachtung zeigt jedoch, dass im Rahmen einer Simulationsstudie vor allem die Untersuchung und Optimierung technisch-logistischer Parameter wie Anlagenausbringung, Durchlaufzeiten und Bestände im Vordergrund stehen. Wird nun lediglich ein Optimum bezüglich zeit- und mengenmäßiger Zielvorgaben angestrebt, ist ein so ausgelegtes System nicht zwangsläufig (sondern eher zufällig) auch wirtschaftlich die beste Lösung.

Zur Bewertung der ökonomischen Vorteilhaftigkeit werden zusätzlich Kosteninformationen benötigt (siehe Abbildung 1.1). So kann sich zum Beispiel eine Änderung der Produktionsstruktur zwar positiv auf die Durchlaufzeiten, aber nachteilig auf das Kostenniveau und die Kostenstruktur auswirken. Derartige Kenngrößen sind für einen aussagekräftigen Vergleich technologisch unterschiedlicher Produktionsstrukturen jedoch notwendig. Denn erst durch die Anwendung eines wirtschaftlichen Bewertungsmaßstabes ist es möglich, auftretende Zielkonflikte wie die Forderung nach einer hohen Produktionsbereitschaft bei gleichzeitig guter Maschinenauslastung zu quantifizieren und vorausschauend zu lösen.

Vor diesem Hintergrund hat sich der VDI bereits im Jahr 1996 dazu entschlossen, die Richtlinie 3633 „Simulation von Logistik-, Materialfluss- und Produktionssystemen" (VDI-Richtlinie 3633, Blatt 1 1993) durch ein Blatt zum Thema „Kostensimu-

---

Jürgen Wunderlich
Hochschule für angewandte Wissenschaften Landshut, e-mail: juergen.wunderlich@haw-landshut.de

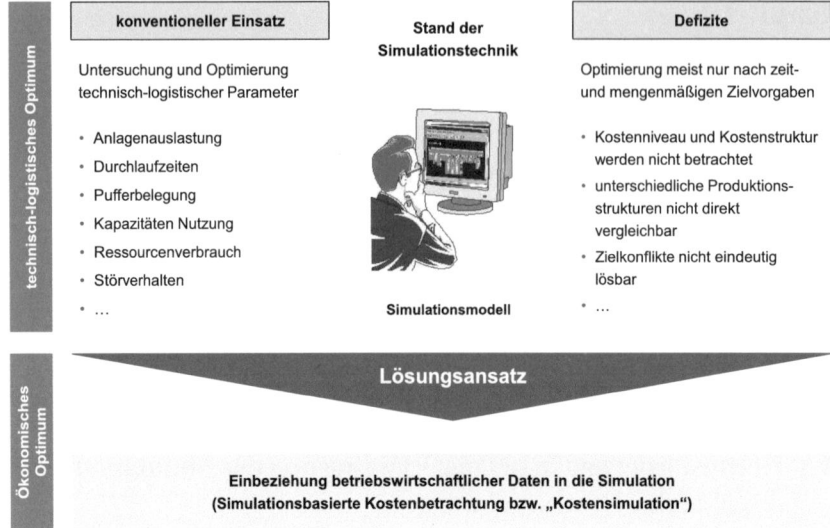

Abbildung 1.1 Nur Simulationsstudien mit Einbeziehung betriebswirtschaftlicher Daten bieten die Möglichkeit, systematisch ein ökonomisches Optimum zu bestimmen (nach Wunderlich 2002)

lation" zu erweitern. Unter Kostensimulation werden dabei Simulationsstudien verstanden, bei denen in Ergänzung zu den sonst üblichen Leistungsdaten, wie Durchlaufzeiten, Beständen, Terminabweichungen und Kapazitätsauslastungen, zusätzlich Auswertungen unter kosten- bzw. betriebswirtschaftlichen Aspekten durchgeführt werden. Durch die Kostensimulation soll eine qualitative Verbesserung der Simulationsarbeit dadurch erreicht werden, dass eine monetäre Zielgröße (z.B. Stückkosten) eingeführt wird und die Simulationsergebnisse auch dahingehend optimiert werden. So werden die Anwender von Simulationswerkzeugen durch die Kostensimulation frühzeitig für betriebswirtschaftliche Aspekte ihrer Arbeit sensibilisiert. In der Folge erhöht sich die Planungssicherheit und die Entscheidungsprozesse werden verbessert (VDI-Richtlinie 3633, Blatt 7 2001).

Im Rahmen einer Kostensimulation ist es also notwendig, die Methoden der Kostenrechnung mit denen der Simulation zu verknüpfen. Hierfür soll die VDI-Richtlinie auf der einen Seite eine Orientierung bieten. Auf der anderen Seite bestehen bei den Methoden der Kostenrechnung zahlreiche Freiheitsgrade, die durch die Richtlinie nicht eingeschränkt werden sollen. Zwischen diesen beiden Leitplanken bewegt sich der entsprechende Arbeitskreis, der seinerzeit die Richtlinie verfasste und nun – in anderer personeller Zusammensetzung – mit deren Überarbeitung beauftragt wurde. Zusätzlich sind noch weitere Rahmenbedingungen zu beachten, die im Folgenden vorgestellt werden. Im Anschluss daran erfolgt eine kurze Betrachtung des aktuellen Standes der Richtlinienarbeit.

1.2 Bezugsrahmen für die Anreicherung der Simulation um Kostendaten

Würde der Versuch unternommen werden, alle Ergebnisse, die eine Recherche zum Begriff „Kostensimulation" liefert, mit einer Richtlinie abzudecken, entstünde aufgrund der Heterogenität dieses Begriffes entweder ein sehr umfassendes oder ein nichtssagendes Dokument. Daher ist es angebracht, einen geeigneten Bezugsrahmen für die Anreicherung der Simulation um Kostendaten zu definieren, der dann die Grundlage für den Richtlinienarbeitskreis bildet.

1.2.1 Ereignisdiskrete Simulation als Ausgangsbasis

Nach Blatt 1 der VDI-Richtlinie 3633 (VDI-Richtlinie 3633, Blatt 1 2014) wird unter Simulation das „Nachbilden eines Systems mit seinen dynamischen Prozessen in einem experimentierbaren Modell" verstanden, „um zu Erkenntnissen zu gelangen, die auf die Wirklichkeit übertragbar sind". Dabei werden insbesondere „die Prozesse über die Zeit entwickelt". Das bedeutet, dass Ereignisse im Zeitablauf fortgeschrieben werden und beispielsweise das Eintreten eines Folgeereignisses davon abhängt, ob und wann es von einem oder mehreren vorhergehenden Ereignissen ausgelöst wird. Da Blatt 1 die Grundlage für Blatt 7 bildet, ist die Kostensimulation im Sinne des VDI auf eine dynamische Modellierung der Zeitvariablen festgelegt.

Nach dieser Einschränkung stehen noch die diskrete Simulation, die kontinuierliche Simulation mit diskreten Zeitintervallen sowie die reine kontinuierliche Simulation zur Auswahl (siehe Abbildung 1.2). Von diesen drei Modellierungsmethoden bietet die diskrete Simulation den Vorteil, dass Änderungen des Systemzustands nur zu den Zeitpunkten stattfinden, an denen ein Ereignis eintritt. Dadurch ist die ereignisdiskrete Simulation nicht nur entsprechend schnell, sondern erlaubt auch eine klare Trennung zwischen der Struktur und dem dynamischen Verhalten eines Systems. Aus diesem Grund hat sich die ereignisdiskrete Simulation mittlerweile als bevorzugte Methode für die Simulation von Logistik-, Materialfluss- und Produktionssystemen durchgesetzt. Insofern sollte sich die Kostensimulation daran orientieren.

1.2.2 Definition elementarer Kostenzuordnungsobjekte

Für den universellen Einsatz der Kostensimulation muss die Auswertungsflexibilität erhalten bleiben. Streng genommen erfolgt bei der Kostensimulation keine Simulation der Kosten, sondern technisch-logistische Daten, die in die Simulation eingehen bzw. aus dieser resultieren, werden betriebswirtschaftlich bewertet. Insofern stellen die technisch-logistischen Simulationsdaten bzw. –ergebnisse das Mengengerüst

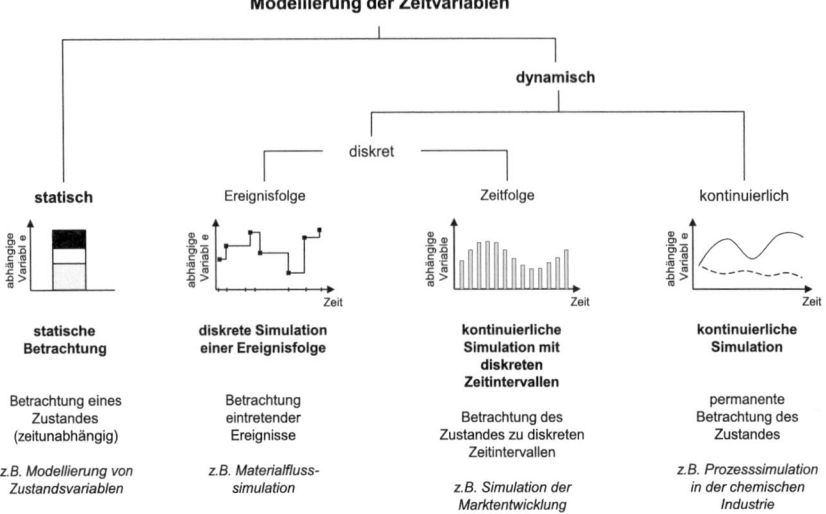

Abbildung 1.2 Möglichkeiten zur Modellierung der Zeitvariablen (nach Rabe und Hellingrath 2001)

und die betriebswirtschaftlichen Größen das Preisgerüst dar. Die Herausforderung ist nun, die zeit- und mengenbehafteten Simulationsdaten so zu strukturieren, dass ihnen sinnvoll Kosten zugeordnet werden können. Dabei ist es zweckmäßig, sich an den Kostenrechnungssystemen zu orientieren, denen in der betrieblichen Praxis die Zuordnungsaufgabe obliegt.

Abstrakt gesehen besteht ein Kostenrechnungssystem aus Kostenarten, Kostenstellen und Kostenträgern sowie einer Verrechnungsfunktion f, die definiert, wie die in den Kostenstellen nach Kostenarten separiert erfassten Kostengrößen auf Kostenträger verrechnet werden. Damit charakterisiert sie d.h. die Verrechnungsfunktion letztendlich das Kostenrechnungssystem, wohingegen Kostenarten, Kostenstellen und Kostenträger den Bezugsrahmen für die Kostenzuordnung darstellen.

Die Kostenartenrechnung hat die Aufgabe, alle Kosten, die bei der betrieblichen Leistungserstellung anfallen, systematisch zu erfassen. Dabei gelten drei wichtige Grundsätze: Grundsatz der Eindeutigkeit, Grundsatz der Überschneidungsfreiheit und Grundsatz der Vollständigkeit. Die ersten beiden Grundsätze verlangen, dass die Kostenarten sich nicht überschneiden dürfen, um später die Kosten eindeutig zuordnen zu können. Der Grundsatz der Vollständigkeit beinhaltet, dass die Kostenartengliederung lückenlos sein muss, damit alle anfallenden Kosten auch der entsprechenden Kostenart zugeordnet werden können (Coenenberg et al. 2012).

Die Kostenstellenrechnung erfasst allgemein die in einem Kostenbereich entstandenen Kostenarten. Hierbei gibt es wiederum drei Grundsätze: Grundsatz der Kongruenz, Grundsatz der Eindeutigkeit sowie Grundsatz der Wirtschaftlichkeit und Übersichtlichkeit. Der Grundsatz der Kongruenz verlangt, dass zwischen den ent-

1 Einführung in die Kostensimulation

standenen Kosten und den erbrachten Leistungen ein direkter Bezug besteht. Der Grundsatz der Eindeutigkeit besagt, dass alle Kosten zweifelsfrei der entsprechenden Kostenstelle zugeordnet werden können. Im Grundsatz der Wirtschaftlichkeit und Übersichtlichkeit ist schließlich festgehalten, dass ein Unternehmen nur insoweit in Kostenbereiche aufgeteilt werden sollte, wie dies noch wirtschaftlich und übersichtlich ist (Freidank und Velte 2012).

In der Kostenträgerrechnung werden die erfassten Kosten einzelnen Kostenträgern zugeordnet. Als Kostenträger können nach Riebel (1994) allgemein Objekte bezeichnet werden, die Kosten verursachen und diese dementsprechend auch tragen müssen. Ein Kostenträger kann zum Beispiel ein Auftrag, ein Produkt oder auch ein Halbfertigerzeugnis sein. Um jedoch die in den Simulationsdaten inhärente größtmögliche Auswertungsflexibilität zu erhalten, bietet es sich an, ein abstraktes dreidimensionales Zurechnungsobjekt zu definieren (siehe Abbildung 1.3).

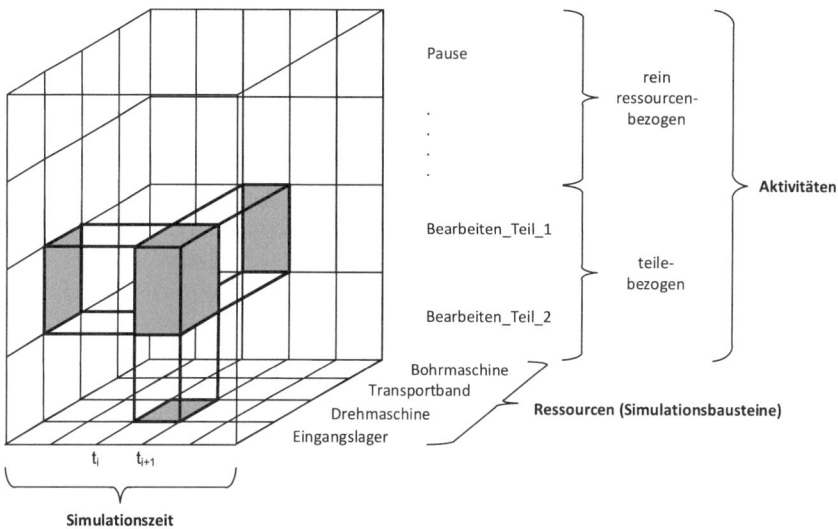

Abbildung 1.3 Definition einer Aktivität als dreidimensionalen elementaren Kostenträger

Bei dieser Definition werden zwei Eigenschaften der ereignisdiskreten Simulation genutzt: Zum einen begrenzen zwei aufeinanderfolgende Ereignisse eine Aktivität und zum anderen führt jede Ressource zu jedem Zeitpunkt während der Simulationslaufzeit genau eine Aktivität aus. Letzteres mag zunächst überraschend klingen, da erfahrungsgemäß eine Maschine kaum zu 100% ausgelastet ist. Wenn aber hilfsweise eine Leerlaufphase als Aktivität „Warten (auf ein Werkstück)" definiert wird, die von den beiden Ereignissen „Beginn des Wartens" und „Ende des Wartens" begrenzt ist, geht die Rechnung auf. Denn dann ergibt die Summe aller Aktivitäten einer Ressource genau 100% bzw. entspricht genau der Simulationslaufzeit.

Weiterhin ist es so, dass ein Werkstück bzw. ein dynamisches Element, das in einem Simulationsmodell von einer Station zum nächsten Baustein weitergereicht wird, sich zu jedem Zeitpunkt auf genau einer Ressource aufhält. Selbst wenn es vor einer Maschine auf Bearbeitung wartet, muss es sich dazu im Simulationsmodell auf einem Simulationsbaustein (z.B. in einem Puffer) befinden. Aus diesem Grund ist die Kostenerfassung bei einer Betrachtung der Simulationsbausteine als Kosten(erfassungs)stellen während der Simulationslaufzeit vollständig, eindeutig und überschneidungsfrei. Zudem entsteht kein zusätzlicher Aufwand, weil das Simulationswerkzeug die notwendigen Ereignisse ohnehin erzeugt und üblicherweise in einer Ereignisliste bzw. einem Ereignisprotokoll dokumentiert. Damit ist auch die Wirtschaftlichkeit der Datenerfassung gegeben.

1.2.3 Berücksichtigung von nicht im Simulationsmodell nachgebildeten Aspekten

Im Rahmen einer Simulation wird ein Modell am Rechner erstellt, das sich in seinen relevanten Eigenschaften wie das reale System bzw. der reale Prozess verhält. Der Detaillierungsgrad des Simulationsmodells hängt dabei von der Zielsetzung der Simulationsstudie ab. Die Zielsetzung orientiert sich wiederum an den Planungsphasen. Im Ergebnis resultiert daraus eine Spannbreite, die sich von Prinzipmodellen in der Vorstudienphase bis hin zu Run-Time-Modellen in der Betriebsphase erstreckt. Doch selbst in der Betriebsphase wird nicht jede Einzelheit im Modell nachgebildet. Ein BMW-Manager stellte einmal überspitzt fest, dass die Entwicklung eines exakten digitalen Fabrikmodells fast so aufwändig ist wie der Bau einer realen Fabrik.

Auch wenn diese Formulierung etwas übertrieben ist, so zeichnet sich die Modellbildung doch dadurch aus, dass abstrahiert und idealisiert wird. Dazu gehört zum Beispiel, dass nicht alle Linien oder alle Produkte, die in einer Fabrik hergestellt werden, in das Simulationsmodell eingehen. Beispielsweise wird eine Prüfstation von mehreren Linien mit zu prüfenden Werkstücken versorgt. Im Simulationsmodell selbst ist jedoch nur ein Teil der Linien nachgebildet. Dies hat zur Folge, dass die Prüfstation in der Simulation geringer ausgelastet ist als in der realen Fertigung. Da die Prüfstation keinen Engpass darstellt, fällt dieser Effekt bei bestimmten Untersuchungen, wie z.B. zu den Durchlaufzeiten der produzierten Werkstücke, nicht ins Gewicht. Bei einer Kostenbetrachtung wäre aber darauf zu achten, dass den in der Simulation enthaltenen Werkstücken auch nur die Kosten zugerechnet werden, die durch sie verursacht werden. Es ist also zu verhindern, dass die gesamte Unterauslastung nur auf die simulierten Teile umgelegt wird.

Ähnlich verhält es sich bei der Berücksichtigung von Personalkosten. Oftmals geht das Personal in einer Simulation lediglich in die Taktzeit ein. Das bedeutet, dass z.B. persönliche Verteilzeiten oder Zeitverluste durch Störungen und deren Behebung durch eine entsprechend längere Taktzeit bei der Produktionsmaschine berücksichtigt werden. Das Personal selbst findet aber keinen Eingang in das Simulationsmodell. Die Kosten, die mit dem Personal einhergehen, müssen bei bestimmten betriebswirtschaftlichen Betrachtungen aber dennoch Berücksichtigung finden.

1.2.4 Anforderungen aus der Experimentplanung

Die Simulationsdurchführung ist in den meisten Fällen ein systematisches Probieren, bei dem sich das folgende Simulationsexperiment erst aus den Simulationsergebnisdaten vorangegangener Experimente ergibt. Diese systematische Variation der Eingangsparameter kann entweder mit Hilfe der statistischen Experimentplanung (vgl. VDI-Richtlinie 3633, Blatt 3 1997) unterstützt oder unter Verwendung mathematischer Optimierungsverfahren teilweise automatisiert werden. Hierzu ist es notwendig, eine Zielfunktion zu definieren, an der sich die Optimierungsverfahren orientieren können. Diese Zielfunktion ergibt sich aus den gewichteten, einheitlich bewerteten Simulationszielen und wird auf ihre Extremwerte untersucht. Beim Aufstellen der Zielfunktion ist zu beachten, dass die Simulationsziele gegenläufig sein können (z.B. maximale Auslastung vs. minimale Durchlaufzeit).

Auch wenn durch die Einbindung von Kostendaten die Zielfunktion leichter formuliert werden kann (z.B. minimale Kosten bei Sicherstellung einer Mindestausbringung), ergeben sich durch die zusätzliche Betrachtung der Kosten weitere Anforderungen. So soll die Simulationsdurchführung möglichst schnell erfolgen, weshalb möglichst schnell ein eingeschwungener Zustand angestrebt wird. Oftmals bildet daher kein leeres Modell („empty and idle") den Ausgangspunkt. Vielmehr werden geeignete Werte vorbelegt. Damit gilt es, sich Gedanken über geeignete Kostendaten zu machen. Wird doch aus dem leeren Zustand begonnen, muss in der Regel die Anlaufphase ausgeschlossen bzw. nach dem Ende der Anlaufphase die Statistikerfassung neu gestartet werden. An diesem Punkt ist zu überlegen, wie mit den bis dahin aufgelaufenen Kosten verfahren werden soll. Befindet sich ein Werkstück fast am Ende der Fertigung und erfolgt dann ein Rücksetzen der (Kosten-)Statistik, hätte es in der Simulation nahezu keine Kosten verursacht, was natürlich nicht der Realität entspricht.

Eine weitere Anforderung ergibt sich daraus, dass meist nur ein Ausschnitt aus dem Planungszeitraum simuliert wird. Geht es zum Beispiel darum, eine Investition in eine Anlage mit einer Nutzungsdauer von sechs Jahren zu bewerten, so werden in der Regel nicht die kompletten sechs Jahre simuliert. Vielmehr erfolgt auf Basis der Simulationsergebnisse von beispielsweise einem Jahr eine Hochrechnung. Betreffend die Kostendaten ist nun zu berücksichtigen, dass diese sich viel schneller ändern können als technisch-logistische Daten. Während die Taktzeit einer Maschine ohne weitere Maßnahmen unverändert bleibt, dürften sich die Mitarbeiter(innen) kaum mit gleichbleibenden Löhnen zufrieden geben. Insofern ist zu überlegen, wie sich ändernde Kosten berücksichtigt werden können, ohne dass eine Simulation über die komplette Nutzungsdauer erfolgen muss.

1.3 Über- bzw. Neubearbeitung der Kostensimulationsrichtlinie

Wie eingangs erwähnt, begannen die Arbeiten an der bisherigen, im März 2001 publizierten Kostensimulationsrichtlinie bereits im Jahr 1996. Wegen dem mittlerweile erfolgten wissenschaftlichen und praktischen Fortschritt wird diese nun aktualisiert. Zur Über- bzw. Neubearbeitung der entsprechenden Richtlinie hat der VDI erneut einen Ausschuss gegründet. Dieser soll bis zum 31. Dezember 2020 seine Arbeit abschließen.

1.3.1 Aktualisierungsbedarf der bisherigen Kostensimulationsrichtlinie

Im Rahmen des Arbeitskreises hat es Kai Nobach, Professor für Controlling und ABWL an der TH Nürnberg, übernommen, die bisherige Kostensimulationsrichtlinie, an deren Erstellung er seinerzeit nicht beteiligt war und so einen „unbelasteten" Hintergrund hat, zu analysieren. Ihm fiel u.a. auf, dass sich die Richtlinie an der in Blatt 1 vorgegebenen Einteilung des Lebenszyklus in die Phasen Planung, Realisierung und Betrieb orientiert. Um den Zyklus zu schließen, schlug er die Aufnahme einer Desinvestitionsphase vor. Kostensimulationen könnten dann zur Bestimmung des optimalen Ausmusterungs-/Ersatzzeitpunktes eingesetzt werden. Damit würde das Anwendungsfeld entsprechend erweitert. An dieser Stelle wird auch eine besondere Herausforderung der Richtlinienarbeit deutlich. Dadurch, dass sich die Kostensimulation – zumindest nach der bisherigen Richtlinie – als add-on zur klassischen Simulation (im Sinne des VDI) versteht, muss eine kostenrechnerische Anwendung sinnvoll durch Simulation unterstützbar sein. Folglich geht es also darum, eine möglichst praktikable Kombination zwischen Simulation und Kostenrechnung zu finden.

Im Vordergrund steht, vor allem diejenigen Größen zu betrachten, die im Simulationsmodell hinterlegt und beeinflusst werden. Dabei soll keine Präjudizierung spezieller Methoden der Kostenrechnung erfolgen. Weiterhin soll die Richtlinie betreffend die softwaretechnische Realisierung von Kostensimulationen (z.B. integriert oder nachgeschaltet) zwar neutral sein, aber trotzdem dazu beitragen, einen Anwender in die Lage zu versetzen, seine Anforderungen an Simulationstools im betriebswirtschaftlichen Sinn zu klären und zu artikulieren.

1.3.2 Kernpunkte der Arbeitskreistätigkeiten

Leitprinzip ist, möglichst viele Freiheitsgrade beizubehalten und damit einem Anwender so wenig Vorgaben wie möglich, aber so viele wie nötig zu machen. Aus dieser Formulierung wird zudem deutlich, dass die Perspektive des Anwenders die Tätigkeit des Richtlinienarbeitskreises prägt. Insofern sollen bereits in der Einleitung geeignete Anwendungsbereiche bzw. Nutzungsmöglichkeiten dargestellt werden, bevor im nächsten Richtlinienkapitel eine prägnante Erläuterung der benötigten betriebswirtschaftlichen Konzepte vorgesehen ist. Danach sieht die bisherige Gliederung ein eigenes Kapitel für den Aufbau bzw. die Architektur von Kostensimu-

1 Einführung in die Kostensimulation

lationssystemen einschließlich der zugrunde liegenden Methodik vor. Abschließend soll die Richtlinie mit konkreten Beispielen aus der Praxis abgerundet werden.

Zur Strukturierung der Anwendungsbereiche bzw. Nutzungsmöglichkeiten bietet sich eine Orientierung am Systemlebenszyklus, am Ziel der Simulationsstudie, an den berücksichtigten Komponenten der Kostenrechnung, am untersuchten Prozess oder an einer spezifischen Fragestellung an. Zusätzlich könnte danach unterschieden werden, ob „nur" simuliert wird oder eine simulationsgestützte Optimierung erfolgt. Auch ist denkbar, nach der Art der Kopplung zwischen Simulation und Kostenrechnung zu differenzieren, da z.B. bei integrierten Kostenmodulen ein Monitoring der Kosten möglich ist, aber in bestimmten Fällen (wie beispielsweise bei auslastungsabhängigen Maschinenstundensätzen) zwei Simulationsläufe erforderlich sind.

Dimension/Merkmal	Ausprägungen			
Systemlebenszyklus	Planung	Realisierung	Betrieb	Desinvestition
Ziel der Simulationsstudie	Analyse	Validierung	Dimensionierung	Optimierung	Prognose
Komponenten der Kostenrechnung	Kostenarten		Kostenstellen		Kostenträger
untersuchter Prozess (Schwerpunkt)	physische Aktivitäten (Materialfluss)		planerische / dispositive Aktivitäten (Informationsfluss)	
Optimierung	keine	mit Heuristik		im mathematischen Sinn
Kopplung Simulation und Kostenrechnung	integriert	synchron	hybrid/fallweise	nachgeschaltet
spezifische Fragestellung	z.B. Herstellkostenkalkulation		...	z.B. Programmplanung

Abbildung 1.4 Mögliche Dimensionen zur Strukturierung von Anwendungsbereichen bzw. Nutzungsmöglichkeiten

Betreffend die Dimension „Systemlebenszyklus" erfolgt aus den vorstehend angeführten Gründen eine Erweiterung der drei Phasen Planung, Realisierung und Betrieb aus Blatt 1 der VDI-Richtlinie 3633 (2014) um die Phase Desinvestition. Im Hinblick auf die Dimension „untersuchter Prozess" erscheint erwähnenswert, dass damit primär von physischen Aktivitäten geprägte Prozesse von solchen Prozessen unterschieden werden können, die physischen Aktivitäten vor- oder nachgelagert sind. Insofern wird dadurch bewusst die Betrachtung auch auf die planerischen Aktivitäten von Logistik-, Materialfluss- und Produktionssystemen ausgedehnt.

Im Idealfall gelingt es, für möglichst viele Kombinationen praxisnahe Lösungsansätze (idealerweise mit Anwendungsbeispielen) auf dem aktuellen Stand der Wissenschaft und Technik zu bieten. Da das vorliegende Buch ein eigenes Kapitel zu Praxisbeispielen enthält und außerdem in weiteren Grundlagenbeiträgen die benötigten betriebswirtschaftlichen Konzepte vorstellt, legt dieser Beitrag nachfolgend den Fokus auf die Architektur von Kostensimulationssystemen.

Diese Architektur bzw. die Art der Kopplung zwischen Simulation und Kostenrechnung ist sowohl für die praktische Realisierung einer Kostensimulation als auch für die Entwicklung entsprechender Werkzeuge sehr bedeutend. Je nachdem, ob die Kostenrechnung im Simulationsmodell oder im Nachhinein durchgeführt wird, lassen sich die zwei Grundformen integrierte (in-line) oder nachgeschaltete (off-line) Systeme unterscheiden (siehe Abbildung 1.5).

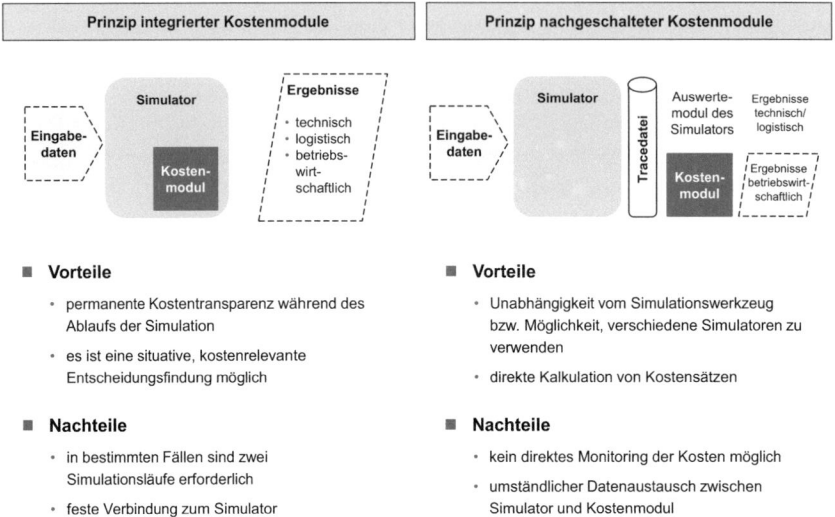

Abbildung 1.5 Gegenüberstellung des Prinzips integrierter und nachgeschalteter Kostenmodule (nach VDI 2001)

Integrierte Kostensimulationsmodule sind Bausteine des Ablaufsimulators, die bereits zum Zeitpunkt der Simulation aktiv werden. Das bedeutet, dass während des Ablaufs einer Simulation permanent das Ermitteln, Verrechnen und Auswerten der Kostendaten stattfindet. Dadurch wird neben einer permanenten Kostentransparenz zum Ablaufzeitpunkt (monitoring) auch eine situative, kostenrelevante Entscheidungsfindung innerhalb des Simulationslaufs ermöglicht. So ist beispielsweise eine Auftragsreihenfolgeentscheidung nach dem Auflauf der bisherigen Wertschöpfung der einzelnen Aufträge möglich.

Bei der integrierten Kostensimulation muss jedes Element des Simulationsmodells um kostenspezifische Parameter erweitert werden. So gilt es, die Kosten der nachgebildeten Ressourcen über Kostensätze auf die beweglichen Elemente umzulegen, die durch das System fließende Produkte repräsentieren. Dabei wird meist das Rucksackprinzip angewandt. Es sieht vor, dass die beweglichen Elemente als Kostenträger um ein Zeitattribut und so viele Kostenattribute ergänzt werden, wie

1 Einführung in die Kostensimulation

Kostenarten zu berücksichtigen sind. Bei Eintritt eines beweglichen Elements in eine Ressource setzt eine Eintrittsmethode das Zeitattribut mit der Eintrittszeit gleich (siehe Abbildung 1.6).

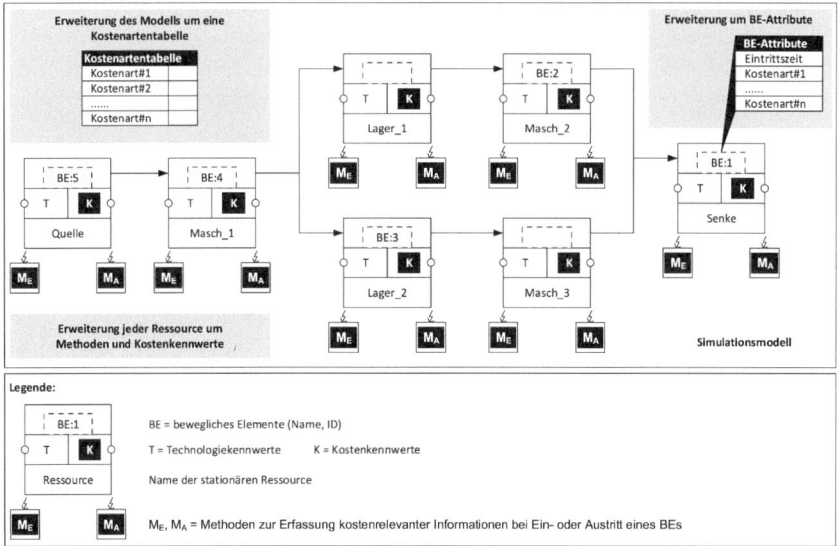

Abbildung 1.6 Erweiterung eines Simulationsmodells zur integrierten Erfassung kostenrelevanter Informationen

Das Zeitattribut des Kostenträgers wird dann beim Austritt des beweglichen Elements von einer weiteren Methode ausgelesen und von der aktuellen Simulationszeit subtrahiert. Die daraus resultierende Verweilzeit wird nun mit dem Stundensatz der Ressource multipliziert und nach den in der Austrittsmethode implementierten Regeln dem entsprechenden Kostenartenattribut zugewiesen. Zu jedem Zeitpunkt ist es dann möglich, aus den Kostenarten eines beweglichen Elements die aufgelaufenen Kosten zu ermitteln. Zusätzlich kann das Rucksackprinzip um Konten für jede Kostenart ergänzt werden, die in den Kostenstellen oder allgemein auf der höchsten Hierarchiestufe analog einem Betriebsabrechnungsbogen auszufüllen sind. Neben der Attributszuweisung beim Rucksackverfahren ist zusätzlich ein Eintrag in die Kostenartentabelle notwendig. Damit können zu jedem Zeitpunkt die bisher aufgelaufenen (Gesamt-)Kosten nach Kostenarten getrennt ausgewiesen werden. Sind die Kostenartentabellen auf Ebene der Kostenstellen angesiedelt, ist außerdem eine Kostenstellenrechnung möglich.

Die **Idee der nachgeschalteten Kostensimulationsmodule** ist es, die eigentliche Simulation von der betriebswirtschaftlichen Bewertung zu trennen. Deshalb wird bei den nachgeschalteten Kostensimulationsmodulen zuerst eine klassische Ablaufsimulation durchgeführt. Dabei erzeugt der Ablaufsimulator während der Simulation in einem Standardaustauschformat eine Datei (Tracefile) mit den während des Simulationslaufs aufgetretenen Ereignissen oder stellt diese über eine Schnittstelle bereit. Damit stehen die Simulationsdaten nun allgemein und zweckneutral für die Simulationsauswertung zur Verfügung. Ein Kostenmodul zur Kostenbewertung und –auswertung kann dann, genauso wie das klassische Auswertemodul, im Nachgang zur Simulation die kostenrelevanten Daten ermitteln, bewerten und auswerten (siehe Abbildung 1.7).

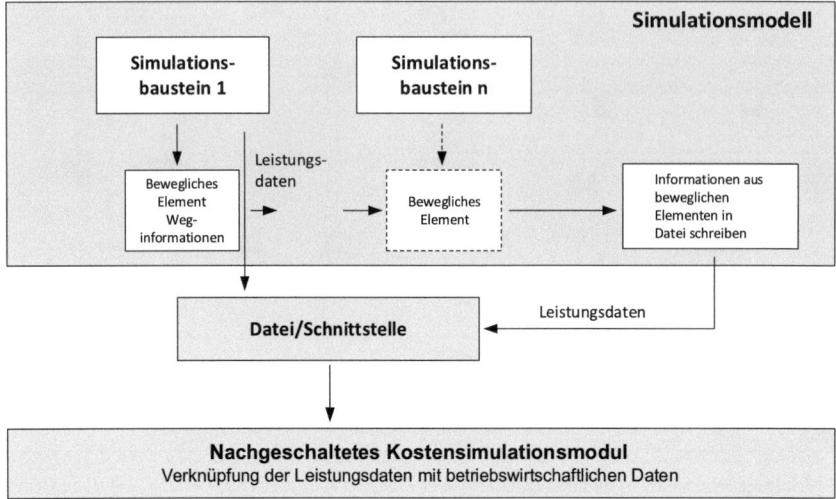

Abbildung 1.7 Prinzip der Übermittlung von Simulationsdaten an ein nachgeschaltetes Kostenmodul

Bei der Datenermittlung lassen sich innerhalb der nachgeschalteten Systeme prinzipiell zwei Möglichkeiten unterscheiden: Bei den meisten nachgeschalteten Systemen zeichnen die beweglichen Elemente ihren Weg durch das Simulationsmodell auf. Diese Daten werden dann beim Austritt der beweglichen Elemente aus diesen ausgelesen und in eine Datei geschrieben. Alternativ dazu können die Daten auch aus Aufzeichnungen der unbeweglichen Simulationsbausteine gewonnen werden. Die ermittelten Daten können während der Laufzeit oder auch erst nach Ende der Simulation an das Kostenrechnungsmodul weitergegeben werden. Erfolgt der Datentransfer während der Laufzeit über Pipes oder durch einfache Funktionsaufrufe, ist prinzipiell – wie bei den integrierten Systemen – auch eine mitlaufende Kostenrechnung möglich und es wird weniger Speicherplatz auf dem Speichermedium benötigt. Auf der anderen Seite sind in diesen Fällen plattform- und damit systemabhängige Funktionalitäten zu verwenden, was der den nachgeschalteten Ansatz charakterisierenden Systemunabhängigkeit des Kostenrechnungsmoduls widerspricht.

1.4 Zwischenfazit und Ausblick

Gemessen am für den Arbeitskreis vorgesehenen Zeitrahmen befindet sich dieser zum Zeitpunkt der Drucklegung des Buches noch in der Anfangsphase. Nachdem sich bisher außer von den bereits erwähnten Richtlinien keine inhaltlichen Vorgaben für die Arbeitskreisarbeit ergeben haben, wird nun systematisch sowohl nach aktuellen Publikationen als auch nach Softwarewerkzeugen und Anwendungsfällen gesucht. Diese werden dann daraufhin geprüft, ob sie sich in die bisherige Richtlinie bzw. den aktuellen Arbeitsstand einordnen lassen. Wenn nicht, steht eine Änderung bzw. Erweiterung betreffend die identifizierten bzw. nicht zuordenbaren Punkte zur Diskussion.

Die Diskussion selbst wird ergebnisoffen und gerne auch mit Experten oder Anwendern geführt, die noch nicht Mitglieder des Arbeitskreises sind. Sofern jemand Interesse hat, an den zukünftigen Arbeitskreisaktivitäten mitzuwirken, besteht aktuell hierfür noch die Möglichkeit. In diesem Fall freuen sich die Mitglieder über eine Kontaktaufnahme mit dem Vorsitzenden des Arbeitskreises, Herrn Harald Mutzke, oder mit dem Verfasser dieses Beitrags.

Betreffend die Architektur von Kostensimulationssystemen stehen also mehrere denkbare Realisierungen zur Diskussion. Die Herausforderung besteht nun darin, eine Systematik zu entwickeln, aus der entnommen werden kann, für welchen Anwendungsfall sich welche Architektur anbietet. Idealerweise gelingt es sogar, ein Reifegradmodell zu erarbeiten, das sowohl einem Anwender bei der Auswahl eines Werkzeugs unterstützt als auch einem Softwareentwickler wichtige Hinweise für die Gestaltung seines Kostensimulationssystems gibt.

Literatur

Coenenberg, Adolf Gerhard et al. (2012). *Kostenrechnung und Kostenanalyse*. 8., überarb. Aufl. Stuttgart: Schäffer-Poeschel.

Freidank, Carl-Christian und Patrick Velte (2012). *Kostenrechnung: Grundlagen des innerbetrieblichen Rechnungswesens und Konzepte des Kostenmanagements*. 9., aktualisierte Aufl. München: Oldenbourg.

Rabe, Markus und Bernd Hellingrath (2001). *Handlungsanleitung zum erfolgreichen Einsatz der Simulation in Produktion und Logistik*. San Diego: ASIM, SCS International.

Riebel, Paul (1994). *Einzelkosten- und Deckungsbeitragsrechnung: Grundfragen einer markt- und entscheidungsorientierten Unternehmensrechnung*. 7., überarb. u. wesentl. erw. Aufl. Wiesbaden: Gabler.

VDI-Richtlinie 3633, Blatt 1 (1993). *Simulation von Logistik-, Materialfluss- und Produktionssystemen - Anwendung der Simulationstechnik zur Materialflussplanung*. Berlin: Beuth-Verlag.

VDI-Richtlinie 3633, Blatt 1 (2014). *Simulation von Logistik-, Materialfluss- und Produktionssystemen - Grundlagen*. Berlin: Beuth-Verlag.

VDI-Richtlinie 3633, Blatt 3 (1997). *Simulation von Logistik-, Materialfluss- und Produktionssystemen - Experimentplanung und -auswertung*. Berlin: Beuth-Verlag.

VDI-Richtlinie 3633, Blatt 7 (2001). *Simulation von Logistik-, Materialfluss- und Produktionssystemen - Kostensimulation*. Berlin: Beuth-Verlag.

Wunderlich, Jürgen (2002). *Kostensimulation: Simulationsbasierte Wirtschaftlichkeitsregelung komplexer Produktionssysteme*. Bamberg: Meisenbach.

Kapitel 2
Kostenrechnerische Grundlagen für Kostensimulationen

Bernd Zirkler und Steffen Mühsinger

2.1 Zielsysteme und Rechenkreise

Unter Simulationen lassen sich Durchführungen von Experimenten an einem Modell verstehen. Sie werden zur Leistungsbewertung eines Systems eingesetzt (März et al. 2011). Diese Leistungsbewertung bezieht sich wiederum auf ein Zielsystem. Betriebswirtschaftlich unterscheidet man die Komplexe Sachziel und Formalziel. Innerhalb des Bereichs des Formalziels gibt es wiederum die Subsysteme Ergebnisziel, Finanzziel sowie Risikoziel. Abbildung 2.1 illustriert diese Zusammenhänge (Abbildung: vgl. Männel 1995).

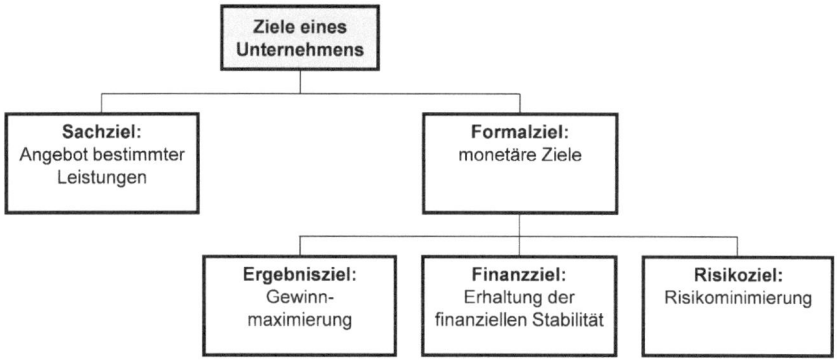

Abbildung 2.1 Betriebswirtschaftliches Zielsystem

Bernd Zirkler
Westsächsische Hochschule Zwickau, e-mail: bernd.zirkler@fh-zwickau.de

Steffen Mühsinger
Westsächsische Hochschule Zwickau, e-mail: steffen.muehsinger.daw@fh-zwickau.de

Dieser Beitrag bezieht sich auf Begriffe, Konzepte und Methoden zur Abbildung und Beeinflussung der Zielerreichung des Ergebnisziels. Damit ist man zwangsläufig in der Disziplin des Rechnungswesens angekommen. Man unterscheidet dort grundlegend zwei Rechenkreise, das externe und das interne Rechnungswesen. Während das externe Rechnungswesen der Rechenschaftslegung, Dokumentation und Information gegenüber allen externen Bilanzadressaten dient, ist das interne Rechnungswesen alleine auf die Belange der Unternehmensführung (Management) ausgerichtet. Abbildung 2.2 veranschaulicht die unterschiedlichen Adressaten und Bestandteile der beiden Rechenkreise.

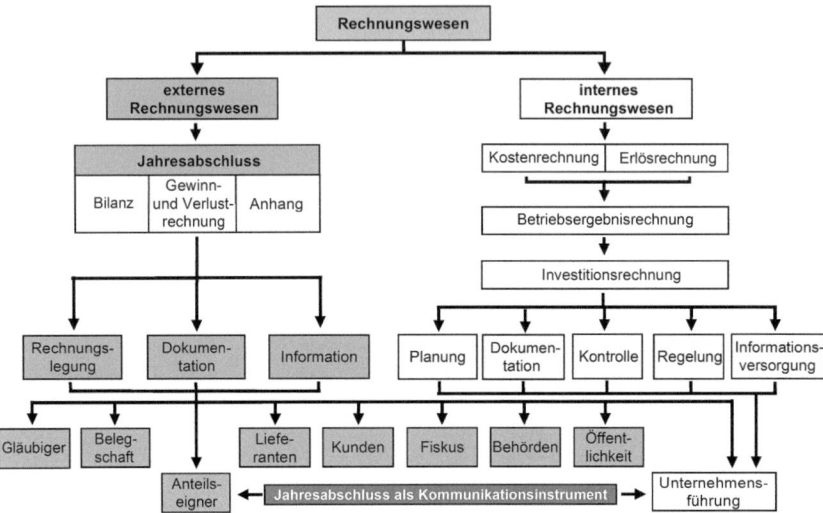

Abbildung 2.2 Rechenkreise im Rechnungswesen

Im Bereich der Kostensimulationen ist vorwiegend das interne Rechnungswesen mit seinem Kernbereich der Kostenrechnung relevant. Die differenzierte kostenrechnerische Betrachtung erscheint zielführend, da Simulationen gerade auch mit dem expliziten Ziel durchgeführt werden, Kostenminimierungen zu erreichen (vgl. März et al. 2011). Im Gegensatz zum externen Rechnungswesen, in dem man Ergebnis als Differenz zwischen Erträgen und Aufwendungen definiert, ist im internen Rechnungswesen das Ergebnis als Differenz zwischen Erlösen und Kosten definiert. Aufgrund seines Bezugs zur Leistungserstellungstätigkeit des Unternehmens wird es präzise als internes Betriebsergebnis bezeichnet. Spricht man kurz nur von Kostenrechnung, ist regelmäßig implizit die gesamte interne Kosten-, Erlös und Ergebnisrechnung gemeint. Es geht mithin nicht nur um Kosten als bewerteten, leistungserstellungsbedingten Verzehr von Gütern und Dienstleistungen. Selbstverständlich betrachtet man auch Erlöse als bewerteten, leistungserstellungsbedingten Wertezuwachs aus dem Absatz von Gütern und Dienstleistungen. Schließlich ist der Fokus zudem auf alle Ergebnisdeterminanten gerichtet, die das Betriebsergebnis als

Differenz zwischen Erlösen und Kosten bestimmen. Analog dazu wird in diesem Beitrag unter Kostensimulation nicht nur die Simulation aus einer strengen Kostenperspektive (nur Werteverzehre) verstanden, sondern es werden Kosten-, Erlös- und Ergebniswirkungen abgebildet.

2.2 Rechnungszwecke und Ergebnisdeterminaten

Es gilt bei allen kostenrechnerischen Auswertungen das wichtige Grundprinzip „Vorrang der Frage vor der Antwort" oder übertragen auf den Rechnungswesenkontext: der Rechnungszweck bestimmt den Rechnungsinhalt (und nicht umgekehrt) (vgl. Schneider 1997). Vernachlässigt man zunächst spezifische Entscheidungsrechnungen, lassen sich die Rechnungszwecke der Kostenrechnung auf die folgenden vier Bereiche festlegen:

- Bestandsbewertung (bilanzielle Herstellungskosten für Erzeugnisse),
- Preispolitik (Angebotspreise auf Basis kalkulierter Selbstkosten),
- Kostenkontrolle (Minimierung des Werteverzehrs in den Kostenstellen),
- Ergebnissteuerung (Maximierung von Ergebnissen durch Abbildung und Variation von Ergebnisdeterminanten).

Die Frage, welcher konkrete methodische Ansatz in welcher Konstellation zum Einsatz kommt, ist maßgeblich von den jeweils dominanten Rechnungszwecken abhängig. In diesem Beitrag wird die Frage aufgegriffen, welche Informationen des Rechenwerks „Kostenrechnung" für Simulationen bedeutsam sind. Der Fragestellung wird methodisch in theoretisch-deduktiver Ausrichtung nachgegangen. Bevor nun der Beziehungszusammenhang zwischen Rechnungszwecken und Grundsystemen der Kostenrechnung analysiert wird, kann zunächst weiter grundlegend festgehalten werden, dass Ergebnisse sich im entscheidungsorientierten internen Rechnungswesen letztlich immer auf die folgenden sechs bedeutsamen Ergebnisdeterminanten zurückführen lassen:

- Beschäftigung („Mengen"),
- fixe Kosten,
- variable Kosten,
- Preisniveaus,
- Erlösschmälerungen,
- Sales-Mix-Verschiebungen (Umstrukturierungen im Produktions- und Absatzprogramm).

Betrachtet man zunächst nur den Werteverzehr genauer, so lassen sich darauf aufbauend wiederum die in Abbildung 2.3 dargestellten und für die weiteren Ausführungen grundlegenden Kostenkategorien gemäß der Differenzierung nach der Beschäftigungsabhängigkeit, der Zurechenbarkeit und dem Zeitbezug voneinander abgrenzen.

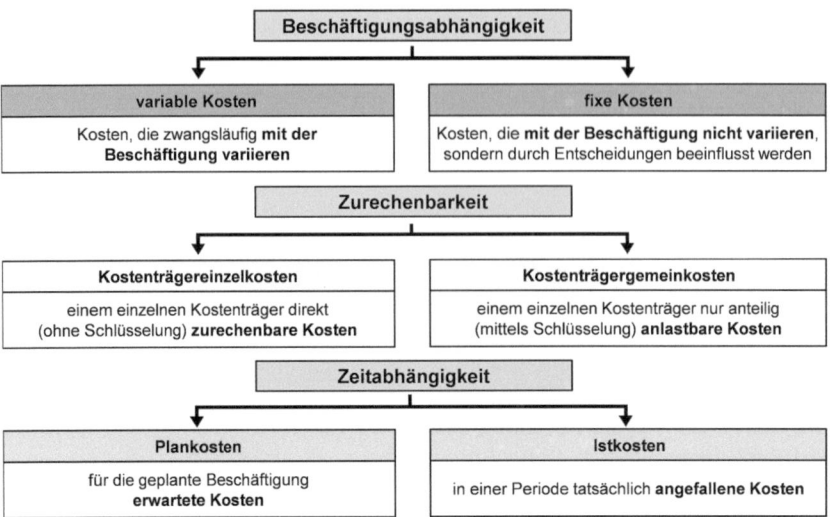

Abbildung 2.3 Differenzierung bedeutsamer Kostenkategorien

2.3 Grundsysteme der Kostenrechnung

Im Folgenden werden Grundsysteme und zugehörige Methoden erörtert, mit denen sich Parametervariationen der vorstehend aufgezeigten Größen und ihre Auswirkungen auf Kosten- und Ergebnisniveaus und -strukturen simulieren lassen.

Im Sinne von Grundsystemen kann hierbei zunächst zwischen den in Abbildung 2.4 dargestellten Systemen der Vollkosten- und Nettoergebnisrechnung einerseits sowie der Teilkosten- und Bruttoergebnisrechnung andererseits unterschieden werden.

Bei der Vollkostenrechnung werden volle Herstellkosten und Selbstkosten zunächst progressiv kalkuliert. Auf dieser Basis können die vollen Selbstkosten dann von den Umsatzerlösen abgezogen werden, um Nettoergebnisse zu ermitteln. Mit „netto" ist dort gemeint, das anteilige fixe Gemeinkosten – mithin die vollen Kosten – in einem Schritt subtrahiert wurden und nur das Ergebnis nach Abzug aller (der vollen) Kosten verbleibt.

Demgegenüber wird bei der Teilkosten- und Bruttoergebnisrechnung zunächst eine Kostenspaltung in variable und fixe Kostenbestandteile vorgenommen. Beide Kategorien unterscheiden sich dahingehend, ob die Kostenvolumina mit der Veränderung der Beschäftigungsgrade schwanken (variable, d.h. in der Praxis dann regelmäßig als proportional zur Beschäftigung verrechnete, Kosten) oder nicht (fixe Kosten). Subtrahiert man nun zunächst nur die variablen Kosten von den Umsatzerlösen, erhält man ein Bruttoergebnis. Synonym verwendet man hierfür den bedeutsamen Terminus Deckungsbeitrag.

Abbildung 2.5 illustriert die entsprechenden Vorgehensweisen der progressiven und retrograden Kostenträgerergebnisrechnung.

2 Kostenrechnerische Grundlagen für Kostensimulationen

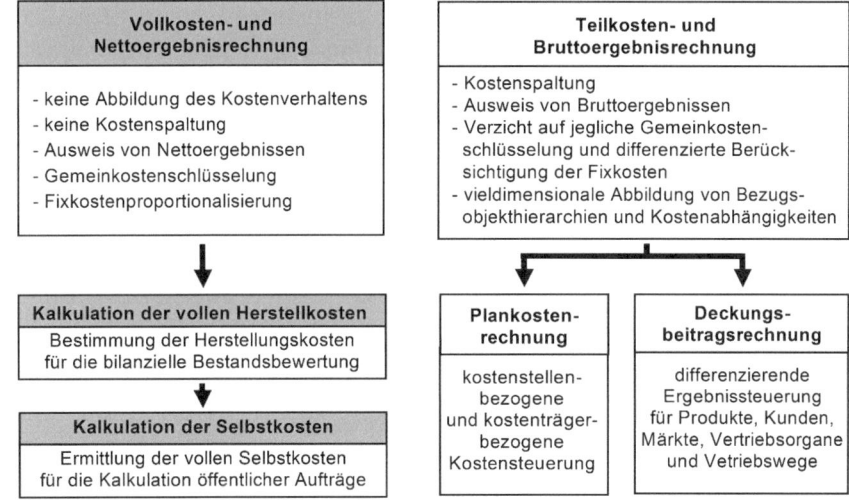

Abbildung 2.4 Grundsysteme der Kostenrechnung

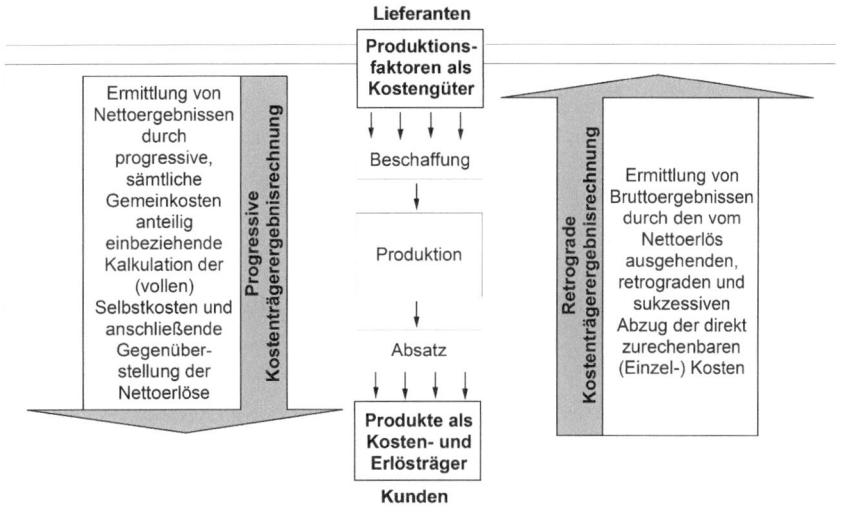

Abbildung 2.5 Vorgehensweise der progressiven und retrograden Kostenträgerergebnisrechnung

Betrachtet man die Grundsysteme und die zuzuordnenden einzelnen Methoden, die im Folgenden erörtert werden, vor dem Hintergrund von Simulationsanliegen, dann bietet es sich an, die Systeme und Methoden den eingangs dargestellten Rechnungszwecken zuzuordnen und – wie in Abbildung 2.6 dargestellt – weiter zu differenzieren.

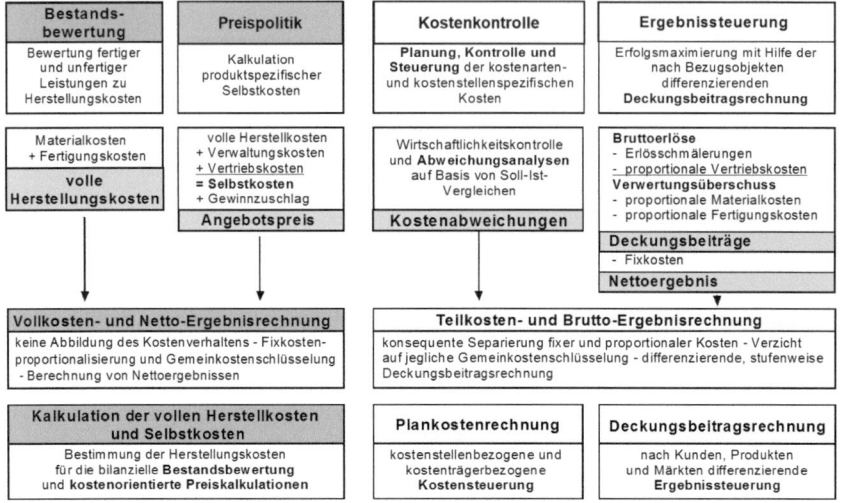

Abbildung 2.6 Zuordnung von Kostenrechnungssystemen zu Rechnungszwecken

2.4 Rechnungszweckbezogene Kostensimulationen

Im Folgenden soll zunächst das Ziel der Preispolitik und seine kostenrechnerischen Implikationen für Simulationszwecke betrachtet werden. Man versteht darunter die Ermittlung voller Selbstkosten für Produktarten und -gruppen, auf deren Basis unter Berücksichtigung eines angestrebten Gewinnzuschlags Angebotspreise ermittelt werden, die dann als Richtlinie für Preisforderungen gegenüber Kunden und Märkten dienen.

Die Methodik dieser sogenannten Selbstkosten-plus-Gewinn-Zuschlagskalkulation illustriert Abbildung 2.7. Im Kontext kostenrechnerischer Simulationen können nun alle Kalkulationsparameter variiert werden, um die entsprechenden Veränderungen des Angebotspreisniveaus deutlich zu machen. Entsprechend lässt sich zeigen, wie sich exogene und endogene Parametervariationen auf den preispolitischen Spielraum auswirken.

Beispielsweise kann simuliert werden, wie Veränderungen der Rohstoffpreise oder der Personalkosten (z.B. auf Grund neuer Tarifverträge etc.) auf das Ange-

2 Kostenrechnerische Grundlagen für Kostensimulationen

Zeile	Kalkulationspositionen	01	02 Kosten-sätze	03 Stück-kosten	04 Kunden-auftrag
01		Materialeinzelkosten (MEK)		100,00	20.000
02		Materialgemeinkosten	7% der MEK	7,00	1.400
03	Σ Materialkosten			107,00	21.400
04	Fremdfertigungskosten			23,00	4.600
05		Fertigungseinzelkosten (FEK)		90,00	18.000
06		Fertigungsgemeinkosten	190% der FEK	171,00	34.200
07		Sondereinzelkosten der Fertigung		54,00	10.800
08	Σ Fertigungskosten			315,00	63.000
09	Herstellkosten (HK)			445,00	89.000
10		Vertriebseinzelkosten		13,25	2.650
11		Vertriebsgemeinkosten	10% der HK	44,50	8.900
12	Σ Vertriebskosten			57,75	11.550
13	Verwaltungsgemeinkosten		12% der HK	53,40	10.680
14	Selbstkosten (SK)			556,15	111.230
15	+ Gewinnzuschlag		10% der SK	55,62	11.124
16	Angebotspreise			611,77	122.354

Abbildung 2.7 Selbstkosten-plus-Gewinn-Zuschlagskalkulation für die Preispolitik

botspreisniveau durchschlagen (exogen). Analog kann aufgezeigt werden, wie etwa durch modernere Fertigungsverfahren Materialverbräuche reduziert oder durch sparsamere Ressourcendimensionierungen im Verwaltungs- und Vertriebsbereich Fixkosten eingespart werden können (endogen). Auch hier können entsprechende Simulationen der Kalkulationsparameter die Wirkung auf kostendeckende Angebotspreise illustrieren. Dieser Anwendungsbereich ist gemäß dem Kostendeckungsprinzip grundsätzlich vollkostenorientiert. Eine bedeutsame Ausnahme davon stellt in der Preispolitik die sogenannte Preisuntergrenzenermittlung für den Verkauf dar. Die kurzfristige Preisuntergrenze bei Unterbeschäftigung (keine Engpasssituation) ist definiert als die Summe der variablen Selbstkosten einer Produkteinheit, da jeder Betrag über den variablen Kosten einen positiven Deckungsbeitrag konstituiert. Simuliert man nun etwa mögliche Einsparungen variabler Kostengüterverbräuche (z.B. durch Prozessmanagement), so wird ersichtlich, wie weit man kurzfristig mit einzelnen Aufträgen die Preise reduzieren kann, um damit immer noch zu einer Ergebnisverbesserung beitragen zu können. Abbildung 2.8 illustriert eine Berechnung der kurzfristigen Preisuntergrenze bei Unterbeschäftigung und zeigt damit auch die relevanten Simulationsparameter auf.

Der zweite angesprochene Rechnungszweck bezieht sich auf die bilanzielle Bestandsbewertung in der Handels- und Steuerbilanz. Stellt ein Unternehmen tangible Güter im Sinne von unfertigen und fertigen Erzeugnissen her, so ist es rechtlich gehalten, die entsprechenden Bestandswerte in der Handels- und Steuerbilanz zu Herstellungskosten auszuweisen. [§ 253, Abs. 1 HGB i.V.m. § 255, Abs. 2 HGB; § 6 EstG i.V.m. R 6.3]. Hier lassen sich etwa diverse Ansätze der „angemessenen Teile der Gemeinkosten" simulieren. Im Ergebnis erhält man unterschiedliche Darstellungen der Vermögens- und Ertragslage eines Unternehmens. Kostenrechnerische Si-

Zeile	Kalkulationspositionen	01 zu kalkulierende Mengen	02 Leistungs-einheit 1 ME	03 Gesamt-menge 50 ME
01	Rohstoffkosten		48,00	
02	Hilfsstoffkosten		6,50	
03	Σ Materialkosten [GE]		54,50	
04	Verpackungs- und Frachtkosten		5,00	
05	Transportversicherung		1,03	
06	Kosten der Qualitätsprüfung		2,58	
07	Beschaffungsnebenkosten		8,61	
08	Σ proportionale Materialkosten		63,11	
09	Kosten der Dreherei		18,40	
10	Kosten der Fräserei		15,79	
11	Kosten der Schlosserei		12,10	
12	Kosten der Montage		10,30	
13	Σ proportionale Fertigungskosten		56,59	
14	proportionale Herstellkosten		119,70	
15	Versandverpackung		6,67	
16	Ausgangsfrachten		16,00	
17	Σ proportionale Vertriebskosten		22,67	
18	kurzfristige Preisuntergrenze bei Unterbeschäftigung		142,37	7.118

Abbildung 2.8 Kurzfristige Preisuntergrenze bei Unterbeschäftigung

mulationen werden hier mithin zum Instrument der handels- und steuerrechtlichen Bilanzpolitik.

Mit der sogenannten flexiblen Plankostenrechnung wird nun eine erste Methodik der Teilkosten- und Bruttoergebnisrechnung behandelt. Konstituierend für alle Methoden der Teilkostenrechnung (und Bruttoergebnisrechnung) ist, dass zunächst eine Kostenspaltung in variable und fixe Kostenbestandteile erfolgen muss. Mit dem Wort „flexibel" wird zum Ausdruck gebracht, dass die Kostenvolumina der Kostenstellen nun entsprechend schwankender Beschäftigungsgrade angepasst werden können. Zur Steuerung des variablen Kostengüterverbrauchs im sogenannten Kostencontrolling ermittelt man Verbrauchsabweichungen als Differenz von Istkosten und Sollkosten. Dabei sind Sollkosten als Plankosten der Istbeschäftigung definiert. Sie dienen als angemessener Maßstab für die Istkosten, die ja zwangsläufig zur gleichen Beschäftigung (= der Istbeschäftigung) anfallen. Würde man demgegenüber von Gesamtabweichungen als Differenz der Istkosten und Plankosten ausgehen, so würde man rechnerisch Mehr- oder Minderkostengüterverzehre generieren, die sich nur auf mehrere Faktoren gemeinsam zurückführen lassen (Einstandspreise, Beschäftigungseffekte, Mehr- oder Minderverbräuche in den Kostenstellen). Eine Gegenüberstellung nur der Istkosten und der Sollkosten hingegen illustriert die reinen Verbrauchsabweichungen, die auf sparsame oder weniger sparsame Verbräuche in den Kostenstellen zurückzuführen sind und insofern den verantwortlichen Kostenstellenleitern alleine zugeschrieben bzw. angelastet werden können (und sollten). Abbildung 2.9 und 2.10 illustriert diese Methodik rechnerisch und graphisch.

Anstatt einer reinen Gegenüberstellung der Planwerte und der Istwerte infolge einer deterministischen Planung kann nun in Kostensimulationen eine Parametervariation der Beschäftigung und verschiedener Komponenten der variablen Kosten

2 Kostenrechnerische Grundlagen für Kostensimulationen

Zeile	01 Abweichungen Plankosten Istkosten / Kostenarten	02 Kostenplanung Planleistung 2.000 Maschinenstunden — proportionale Plankosten	03 fixe Plankosten	04 Plankosten insgesamt	05 Abweichungsanalyse Istleistung 1.600 Maschinenstunden — Sollkosten	06 Istkosten	07 Verbrauchsabweichung
01	Gehälter		20.500	20.500	20.500	20.500	
02	Zeitlöhne	90.000		90.000	72.000	78.200	+ 6.200
03	Hilfslöhne		87.500	87.500	87.500	90.500	+ 3.000
04	Personalkosten	90.000	108.000	198.000	180.000	189.200	+ 9.200
05	Hilfsstoffkosten	1.500		1.500	1.200	1.550	+ 350
06	Betriebsstoffkosten	1.300		1.300	1.040	1.340	+ 300
07	sonstige Materialkosten	2.200	900	3.100	2.660	2.610	- 50
08	Materialkosten	5.000	900	5.900	4.900	5.500	+ 600
09	Werkzeugkosten	3.200		3.200	2.560	2.160	- 400
10	Energiekosten	8.800	2.100	10.900	9.140	8.340	- 800
11	Versicherungsprämien		500	500	500	500	
12	Abschreibungen		38.200	38.200	38.200	38.200	
13	Zinskosten		7.500	7.500	7.500	7.645	+ 145
14	Gesamtkosten	107.000	157.200	264.200	242.800	251.545	+ 8.745

Abbildung 2.9 Kostenkontrolle im Rahmen der flexiblen Plankostenrechnung (Rechenbeispiel)

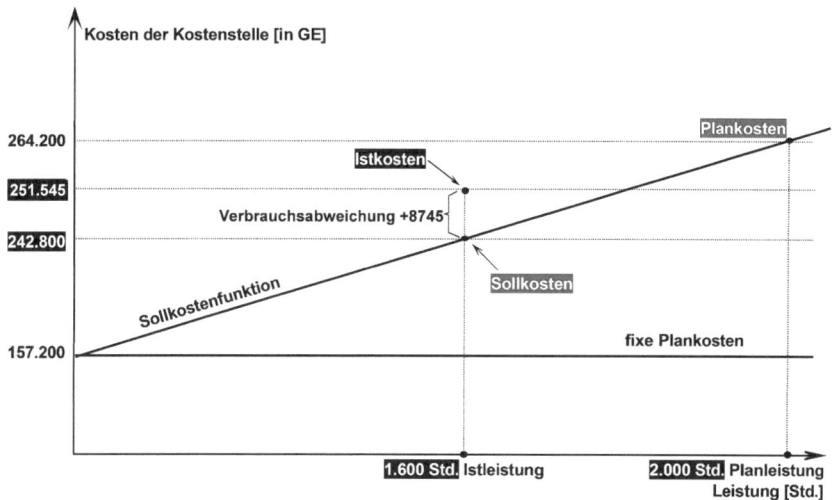

Abbildung 2.10 Kostenkontrolle im Rahmen der flexiblen Plankostenrechnung (Graphik)

(z.B. Rohstoffpreise oder auch Akkordlohnvolumen) vorgenommen werden. Somit lässt sich prospektiv im Sinne der Szenariotechnik aufzeigen, welche Maßnahmen zur Kostensenkung in den Kostenstellen in welchem Umfang geeignet sind.

Eine zweite Methodik der Teilkosten- und Bruttoergebnisrechnung stellt die Deckungsbeitragsrechnung dar. Sie dient dem eingangs aufgezeigten Rechnungszweck der Ergebnissteuerung. Für Simulationszwecke kann nun eine Variation aller sechs eingangs aufgezeigten Ergebnisdeterminanten vorgenommen werden. Man ermittelt das Bruttoergebnis (bzw. synonym den Deckungsbeitrag), indem von den Umsatzerlösen zunächst Erlösschmälerungen (Rabatte, Boni und Skonti) und variable Kosten in Abzug gebracht werden. In einem Einproduktunternehmen (Massenfertiger) entsteht das Ergebnis dann als die sich anschließende Kumulation der Deckungsbeiträge über die Fixkosten hinweg. Als Ergebnisdeterminanten werden hier also Beschäftigungsvolumina (Mengen), variable Kosten, fixe Kosten, Preisniveaus und Erlösschmälerungen relevant. Abbildung 2.11 illustriert die Methodik der Deckungsbeitragsrechnung sowohl rechnerisch-schematisch als auch graphisch als Gewinnschwellendiagramm.

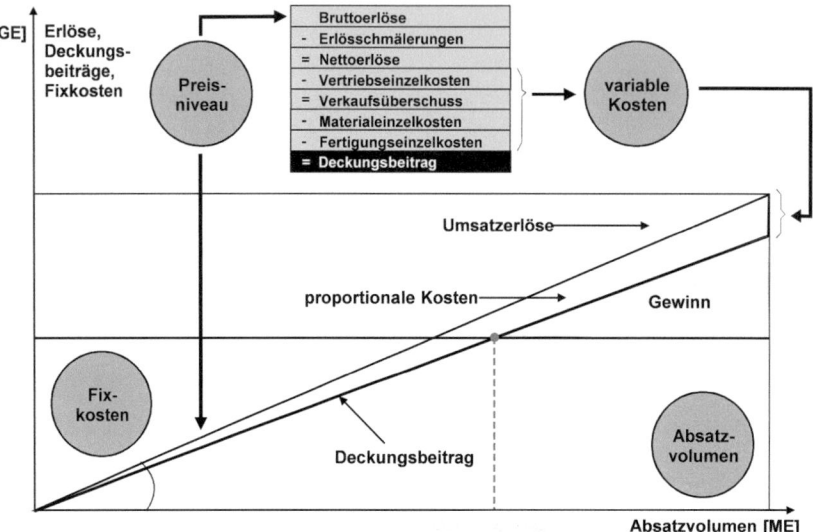

Abbildung 2.11 Für Einproduktunternehmen bedeutsame Erfolgsdeterminanten

Das nachstehende Komplexbeispiel (Abbildungen 2.12 – 2.15) soll auf dieser Basis zeigen, wie die Gewinnschwelle und das Ergebnisvolumen reagieren, wenn für das Unternehmen verschiedene (hier negative) Umstände und entsprechende Parametervariationen relevant werden. Der Simulationskalkül zeigt explizit auf, wie Variationen der Fixkosten, variablen Kosten und (Netto-)Preisniveaus auf die Gewinnschwelle (leistungswirtschaftliches Risiko) und das Ergebnisvolumen wirken. Unter Veränderungen des (Netto-)Preisniveaus fallen wiederum zum einen Preisniveauvariationen etwa infolge alternativ angenommener Einsätze des sogenannten Marketing-Mix. Man versteht darunter konkret absatzwirtschaftliche Maßnahmen auf den Feldern Produkt, Preis, Distribution und Kommunikation, die dann über höhere Stückerlöse und/oder Mengen zu einem größeren Erlös- und damit Ergebnisniveau beitragen sollen. Zum anderen wirken hier auch simulative Variationen der Erlösschmälerungen (daher „netto"). Zudem können Beschäftigungsgrade diskret variiert und entsprechende Ergebnisniveaus ausgewertet werden.

2 Kostenrechnerische Grundlagen für Kostensimulationen

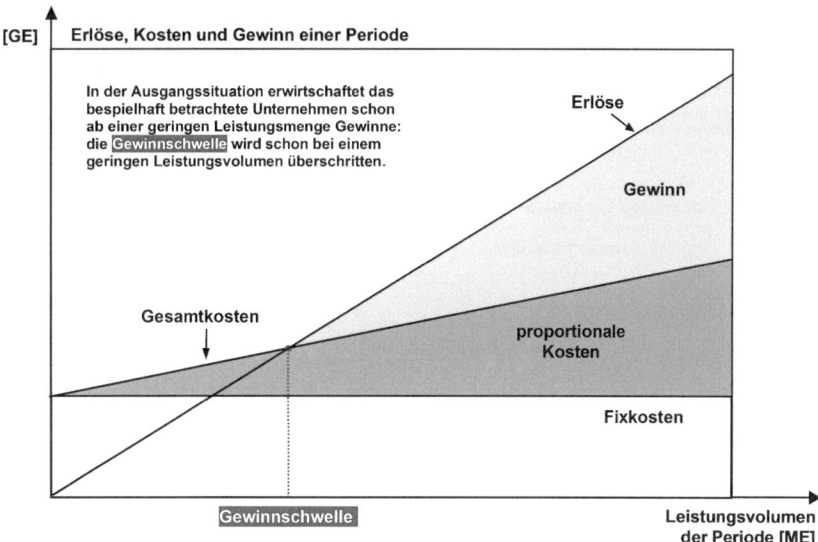

Abbildung 2.12 Ausgangsdaten einer Gewinnschwellenanalyse als Simulationskalkül

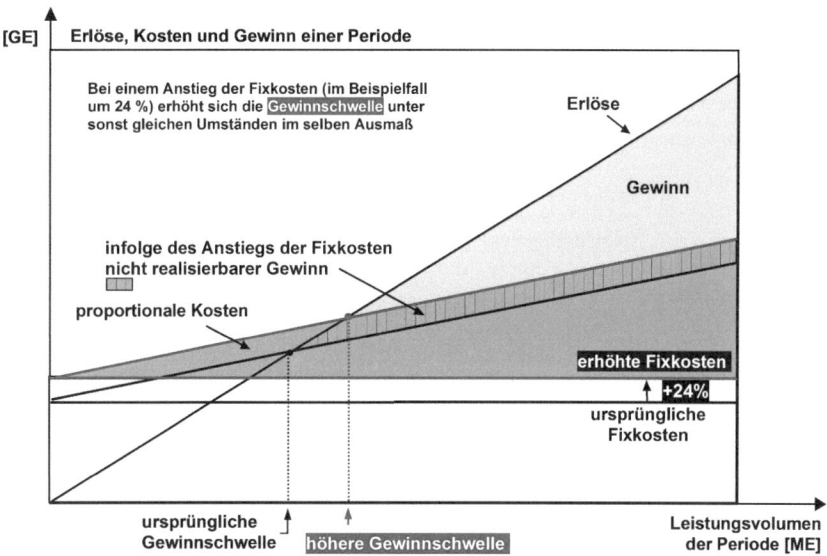

Abbildung 2.13 Gewinnminderung in Folge eines Anstiegs der Fixkosten

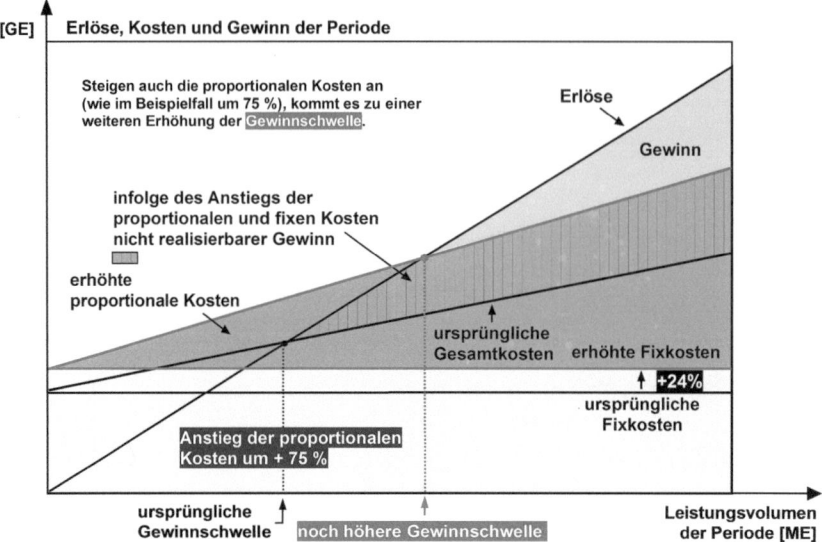

Abbildung 2.14 Auswirkungen eines Anstiegs der proportionalen Kosten

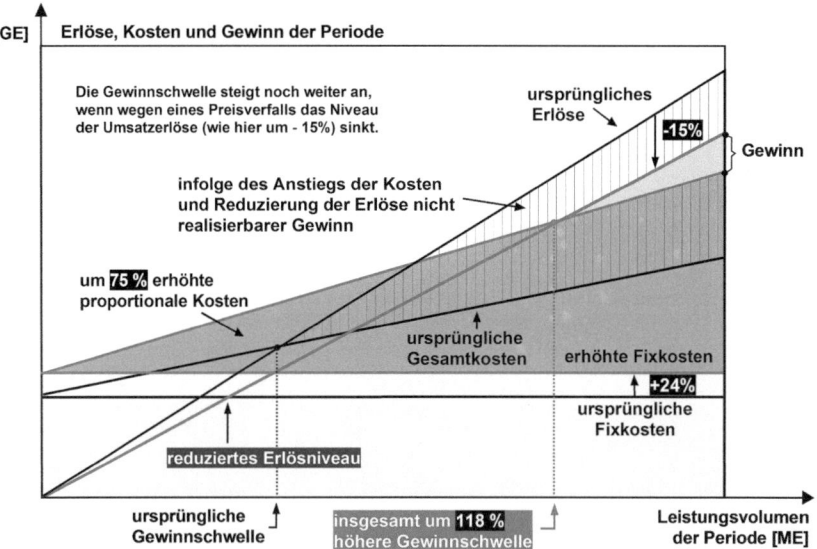

Abbildung 2.15 Infolge eines Preisverfalls weiter ansteigende Gewinnschwelle

In Mehrproduktunternehmen kommt als weitere Ergebnisdeterminante naturgemäß die Sales-Mix-Abweichung in Betracht. Die entsprechende Ergebnisabweichung, die auf eine Umstrukturierung des Produktions- und Absatzprogramms zurückzuführen ist, kann nun insbesondere nach dem Produktspektrum, nach regionalen Aspekten (Marktsegmenten) sowie nach Vertriebsorganen, -kanälen und -wegen systematisiert werden. Abbildung 2.16 illustriert die entsprechende mehrdimensionale Differenzierung des Sales-Mix.

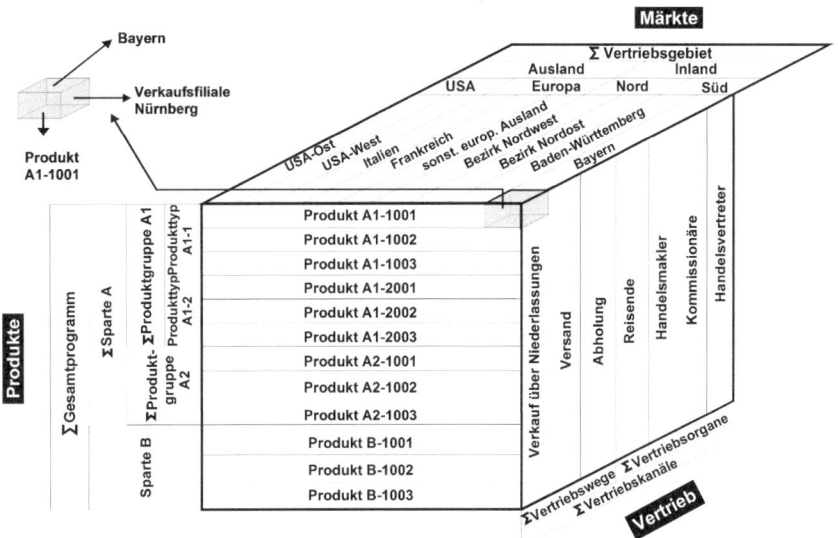

Abbildung 2.16 Mehrdimensionale Differenzierung des Sales-Mix

Insbesondere ist dabei bedeutsam, dass einzelne Fixkostenschichten den relevanten Ebenen des Sales-Mix verursachungsgerecht zugeordnet werden. Verursachungsgerecht bedeutet hierbei, die Fixkosten auf denjenigen Ebenen zu erfassen (und nicht darunter), auf denen sie gerade noch disponierbar sind. Entsprechend wird etwa das Gehalt eines Produktgruppenmanagers ausschließlich auf der Ebene der relevanten Produktgruppe zugeordnet und nicht etwa auf der Ebene tieferliegender Produktarten oder gar -varianten. Diese Zuordnung erfolgt in der Logik relationaler Datenbanken. Sind so die entsprechenden Voraussetzungen für mehrstufige differenzierende Deckungsbeitragsrechnungen geschaffen, so lässt sich nach Riebel das Ergebnisgebirge auf verschiedenen Wegen erklimmen (vgl. Riebel 1994). Mit diesen Deckungsbeitragsrechnungen kann also etwa aufgezeigt werden, wie einzelne Produktarten, -gruppen und -sparten zum Gesamtergebnis beigetragen haben. Abbildung 2.17 zeigt ein Rechenbeispiel für die Methodik der mehrstufigen differenzierenden Deckungsbeitragsrechnung auf.

Jedoch gilt auch hier, dass eine reine Gegenüberstellung von Plan- und Istwerten das Methodenpotenzial nicht ausschöpft. Vielmehr kann in kosten- und ergeb-

Zeile	Gesamtunternehmen	Gesamtprogramm							
	Produktsparten	Sparte A			Σ	Sparte B		Σ	Σ
	Produktarten	A1	A2	A3		B1	B2		
01	Basiserlöse	53.460	42.075	36.790	132.325	21.500	11.024	32.524	164.849
02	+ Zuschläge		1.815	2.054	3.869		666	666	4.535
03	Bruttoerlöse	53.460	43.890	38.844	136.194	21.500	11.690	33.190	169.384
04	./. Erlösschmälerungen	5.500	5.225	5.850	16.575	1.700	966	2.666	19.241
05	Nettoerlöse	47.960	38.665	32.994	119.619	19.800	10.724	30.524	150.143
06	Vertriebseinzelkosten	5.195	3.700	2.097	10.992	1.221	355	1.576	12.568
07	proportionale Vertriebsgemeinkosten	4.425	2.873	2.505	9.803	1.046	908	1.954	11.757
08	./. proportionale Vertriebskosten	9.620	6.573	4.602	20.795	2.267	1.263	3.530	24.325
09	Verwertungsüberschüsse	38.340	32.092	28.392	98.824	17.533	9.461	26.994	125.818
10	Materialkosten	6.240	5.835	3.585	15.660	3.115	1.680	4.795	20.455
11	proportionale Fertigungskosten	8.360	5.440	4.875	18.675	3.945	2.420	6.365	25.040
12	./. proportionale Herstellkosten	14.600	11.275	8.460	34.335	7.060	4.100	11.160	45.495
13	Deckungsbeitrag I der Produktarten	23.740	20.817	19.932	64.489	10.473	5.361	15.834	80.323
14	./. produktartenbezogene Fixkosten	3.100	530	2.800	6.430	2.000	1.550	3.550	9.980
15	Deckungsbeitrag II der Produktarten	20.640	20.287	17.132	58.059	8.473	3.811	12.284	70.343
16	./. produktspartenbezogene Fixkosten				10.900			2.000	12.900
17	Deckungsbeiträge der Produktsparten				47.159			10.284	57.443
18	./. gesamtunternehmensbezogene Fixkosten								13.250
19	Nettoergebnis des Unternehmens								44.193

Abbildung 2.17 Mehrstufige differenzierende Deckungsbeitragsrechnung

nisrechnerischen Simulationen aufgezeigt werden, wie alle sechs eingangs aufgezeigten Ergebnisdeterminanten unter verschiedenen Annahmen zur Ergebnisentstehung beitragen. Neben den bereits bei den anderen Konzepten erörterten Variationen von Beschäftigungsvolumina, variablen und fixen Kosten sowie Preisniveaus und Erlösschmälerungen können nun auch Änderungen der Produktions- und Absatzprogrammstrukturen (Sales-Mix) simulativ berücksichtigt werden. So kann beispielsweise simuliert werden, wie sich regionale Entscheidungen (Märkte) oder Produktprogrammstrukturen auf die Höhe des Ergebnisses auswirken. Mithin können auch Ergebniswirkungen strategischer absatzwirtschaftlicher Entscheidungen über die Sortimentsbreite und -tiefe frühzeitig abgeschätzt werden.

Es existiert über die aufgezeigten Kalküle hinaus noch eine Vielzahl spezifischer Entscheidungsrechnungen, die sich wiederum insbesondere unter dem Begriff der Nutzschwellenanalysen subsumieren lassen. Neben differenzierenden Gewinnschwellenanalysen zählen darunter insbesondere auch Verfahrensvergleichsrechnungen, Make-or-Buy-Kalküle (Entscheidungsrechnungen zur Fundierung der Wahl zwischen Eigenfertigung und Fremdbezug) sowie differenziertere Ermittlungen von Preisuntergrenzen im Verkauf und Preisobergrenzen im Einkauf. Stellvertretend wird hier nur die in Abbildung 2.18 illustrierte erstgenannte Methodik kostenrechnerischer Verfahrensvergleiche kurz erörtert.

Es geht dabei im Kern darum, dass üblicherweise fixkostenintensivere Fertigungsverfahren durch flachere Verläufe der variablen Kosten ab einer kritischen Menge (verfahrensspezifische Nutzschwelle) den zunächst durchschlagenden Nachteil des vergleichsweise höheren Fixkostenblocks kompensieren. Analog zu den bisherigen Ausführungen können dabei in Kostensimulationen Variationen der Beschäftigungsgrade sowie der variablen und fixen Kosten vorgenommen werden. Im

2 Kostenrechnerische Grundlagen für Kostensimulationen   31

Zeile	01 Investitionsalternative / Entscheidungskriterien	02 Investition A	03 Investition B
01	Anschaffungskosten	150.000	250.000
02	Montage- und Frachtkosten	25.000	40.000
03	**Investitionsausgaben**	**175.000**	**290.000**
04	Resterlöswert	25.000	40.000
05	Nutzungsdauer	5	5
06	jährliche lineare Abschreibungen	30.000	50.000
07	durchschnittlicher Restbuchwert	100.000	165.000
08	Kapazität [ME]	1.300	1.400
09	**proportionale Kosten**	**110**	**85**
10	pagatorische Fixkosten	32.000	36.800
11	lineare Abschreibung	30.000	50.000
12	**jährliche Durchschnittswertverzinsung (8%)**	**8.000**	**13.200**
13	**Fixkosten**	**70.000**	**100.000**
14	geplante Menge [ME/Jahr]	1.000	1.000
15	**jährliche proportionale Kosten**	**110.000**	**85.000**
16	**Gesamtkosten**	**180.000**	**185.000**
17	Rang	1	2
18	**Nutzschwelle der Investition B (kritische Menge)**	1.200 ME	

Abbildung 2.18 Nutzschwellenanalyse für den Verfahrensvergleich (Rechenbeispiel)

Ergebnis lässt sich abschätzen, in welchen Beschäftigungsbandbreiten welche Fertigungsverfahren kostengünstiger eingesetzt werden können.

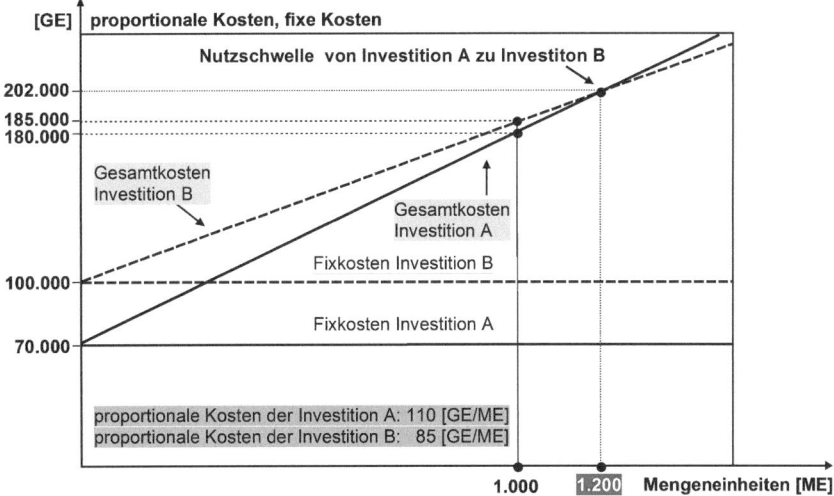

Abbildung 2.19 Nutzschwellenanalyse für den Verfahrensvergleich (graphische Darstellung)

2.5 Fazit und Ausblick

Wie aufgezeigt wurde, können anhand kosten- und ergebnisrechnerischer Kalküle simulativ Ergebnisdeterminanten variiert werden. Die dargestellten Erfolgsparameter Beschäftigungsvolumina, variable Kosten, fixe Kosten, Erlösschmälerungen, Preisniveaus und Sales-Mix-Verschiebungen bestimmen in verschiedenen Ausprägungen unterschiedliche Ergebnisniveaus und -strukturen. Diese Grundlogik gilt unternehmens- und branchenübergreifend. Vor dem Hintergrund aktueller Megatrends erscheinen entsprechende Analysen als besonders bedeutsam. So führt etwa der vollzogene Wandel hin zu einer Dienstleistungsgesellschaft (aktuell 72% Anteil an der Bruttowertschöpfung in Deutschland) oder der Trend in Richtung zu digital vernetzten Geschäftsmodellen („Industrie 4.0") zu grundlegenden Veränderungen der Kosten- und Ergebnisstrukturen. Kosten- und Ergebnissimulationen können gerade in einem solchen Kontext einen Beitrag dazu leisten, nicht nur über die sachlichen (und insbesondere primär technischen) Dimensionen solcher Entwicklungen zu diskutieren, sondern auch entsprechende Wertbeiträge differenziert abschätzen zu können.

Literatur

Männel, Wolfgang (1995). *Buchführung und Grundlagen der Bilanzierung: [mit Übungsbeispielen und Musterklausuren]*. Schriften zur Betriebswirtschaftslehre : Lehrmaterialien. Lauf a.d. Pegnitz: Verl. der GAB, Ges. für Angewandte Betriebswirtschaft.

März, Lothar et al. (2011). *Simulation und Optimierung in Produktion und Logistik: Praxisorientierter Leitfaden mit Fallbeispielen*. SpringerLink : Bücher. Berlin, Heidelberg: Springer Berlin Heidelberg.

Riebel, Paul (1994). *Einzelkosten- und Deckungsbeitragsrechnung: Grundfragen einer markt- und entscheidungsorientierten Unternehmensrechnung*. 7., überarb. u. wesentl. erw. Aufl. Wiesbaden: Gabler.

Schneider, Dieter (1997). *Betriebswirtschaftslehre*. München und Wien: Oldenbourg.

Kapitel 3
Grundlagen von Kostensimulationsexperimenten

Enrico Teich, Marco Trost und Thorsten Claus

3.1 Begriffsdefinition und Begriffsabgrenzung

Dieses Kapitel führt in das Themenfeld *Simulation* ein. Hierzu werden relevante Begrifflichkeiten definiert und voneinander abgegrenzt.

3.1.1 Simulation

Der Stellenwert der Simulation wird in Zukunft weiter zunehmen. Einerseits werden hardwaretechnische und softwaretechnische Voraussetzungen günstiger und andererseits verstärkt sich die Notwendigkeit für den Einsatz der Simulation, da Tendenzen der Wirtschaft zu immer kürzeren Entwicklungs- und Planungszyklen und zu komplexeren technischen Systemen führen. Ein *System* ist dabei eine von ihrer Umwelt abgegrenzte Menge von Elementen, die miteinander in Beziehung stehen. (vgl. DIN IEC 60050-351:2014-09)

Die Technik der Simulation findet in der Planung, Realisierung und im Betrieb von technischen Systemen Einsatz und dient der Leistungsermittlung eines Systems. Allgemein ist die Simulation dabei die *Durchführung von Experimenten an einem Modell*, wobei das Modell als abstrakte Abbildung des Systems zu verstehen ist

---

Enrico Teich
Internationales Hochschulinstitut (IHI) Zittau – Eine Zentrale Wissenschaftliche Einrichtung der Technischen Universität Dresden, e-mail: enrico.teich@tu-dresden.de

Marco Trost
Internationales Hochschulinstitut (IHI) Zittau – Eine Zentrale Wissenschaftliche Einrichtung der Technischen Universität Dresden e-mail: Marco.Trost@mailbox.tu-dresden.de

Thorsten Claus
Internationales Hochschulinstitut (IHI) Zittau – Eine Zentrale Wissenschaftliche Einrichtung der Technischen Universität Dresden e-mail: thorsten.claus@tu-dresden.de

(für detaillierte Informationen zum Simulationsmodelbegriff siehe Kap. 3.1.2). In der Literatur existieren verschiedene Definitionen für den Begriff Simulation. Ausgewählte Definitionsansätze werden im Folgenden aufgeführt, wobei die Definition nach VDI 3633, Blatt 3 für dieses Buch als die zugrunde liegende Terminologie anzusehen ist. Für eine ausführliche terminologische Diskussion diesbezüglich wird auf Frank (1999) verwiesen. In der VDI 3633, Blatt 3 wird Simulation definiert als „Nachbilden eines Systems mit seinen dynamischen Prozessen in einem experimentierbaren Modell, um zu Erkenntnissen zu gelangen, die auf die Wirklichkeit übertragbar sind." Nach Shannon (1998) ist Simulation der Prozess der Modellbeschreibung eines realen Systems und anschließendes Experimentieren mit diesem Modell mit der Absicht, entweder das Systemverhalten zu verstehen oder verschiedene Strategien für Systemoperationen zu entwickeln. Rose und März (2011) definieren Simulation als „Durchführung von Experimenten an einem Modell. [...] Simulation wird zur Leistungsbewertung eines Systems eingesetzt. Dabei geht man davon aus, dass die Schlüsse, die durch Leistungsmessungen am Modell gewonnen werden, auf das modellierte System übertragbar sind." Nach Küll und Stähly (1999) kann Simulation „[...] als eine Methode zur Modellierung und rechnergestützten Analyse von Systemen auf der Basis von Erklärungsmodellen („wenn-dann"-Kausalbeziehungen) und anschließend als ein experimentelles Durchspielen einer Vielzahl von möglichen Strategien, d. h. Parameterkonstellationen, um jeweils die Auswirkungen auf die vorgegebenen aufzudecken" aufgefasst werden. Abschließend definieren Hillier und Lieberman (1997) Simulation als „[...] ein experimenteller Zweig des Operations Research. [...] Für die Simulation im Bereich des Operations Research ist es typisch, dass Modelle konstruiert werden müssen, die [...] hoch mathematisch sind."

Simulationen finden in vielen Bereichen der Wissenschaft und Unternehmenspraxis ihre Anwendung. So nutzt beispielsweise die Physik Simulationen zum Nachweis sowie zur Darstellung von existenten Gesetzmäßigkeiten (z.B. Teilchenbeschleuniger am CERN). Im Fahrzeugbau wird versucht mittels Simulationen die Aerodynamik der Karosserien zu verbessern. Ebenfalls wird bei der Fabrikplanung auf Simulationen zurückgegriffen. Diese wenigen Beispiele machen deutlich, dass die Simulation vielfältige Einsatzmöglichkeiten hat und es demnach verschiedene Arten der Simulation gibt. Zudem liegen den verschiedenen Simulationen unterschiedliche Begriffsinterpretationen zugrunde, sodass es einer konkreten Begriffsabgrenzung bedarf. Dazu wird folgend auf die verschiedenen Simulationsarten (siehe Kap. 3.1.2), Simulationsmodelle (siehe Kap. 3.1.3), Simulationsexperimente (siehe Kap. 3.1.4) und auf Simulationswerkzeuge (siehe Kap. 3.1.5) eingegangen.

3.1.2 Simulationsarten

Aufgrund der Vielzahl von zufalls- sowie zeitabhängigen Systemgrößen und stark vernetzten Wirkungszusammenhängen werden bei mathematisch analytischen Methoden bei der Untersuchung derartiger Systeme die bestehenden Grenzen oftmals überschritten. Bei der Nutzung der Simulation kann das *zeitliche Ablaufverhalten* komplexer technischer Systeme untersucht und beurteilt werden. Bei der Differenzierung zwischen verschiedenen Simulationsarten unterscheiden Law und Kelton (2000) die drei Dimensionen „zeitliches Verhalten des Modells", „Zufallsabhängigkeit der Simulationskomponenten" und „Art der modellierten Zustandsänderungen".

Zunächst kann zwischen statischen und dynamischen Simulationen unterschieden werden. Bei *statischen Simulationen* wird das System nur zu einem Zeitpunkt betrachtet oder die Zeit spielt keine Rolle. Dazu zählt beispielsweise die Monte-Carlo-Simulation, welche ein reales System mit Hilfe eines Modells abbildet, das mit Zufallsvariablen arbeitet. Für die Ermittlung von Ausgangsparametern werden bei der Analyse für jeden Eingangsparameter Zufallszahlen anhand definierter Wahrscheinlichkeitsverteilungen bestimmt (Werhahn 2009). Bei *dynamischen Simulationen* stellt das Modell das zeitliche Verhalten des Systems dar, wie es etwa bei der Simulation von Fertigungsanlagen zu beobachten ist.

Die nächste Unterscheidungsform ist die Differenzierung zwischen deterministischen und stochastischen Simulationen. Bei *deterministischen Simulationen* enthält das System keine zufallsabhängigen Komponenten, wie beispielsweise bei chemischen Reaktionen. Dem gegenüber stehen die *stochastischen Simulationen*, wie etwa Simulationen von Warteschlangensystemen. Dabei wird das Systemverhalten durch zufällige Ereignisse beeinflusst.

Das letzte Klassifikationsmerkmal unterscheidet zwischen kontinuierlichen und diskreten Simulationen. Bei *kontinuierlichen Simulationen* ändern sich die Systemzustände kontinuierlich, wie etwa bei Differentialgleichungssystemen. Bei *diskreten Simulationen* hingegen ändern sich die Systemzustände an diskreten Zeitpunkten, wie beispielsweise bei Lagerhaltungssystemen zu finden ist.

Bei der Produktionsplanung und -steuerung werden in der Regel Anlagen (Fabriken, Lager, Maschinen, etc.) oder Abläufe (Projekte, Prozesse, etc.) unter zur Hilfenahme von computergestützten Modellen simuliert, sodass das dynamische Verhalten des Systems unter Verwendung zufälliger Komponenten mit Änderungen des Systemzustands an diskreten Zeitpunkten abgebildet wird (Rose und März 2011). Dafür werden in der Regel Modelle eingesetzt, welche ereignisorientiert sind. Demnach wird das Systemverhalten nachgebildet in dem Zustandsänderungen beim Eintritt von Ereignissen beschrieben werden. In diesem Fall wird gesprochen von *Discrete Event Simulation* (DES) oder *ereignisdiskreter Simulation*. In Produktions- und Logistiksystemen häufig anzutreffende Ereignisse sind beispielsweise die Ankunft eines Fertigungsauftrages an einer Maschine bzw. einem Bauplatz oder das Ende eines Produktionsprozessschrittes.

3.1.3 Simulationsmodell

Für eine korrekte begriffliche Abgrenzung lassen sich in der Literatur verschiedene Definitionsansätze für ein *Simulationsmodell* finden. Allgemein wird ein Modell als abstrahiertes Abbild eines Systems verstanden. Lediglich Küll und Stähly (1999) sowie Hillier und Lieberman (1997) erweitern dieses Grundverständnis um die Modellgestalt und -funktion. Besonders Hillier und Lieberman (1997) liefern zudem wichtige Aspekte der Modellierung, sodass dieser Definitionsansatz den weiteren Ausführungen des Buches zugrunde gelegt wird. Sie definieren den Begriff wie folgt: „Für die Simulation im Bereich des Operations Research ist es typisch, dass Modelle konstruiert werden müssen, die [...] hoch mathematisch sind. Statt das gesamte Verhalten des Systems direkt zu beschreiben, beschreibt das Simulationsmodell das Funktionieren des Systems durch die Abbildung der einzelnen Systemkomponenten und der daraus resultierenden individuellen Ereignisse. Das System wird in Elemente aufgeteilt, deren Verhalten vorhergesagt werden können. Die Vorhersage muss für alle verschiedenen möglichen Zustände des Systems und seiner Inputfaktoren in Form von Wahrscheinlichkeitsverteilungen erfolgen. Die Zusammenhänge zwischen den Elementen werden im Modell abgebildet." Bei Küll und Stähly (1999) handelt es sich bei einem Modell „[...] um ein Abbild eines Systems, welches jene Eigenschaften des Systems enthalten soll, die für das zu untersuchende Problem von Bedeutung sind. [...] [Das Modell wird als Simulationsmodell bezeichnet, wenn] die Kausalbeziehung zwischen einer Input- und Outputgröße, d.h. eine „wenn-dann"-Beziehung [den Modellzweck darstellt]. Nach Rose und März (2011) ist ein Simulationsmodell „[...] eine abstrahierte Abbildung eines zu untersuchenden Systems, das entweder bereits existiert oder zukünftig entstehen soll. Abstraktion heißt bei der Modellierung, dass im Modell die Struktur oder das Verhalten des Systems mit einem geringerem Detailierungsgrad beschrieben werden als beim „Original"-System." In der VDI 3633 wird ein Simulationsmodell als „[...] eine vereinfachte Nachbildung eines geplanten oder existierenden Systems mit seinen Prozessen in einem anderen begrifflichen oder gegenständlichen System. Es unterscheidet sich hinsichtlich der untersuchungsrelevanten Eigenschaften nur innerhalb eines vom Untersuchungsfeld abhängigen Toleranzrahmens vom Vorbild" definiert.

Bei der Modellierung ist zunächst die Auswahl eines *Modellierungsformalismus* bzw. einer *Modellbeschreibungssprache* zu treffen. Bei dieser Bestimmung des Modellierungsansatzes wird indirekt bereits festgelegt, ob konsequent ereignisorientiert oder prozessorientiert modelliert wird. Eine weitere Entscheidung betrifft die *Modellierungsperspektive*. Dabei wird unterschieden, ob das System aus Perspektive eines Auftrages oder aus Perspektive einer Anlage abgebildet wird. Bei einem auftragsbezogenen Modell, wird für jeden Auftrag der Auftragsprozess beschrieben. Somit wird bestimmt, wie sich der Auftrag durch das System bewegt. Bei anlagenorientierten Modellen wird für jede Anlage ein entsprechender Anlagenprozess modelliert. Dadurch wird beschrieben, wie die Anlage beim Eintritt von entsprechenden Ereignissen reagiert. Bei üblichen Modellen von Produktionssystemen sind in der Regel beide Ansätze anzutreffen, wobei die auftragsorientierten Modellansätze dominieren. Die Festlegung des *Detailierungsgrades* ist jedoch das entscheidende Modellbildungsproblem. Stark detaillierte Modelle enthalten zwangsläufig eine hohe Komponentenzahl, sodass ein erheblicher Aufwand für die Erstellung und die Pflege der Modelle entsteht. Insbesondere bei der Datenbeschaffung für die Parametrisierung ist dies relevant. Dagegen sind einfache Modelle häufig zu abstrakt, um die Problemstellung zu lösen. Die Verwendung stochastischer Komponenten ist ein weiteres Element des Detaillierungsgrades. Diese dienen in der Regel zur Reduzierung der Modellkomplexität. Bspw. werden in der Regel externe Einflüsse wie Belieferungsschwankungen oder Ressourcenausfälle nicht explizit modelliert, sondern durch stochastische Komponenten abgebildet. (vgl. Rose und März 2011)

3.1.4 Simulationsexperiment

Nach VDI 3633 ist ein Simulationsexperiment „[...] die gezielte empirische Untersuchung des Verhaltens eines Modells durch wiederholte Simulationsläufe mit systematischer Parameter- oder Strukturvariation." Wie bei den zuvor definierten Begrifflichkeiten lassen sich auch zu dieser Terminologie zahlreiche Definitionsansätze in der Literatur identifizieren, wobei diesem Buch die Ausführungen der VDI 3633 zugrunde liegen. Alternativ kann ein Simulationsexperiment wie folgt definiert werden: Nach Küll und Stähly (1999) kann man „[...] die Abwicklung eines Simulationsexperimentes (feste Parameterkonstellation) als ein gesteuertes statistisches Zufallsexperiment auffassen, das mit Hilfe eines Rechners durchgeführt wird." Hillier und Lieberman (1997) definieren den Begriff wie folgt: „Simulation ist [...] eine Technik, Stichprobenexperimente im Modell des Systems durchzuführen. [...] Simulationsexperimente [sollten] wie gewöhnliche statistische Experimente betrachtet werden. Auch sie sollten auf einer vernünftigen statistischen Theorie basieren. Simulationsexperimente werden gewöhnlich auf einem Computer durchgeführt, da eine riesige Menge von Daten generiert und verarbeitet werden muss." Bei Simulationsexperimenten differenziert man zwischen Planung und Durchführung. Bei der Planung von Simulationsexperimenten ist es die wesentliche Aufgabe Parameterwerte zu definieren und als Reihenfolge zu systematisieren, sodass das Simulationsziel mittels möglichst weniger Simulationsläufe erreicht wird. Weiter ist neben der inhaltlichen und zeitlichen Planung der Inhalt der Simulationsrückmeldung und folglich die Auswertungstiefe zu bestimmen. Dabei ist es die Prämisse stets eine möglichst rasche Zielerreichung zu gewährleisten. Bezüglich eines detaillierten Überblicks über die Planung von Simulationsexperimenten wird an dieser Stelle auf Kapitel 3.2 verwiesen.

Infolge der Durchführung von Simulationsexperimenten sollen dem Nutzer Ansatzpunkte und Entscheidungshilfen für seine Tätigkeit gegeben werden. Die Durchführung erfolgt dabei in Abhängigkeit der zuvor definierten *Ziele*. So erfordern beispielsweise Funktionalitätsstudien oder Schwachstellenanalysen Simulationsläufe mit gleichbleibenden Parametern und lediglich modifizierter Startwerte der Zufallszahlengeneratoren. Für Ablaufsimulationen hingegen sind in der Regel Simulationsläufe notwendig, bei welchen die Modellparameter systematisch variiert werden. Überdies kommt der abschließenden *Auswertung* von Simulationsexperimenten eine erhebliche Bedeutung zu. So bestimmt neben der Qualität des Simulationsergebnisses auch die Auswertung des Simulationsexperimentes die Güte der Rückschlüsse, Interpretationen und abgeleiteten Maßnahmen. *Simulationsergebnisse* sind dabei Rückmeldungen über das Verhalten des simulierten Systems, die an bestimmten Messpunkten des Modells erzeugt werden und nach Ende des Simulationslaufes entsprechend aufbereitet werden, sodass eine Ergebnisinterpretation ermöglicht wird.

3.1.5 Simulationswerkzeug

Bei der Betrachtung der Simulationswerkzeuge wird zwischen *Komponenten von Simulationswerkzeugen* und *Simulatorentwicklungsumgebungen* unterschieden. Bei ersteren werden gewöhnlich die folgenden vier Hauptkomponenten differenziert: Simulatorkern, Datenverwaltung, Benutzeroberfläche und Schnittstellen zu externen Programmen.

Der *Simulatorkern* stellt zunächst die Modellwelt inklusive der zugehörigen Modellelemente bereit. Darüber hinaus wird die Verarbeitung der Einzelschritte ausgeführt und es erfolgt eine Verknüpfung sowie Koordination der Prozesse der einzelnen Komponenten des Simulators. Damit verkörpert der Simulatorkern die zentrale Ablaufsteuerung. Bei der *Datenverwaltung* sind alle Eingabe-, Zustands- und Simulationsergebnisdaten zu verwalten. Dabei unterscheidet man verschiedene Datenarten wie bspw. Eingabedaten, Experimentdaten, interne Modelldaten und Simulationsergebnisdaten. Des Weiteren erfolgt eine Zuordnung zu Modellelementen, in welchen die Modelldaten mit den zugehörigen Verarbeitungsalgorithmen vereinigt werden. Diese Verarbeitungsalgorithmen werden in der Regel auch als Methoden bezeichnet. Einzelne Elemente treten dabei häufig mehrfach auf und können Klassen zugeordnet werden. Die *Benutzeroberfläche* ist die Schnittstelle zwischen Programm und Anwender. Phasen der Simulation können durch spezielle Funktionen der Benutzeroberfläche unterstützt werden. Dazu zählen der Modellaufbau und die Dateneingabe sowie die Ergebnisdarstellung. Die letzte Komponente ist die *Schnittstelle* zu externen Datenbeständen. Diese ermöglichen einen Zugriff auf bereits vorhandenen Daten, welche somit in das Simulationsmodell eingebunden werden können. Genauso ist es möglich erfasste Ergebnisdaten auf andere Systeme zu übertragen und somit für entsprechende Auswertungen zur Verfügung zu stellen. Ein möglicher zusätzlicher Aufwand wird über spezifische Schnittstellen reduziert. (vgl. VDI 3633)

Der zweite Aspekt der Simulationswerkzeuge ist die *Simulatorentwicklungsumgebung*. Diese bieten als Software-Paket alle zuvor genannten Komponenten an. Dadurch werden Anwender in die Lage versetzt schnell und sicher neue Simulatoren für verschiedene Anwendungsbereiche zu erstellen. Entwicklungen neuer Modellelemente erfolgen mittels einer Abstraktion vorhandener Elemente. Die Flexibilität wird gewährleistet, da nur eine begrenzte Zahl allgemeiner Elemente zur Verfügung gestellt wird und somit ein weites Anwendungsgebiet sowie ein breites Spektrum von Fragestellungen unterstützt werden. (vgl. VDI 3633)

3 Grundlagen von Kostensimulationsexperimenten

3.2 Planung von Simulationsexperimenten

Zur Gewinnung belastbarer Erkenntnisse bedarf es einer systematischen Planung der Simulationsexperimente. Diesbezüglich werden in diesem Kapitel ausgewählte Planungsansätze erläutert.

3.2.1 Einführung

Insbesondere die vorgenommenen Definitionen verdeutlichen, dass mit der Simulation stets gewisse Ziele verfolgt werden. Die erwarteten Ergebnisse eines Simulationsexperimentes lassen demnach als *Zielgrößen* bezeichnen, die es zumeist zu optimieren – zu maximieren oder zu minimieren – gilt (z. B. max. Produktionsgewinn oder min. Produktionskosten). Der Grad der Zielerreichung wird durch Einflussgrößen determiniert, die in *Variablen* (Entscheidungsvariablen) und *Parameter* (Daten) zu differenzieren sind. Variablen unterliegen in Simulationsexperimenten einer kontrollierten Einstellungsvariation (z. B. Steuerung der Produktionsmenge). Dabei werden die Einstellmöglichkeiten als *Stufen* bezeichnet. Der Einstell- bzw. Experimentierbereich wird folglich durch die obere und untere Stufe begrenzt. Die Zielgrößenänderung als Reaktion auf die Einflussgrößenänderung wird *Effekt* genannt. Bei Parametern respektive Daten entfällt die Möglichkeit zur gezielten Einstellung (z. B. fixer Lagerkostensatz). Das Auftreten dieser Einflussgrößen ist dennoch planbar. Einflussgrößen, die unerwartet auftreten, werden auch als *Störgrößen* bezeichnet (z. B. ungeplante Maschinenausfälle). (vgl. Laux et al. 2012; VDI 3633, Blatt 3 Dezember 1997)

Ergebnisse von Simulationsexperimenten müssen statistischen Qualitätskriterien genügen (z. B. Erreichen eines definierten Signifikanzniveaus; vgl. Hillier und Lieberman (1997)). Der Erfüllungsgrad dieser Qualitätskriterien wird durch die Eigenschaften von *Simulationsexperimenten* bestimmt, die es demnach im Rahmen der Planung von Simulationsexperimenten geeignet festzulegen gilt. Ein wichtiges Attribut stellt diesbezüglich die Stufenkombination (Einstellung) der im Simulationsexperiment zu untersuchenden Einflussgrößen dar. Diesbezüglich bedarf es dem Einsatz geeigneter Verfahren, die insbesondere auf die Bestimmung sowie die Trennung von relevanten und weniger wichtigen Einflussgrößen im Rahmen der Experimentplanung abzielen (siehe Kap. 3.2.2). Die Dauer bzw. Länge und die Anzahl der erforderlichen Simulationsläufe stellen weitere wichtige Eigenschaften von Simulationsexperimenten dar, die in der Planung festzulegen sind. Diesbezüglich ist zu konstatieren, dass sich die statistische Datenqualität und damit die Aussagekraft der Simulationsergebnisse mit zunehmender Länge und Anzahl der im Simulationsexperiment durchgeführten Simulationsläufe verbessert (vgl. bspw. Hillier und Lieberman 1997; Wenzel et al. 2008). Da aber insbesondere aus Gründen der Ressourcenknappheit (z. B. vorliegenden Zeitrestriktionen) nicht unendlich viele Simulationsläufe durchgeführt werden können, sind Verfahren erforderlich, die zu einem Kompromiss zwischen angestrebter Datenqualität und verfügbaren Ressourcen führen (siehe Kap. 3.2.3). Die Aussagekraft der Simulationsergebnisse hängt des Weiteren maßgeblich vom Simulationsmodell ab, welches das Verhalten von Realsystemen in abstrahierter Form zu Experimentierzwecken imitiert. Wie gut diese Systemnachbildung gelingt, wird durch Validierungsverfahren überprüft, deren Auswahl ebenfalls Bestandteil der Experimentplanung sein sollte (siehe Kap. 3.2.4). Weiterführend ist durch Verifikationsverfahren zu überprüfen, ob die abstrahierte Beschreibung der Systemelemente und -prozesse (z. B. in Form einer Spezifikation) korrekt in das Simulationsmodell (in Programmcode) transformiert wurde (siehe Kap. 3.2.4). Auch die Festlegung dieser Verfahren sollte deshalb bei der Planung von Simulationsexperimenten Beachtung finden.

3.2.2 Ermittlung von Einflussgrößen

Im Folgenden werden ausgewählte Verfahren zur Identifikation signifikanter Einflussgrößen überblicksartig beschrieben. Auf weiterführende Literatur zur methodischen Vertiefung wird an geeigneter Stelle verwiesen.

Varianzanalysen

Bei der *Varianzanalyse* (VA) wird untersucht, welche Wirkung unabhängige Variablen (Einflussgrößen) auf abhängige Variablen (Zielgrößen) haben (vgl. zur VA hier und im Folgenden Backhaus et al. 2011). Die unabhängigen Variablen werden dabei als *Faktoren* und ihre Ausprägungen als *Faktorstufen* bezeichnet. Es lassen sich die nachstehenden Analysetypen unterscheiden: Bei der *einfaktoriellen* VA wird die Wirkung einer unabhängigen Variable auf eine abhängige Variable untersucht. Wird analysiert, welche Wirkung mehrere unabhängige Variablen auf eine abhängige Variable haben, dann handelt es sich um eine *mehrfaktorielle* VA. Eine *mehrdimensionale* VA liegt vor, wenn mindestens eine unabhängige Variable und mehrere abhängige Variablen in der Wirkungsuntersuchung betrachtet werden. Das Grundprinzip dieser Analysen wird hier am Beispiel der einfaktoriellen VA verdeutlicht.

Im ersten Schritt ist das *Analyseproblem* zu formulieren. Beispielsweise könnte analysiert werden, welchen Einfluss Maschinenkonfigurationen auf die Herstellkosten eines Produktes ausüben. Hierzu wurden folgende Daten empirisch oder simulativ gewonnen.

Demnach lassen sich drei Teilstichproben identifizieren, die sich jeweils aus fünf Beobachtungswerten konstituieren. Unter anderem anhand der im Beispiel vorliegenden Mittelwertstreuung (siehe Tab. 3.2) wird ersichtlich, dass die Maschinenkonfigurationen die Produktherstellkosten unterschiedlich stark beeinflussen. Hätten die Konfigurationsveränderungen keinen Einfluss auf die Herstellkosten, so würden die Mittelwert nicht oder nur unwesentlich streuen. Dabei ist zu beachten, dass von Stichprobe zu Stichprobe jeweils nur der zu untersuchende Faktor (die Maschinenkonfiguration) variiert wurde. Alle anderen Einflussgrößen (z. B. die Material-

3 Grundlagen von Kostensimulationsexperimenten   41

Tabelle 3.1 Produktherstellkosten je Maschinenkonfiguration

	Produktherstellkosten (Beobachtungswerte)				
	1	2	3	4	5
Maschinenkonfiguration A	49 €	50 €	50 €	51 €	50 €
Maschinenkonfiguration B	60 €	61 €	59 €	60 €	60 €
Maschinenkonfiguration C	39 €	40 €	41 €	40 €	40 €

kosten) wurden konstant gehalten. Die Streuung der Beobachtungswerte innerhalb einer Teilstichprobe (siehe Tab. 3.1) macht deutlich, dass ergebnisbeeinflussende unbekannte (zufällige) Einflussgrößen vorliegen. Im vorliegenden Beispiel ist der Einfluss dieser Größen allerdings sehr gering.

Tabelle 3.2 Mittlere Produktherstellkosten je Maschinenkonfiguration

	Produktherstellkosten (Mittelwerte)
Maschinenkonfiguration A	50 €
Maschinenkonfiguration B	60 €
Maschinenkonfiguration C	40 €
Gesamtmittelwert	50 €

In Abbildung 3.1 werden die beschriebenen Streuungen grafisch veranschaulicht. Dabei gilt folgende Notation:

m_{ij} Beobachtungswert
i Faktorstufe als Ausprägung einer unabhängigen Variable ($1 \leq i \leq I$)
j Beobachtungswert innerhalb einer Faktorstufe ($1 \leq j \leq J$)
$\overline{m_i}$ Mittelwert der Beobachtungswerte einer Faktorstufe
$\overline{m}$ Mittelwert aller Beobachtungswerte

Auf Grundlage der vorgenommenen Problemformulierung lassen sich nun im zweiten Schritt der VA die Abweichungen der Beobachtungswerte systematisch untersuchen. Hierzu werden folgende Kennzahlen eingeführt:

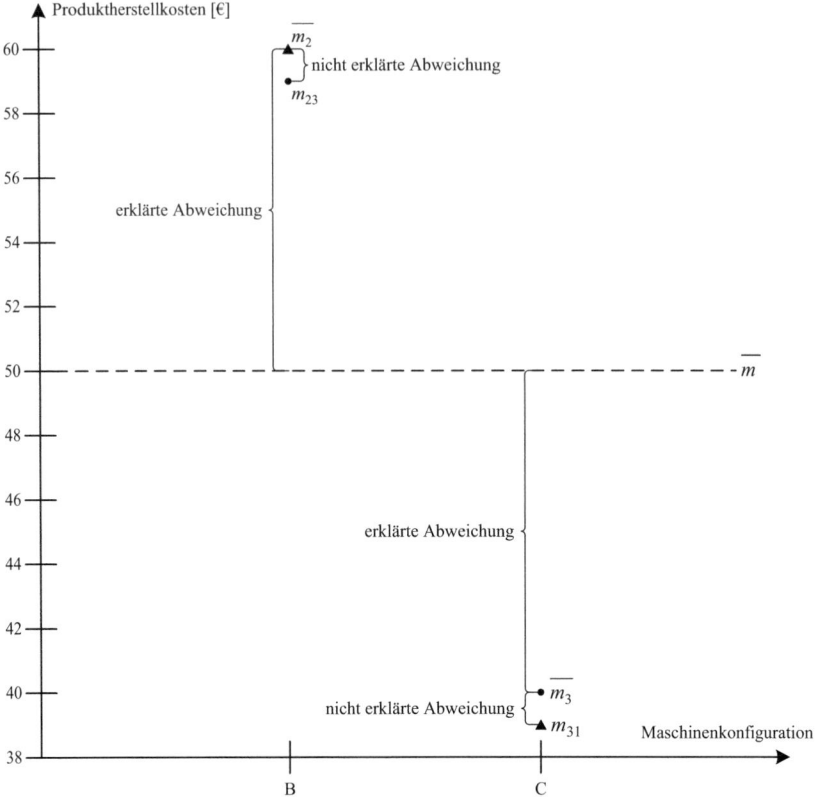

Abbildung 3.1 Streuungszerlegung (eigene Darstellung in Anlehnung an Backhaus et al. 2011)

$$SS_{total} = \sum_{i=1}^{I}\sum_{j=1}^{J}(m_{ij} - \overline{m})^2 \quad (3.1)$$

$$SS_{between} = \sum_{i=1}^{I} J(\overline{m_i} - \overline{m})^2 \quad (3.2)$$

$$SS_{within} = \sum_{i=1}^{I}\sum_{j=1}^{J}(m_{ij} - \overline{m_i})^2 \quad (3.3)$$

Es ist ersichtlich, dass diese Kennzahlen Quadratsummen (sum of squares,) der Abweichungen repräsentieren. SS_{total} beschreibt die Summe der quadrierten Gesamtabweichungen. Die Summe der quadrierten Abweichungen zwischen den Faktorstufen wird durch $SS_{between}$ charakterisiert. SS_{within} quantifiziert die Summe der quadratischen Abweichungen, die innerhalb der Faktorstufen auftreten. Die Anzahl der Einzelwerte, die diesbezüglich in die Kennzahlenberechnung eingehen, wirkt sich auf die Kennzahlenausprägung wesentlich aus. Zur Realisierung von Vergleichbarkeit hinsichtlich der Streuungsbewertung, wird daher die Varianz als Kenngröße in der folgenden grundlegenden Form eingeführt:

$$\text{Varianz} = \frac{SS}{\text{Zahl der Beobachtungen} - 1} \quad (3.4)$$

Die Varianz repräsentiert demnach die mittlere quadratische Abweichung (mean sum of squares, *MS*). Dabei drückt der Nenner die sogenannten Freiheitsgrade (degrees of freedom, *df*) aus. Einer der Beobachtungswerte kann stets aus der Mittelwertschätzung und den restlichen Beobachtungswerten berechnet werden. Das heißt, dieser Wert ist nicht frei. Aus diesem Grund wird bei der Ermittlung der Freiheitsgrade die Zahl der Beobachtungen um eins reduziert. Gemäß den bereits eingeführten unterschiedlichen Streuungsbetrachtungen, lassen sich die nachstehenden Varianzmaße definieren:

$$MS_{total} = \frac{SS_{total}}{I * J - 1} \quad (3.5)$$

$$MS_{between} = \frac{SS_{between}}{I - 1} \quad (3.6)$$

$$MS_{within} = \frac{SS_{within}}{I * (J - 1)} \quad (3.7)$$

Für das hier betrachtete Beispiel lassen sich somit folgende Berechnungen anstellen:

$$MS_{total} = \frac{1.006 \, €^2}{3 * 5 - 1} = 71.86 \, €^2 \quad (3.8)$$

$$MS_{between} = \frac{1.000 \, €^2}{3 - 1} = 500 \, €^2 \quad (3.9)$$

$$MS_{within} = \frac{6 \, €^2}{3 * (5 - 1)} = 0{,}5 \, €^2 \quad (3.10)$$

Durch die berechneten Kennwerte wird deutlich, welche Bedeutung der in der VA betrachteten unabhängigen Variable (z. B. der Maschinenkonfiguration) im Vergleich zu den in der Problemformulierung nicht explizit erfassten Variablen im Hinblick auf die Beeinflussung der Zielgrößenausprägung (z. B. der Herstellkosten) beizumessen ist. Wäre die quadratische Abweichung innerhalb der Faktorstufen MS_{within} null, so würde die mittlere quadratische Gesamtabweichung (MS_{total}) gemäß der Streuungszerlegung allein durch den in der VA erfassten Faktor erklärt. Das heißt also, je kleiner MS_{within} im Verhältnis zu $MS_{between}$ ist, desto größer ist der Einfluss der betrachteten unabhängigen Variable auf die Zielgröße. Im vorliegenden Beispiel ist aufgrund der ermittelten Verhältnisse ein signifikanter Einfluss des betrachteten Faktors zu vermuten.

Im dritten und letzten Schritt ist die vermutete *Faktorwirkung statistisch zu überprüfen*. Hierzu wird aus MS_{within} und $MS_{between}$ der sogenannte empirische F-Wert wie folgt ermittelt:

$$F_{emp} = \frac{MS_{between}}{MS_{within}} \qquad (3.11)$$

Für das hier betrachtete Beispiel ergibt sich für F_{emp} ein Wert von 1.000. Dieser empirische F-Wert wird mit einer theoretischen F-Verteilung verglichen. Die theoretischen F-Werte stellen *Prüfwerte für die Vertrauenswahrscheinlichkeit* dar. Intention dieses Vergleiches ist die Überprüfung folgender exemplarischer Nullhypothese H_0: Die Maschinenkonfiguration hat keinen Einfluss auf die Produktherstellkosten. Neben der Nullhypothese existiert eine Alternativhypothese H_1: Die Maschinenkonfiguration hat einen Einfluss auf die Produktherstellkosten. Diese Hypothesen lassen sich in die nachstehende formale Beschreibung überführen:

$$H_0 : \alpha_1 = \alpha_2 = \alpha_3 \qquad (3.12)$$
$$H_1 : \text{mindestens ein } \alpha\text{-Wert} \neq 0 \qquad (3.13)$$

Diesbezüglich repräsentiert $\alpha_{between}$ den Einfluss der Faktorstufe i auf die abhängige Variable m_{ij}, welcher durch $\overline{m_i} - \overline{m}$ charakterisiert ist. Im Folgenden ist ein Auszug der theoretischen F-Verteilung in Tabellenform dargestellt:

Tabelle 3.3 Auszug der F-Werte-Tabelle bei Signifikanzniveau von 1% (eigene Darstellung in Anlehnung an Backhaus et al. 2011)

		Freiheitsgrade Zähler				
		1	2	3	4	5
Freiheitsgrade Nenner	10	10,04	7,56	6,55	5,99	5,64
	11	9,65	7,21	6,22	5,67	5,32
	12	9,33	6,93	5,95	5,41	5,06
	13	9,07	6,70	5,74	5,21	4,86
	14	8,86	6,51	5,56	5,04	4,69

Die Ausprägung des theoretischen F-Wertes hängt von der Zahl der Freiheitsgrade in Zähler und Nenner ab. Im vorliegenden Beispiel, liegen im Zähler ($MS_{between}$)

zwei und im Nenner (MS_{within}) 12 Freiheitsgrade vor (vgl. Gl. 3.6 und 3.7). Der theoretische F-Wert beträgt demnach laut Tabelle 6,93. Ist der empirische F-Wert größer als der theoretische F-Wert, gilt die Nullhypothese als falsifiziert und die Alternativhypothese als bestätigt. Da dies im vorliegenden Beispiel der Fall ist, kann mit einer Vertrauenswahrscheinlichkeit von 99 % bzw. einer Restunsicherheit von 1% behauptet werden, dass die Maschinenkonfiguration einen Einfluss auf die Produktherstellkosten unter den angenommenen Rahmenbedingungen ausübt.

Wie bereits beschrieben wurde, lässt sich die VA unter Beachtung der dargestellten grundlegenden Vorgehensweise auch für mehrere Faktoren durchführen. Zusätzlich zu den Einflüssen, die durch die Faktoren im Einzelnen auf die abhängige Variable ausgeübt werden, lassen sich hier auch Wechselwirkungen (Interaktionen) untersuchen. Die VA repräsentiert deshalb ein Verfahren, welches sich zur Auswahl von (relevanten) Einflussgrößen im Rahmen der Planung von Simulationsexperimenten eignet. Zur weiteren Erläuterung der (mehrfaktoriellen) VA wird hier auf Backhaus et al. (2011) sowie Moosbrugger und Reiß (2010) verwiesen.

Faktorreduktion

Trotz einer systematischen Auswahl der Einflussgrößen (z. B. mit Hilfe einer VA) kann die Anzahl dieser Größen (Faktoren) und ihrer möglichen Ausprägungen (Faktorstufen) zu Versuchsplänen führen, deren Realisierung aufgrund der für die Simulationsexperimente zur Verfügung stehenden *begrenzten Ressourcen* (insbes. Zeit- und Kostenrestriktionen) nicht möglich ist. Demnach sind in diesen Fällen Verfahren zur Faktorreduktion erforderlich (vgl. zu den Faktorreduktionsverfahren im Folgenden überblicksartig Küll und Stähly 1999).

Ein geeignetes Verfahren in diesem Kontext stellt die *Faktorgruppierung* dar. Hierbei wird die Zusammenfassung von Faktoren, deren Einflussrichtung im Hinblick auf die abhängige Größe bekannt und gleichgerichtet ist, angestrebt. In die Versuchsplanung für die Simulationsexperimente fließen lediglich Repräsentanten jeder gebildeten Faktorengruppe ein, wodurch sich der Experimentieraufwand (erheblich) reduziert. Aus den in den Simulationsexperimenten gewonnenen Erkenntnissen zu einem Repräsentanten können dann Rückschlüsse auf die jeweilige gesamte Faktorengruppe gezogen werden. Neben der Tatsache, dass die Einflussrichtung der Faktoren bekannt sein muss, erfordert die Gruppierung des Weiteren, dass keine Wechselwirkungen zwischen den Faktoren einer Gruppe auftreten. Dies lässt sich mit Hilfe der mehrfaktoriellen VA ermitteln.

Ein weiteres Verfahren zur Faktorreduktion stellt die *zufällige Faktorenauswahl* dar. In den bisher vorgestellten Ansätzen wurde stets von einer systematischen Faktorkombination ausgegangen. Unter der Annahme, dass allen möglichen Einflussgrößen (Faktoren) die gleiche Eintrittswahrscheinlichkeit zugrunde gelegt werden kann, lässt die Faktorenauswahl auch mit Hilfe von Zufallsexperimenten realisieren. Vorteil dieser zufälligen Auswahl ist die freie Festlegung der Faktorenanzahl, wodurch sich auch der Experimentieraufwand steuern lässt. Allerdings können durch eine derartige zufällige Auswahl auch relevante Faktoren vernachlässigt werden.

Der Aussagegehalt der auf diesem Weg gewonnenen Simulationsergebnisse ist deshalb besonders kritisch zu hinterfragen. Entschärfen lässt sich dieser Nachteil teilweise durch die Einbindung von Erfahrungswissen in die Faktorenauswahl. So können etwa auf Basis des Erfahrungsschatzes von Entscheidungsträgern (z. B. Produktionsleitern oder Controllern) relevante Einflussgrößen identifiziert und in der Experimentplanung berücksichtigt werden.

Durch die Umstellung von faktoriellen Versuchsplänen auf *teilfaktorielle Versuchspläne* lässt sich eine weitere Aufwandsreduktion im Hinblick auf die durchzuführenden Simulationsexperimente realisieren. Bei faktoriellen Versuchsplänen werden die Kombinationsmöglichkeiten untersucht, die sich aus der Betrachtung der identifizierten Einflussgrößen (Faktoren) und all ihrer Einstellmöglichkeiten (Faktorstufen) ergeben (vgl. zur Beschreibung faktorieller Versuchspläne hier und im Folgenden Kleppmann 2016; VDI 3633, Blatt 3 Dezember 1997). Dies ermöglicht die Untersuchung aller Faktorstufen und ihrer Wechselwirkungen. Nachteilig ist die hohe Anzahl der damit verbundenen Simulationsläufe. Durch den Verzicht auf die explizite Untersuchung weniger relevanter Wechselwirkungen in der Experimentplanung – Erzeugung teilfaktorieller Versuchspläne –, kann die Anzahl der Simulationsläufe (wesentlich) reduziert werden. Die Reduktion der Wechselwirkungsbetrachtungen und damit der durchzuführenden Experimente respektive Simulationsläufe (im Vergleich zu faktoriellen Versuchsplänen) wird dadurch realisiert, dass die sogenannte Vermengung von Effekten in der Versuchsplanung berücksichtigt wird. Mehrere Effekte, die aus im jeweiligen Experiment eingestellten Faktorstufen resultieren, gelten als vermengt, wenn bei der Untersuchungsauswertung nicht zwischen ihnen unterschieden werden kann. Das bedeutet, es kann nur die Summe der Einzeleffekte bestimmt werden, nicht die Einzeleffekte selbst. In der folgenden Abbildung wird an einem Beispiel die Bildung von teilfaktoriellen Versuchsplänen verdeutlicht:

In (a) von Abbildung 3.2 ist ein faktorieller Versuchsplan, welcher sich aus den in (c) aufgeführten Steuerfaktoren und ihren jeweils möglichen Faktorstufen (Ausprägungsoptionen) konstituiert, dargestellt. Es wird ersichtlich, dass acht Einzelversuche (Simulationsläufe) in der Planung vorgesehen sind, um die Effekte der Faktoren und Wechselwirkungen vollständig zu untersuchen. Unter Berücksichtigung der Annahme, dass die Effekte der Vermengung C =-AB in den Untersuchungen vernachlässigt werden können, lässt sich der in (b) aufgeführte teilfaktorielle Versuchsplan erstellen. Die Entscheidung, welche Faktorstufenkombinationen für die Simulationsexperimente weniger relevant erscheinen, basiert in der Regel auf Erfahrungswerten der in die Untersuchung eingebundenen Entscheidungsträger. Eine Faktorstufenkombination (Vermengung) ist insbesondere dann nicht untersuchungsrelevant, wenn sie keinen wesentlichen Einfluss auf die in der Simulationsuntersuchung betrachtete Zielgröße ausübt. Im hiesigen Beispiel wird die Zielgröße durch die Produktherstellkosten repräsentiert. Das Beispiel verdeutlicht allerdings auch die Probleme, die mit einer teilfaktoriellen Versuchsplanung potentiell einhergehen. Demnach lässt sich beim vorliegenden Plan aufgrund der Vermengungen nicht mehr zwischen den Effekten einzelner Steuerfaktoren und Wechselwirkungen unterscheiden (A und BC, B und AC, C und AB).

3 Grundlagen von Kostensimulationsexperimenten

a

Nr.	Steuerfaktoren						
	A	B	C	AB	AC	BC	ABC
1	−	−	−	+	+	+	−
2	+	−	−	−	−	+	+
3	−	+	−	−	+	−	+
4	+	+	−	+	−	−	−
5	−	−	+	+	−	−	+
6	+	−	+	−	+	−	−
7	−	+	+	−	−	+	−
8	+	+	+	+	+	+	+

b

Nr.	Steuerfaktoren						
	A	B	C	AB	AC	BC	ABC
2	+	−	−	−	−	+	+
3	−	+	−	−	+	−	+
5	−	−	+	+	−	−	+
8	+	+	+	+	+	+	+

c

Steuerfaktor	Stufe +	Stufe −
A: Maschinenkonfiguration	Konfig. B	Konfig. C
B: Fertigungsschichtteam	Team 1	Team 2
C: Fertigungsmaterial	Messing	Edelstahl

Abbildung 3.2 (a) faktorieller Versuchsplan, (b) teilfaktorieller Versuchsplan durch C = AB, (c) Steuerfaktoren und Steuerfaktorstufen des Beispiels

Durch eine systematische Vorgehensweise kann auch bei teilfaktoriellen Versuchsplänen ein Versuchsaufbau gefunden werden, bei dem die Effekte in der Vermengung, die auf nicht relevante Faktorstufenausprägungen zurückzuführen sind, möglichst gering sind. Das heißt, die bei diesem Versuchsaufbau auftretenden Effekte resultieren vor allem aus Faktorstufenausprägungen, die als relevant eingestuft werden. Ein bekanntes Verfahren in diesem Zusammenhang stellt die sogenannte *Taguchi-Methode* dar. Taguchi differenziert Steuerfaktoren und Rauschfaktoren (Störfaktoren). Beide Faktorarten können in Experimenten nach Taguchi gezielt verändert werden. Im Vergleich zu den Steuerfaktoren sollten sich die Rauschfaktoren allerdings möglichst wenig auf das Versuchsergebnis auswirken. Um dies systematisch zu erreichen, schlägt Taguchi einen Versuchsplan in der folgenden Form vor:

Ein Versuchsplan nach Taguchi unterteilt sich wie folgt: Im sogenannten *inner array* werden die versuchsabhängigen Ausprägungen der Steuerfaktoren als orthogonales Feld dargestellt. Diesbezüglich repräsentieren die Spalten dieses Feldes die zu untersuchenden Steuerfaktoren. Jede Zeile kennzeichnet einen Einzelversuch (Simulationslauf). Durch Plus und Minus in den Zellen des Feldes werden die zwei betrachteten Stufen des jeweiligen Steuerfaktors dargestellt. Das inner array repräsentiert üblicherweise einen teilfaktoriellen Versuchsplan oder einen Plackett-Burman-Plan (vgl. zu diesen Plantypen weiterführend bspw. Kleppmann 2016). Unter Verwendung dieser Plantypen werden im sogenannten *outer array* die versuchsabhängigen Ausprägungen der Rauschfaktoren ebenfalls als orthogonales Feld dargestellt. Hier werden die zu untersuchenden Rauschfaktoren durch die Zeilen repräsentiert. Die Spalten charakterisieren die im Experiment zu betrachtenden Kombinationen der Rauschfaktorstufen. Dabei wird in den Zellen durch Plus und Minus kennge-

	Rauschfaktoren	1	2	3	4
"outer array" mit Rauschfaktoren	R1	−	+	−	+
"inner array" mit Steuerfaktoren	R2	−	−	+	+
	R3	+	−	−	+

Nr.	Steuerfaktoren										
	A	B	C	D	E	F	G				
1	−	−	−	+	+	+	−				
2	+	−	−	−	−	+	+				
3	−	+	−	−	+	−	+				
4	+	+	−	+	−	−	−		*Zielgrößenwerte*		
5	−	−	+	+	−	−	+				
6	+	−	+	−	+	−	−				
7	−	+	+	−	−	+	−				
8	+	+	+	+	+	+	+				

Abbildung 3.3 Versuchsplan nach Taguchi (eigene Darstellung in Anlehnung Kleppmann 2016)

zeichnet, welche Stufe des jeweiligen Rauschfaktors in eine Kombination eingeht. Die Anzahl dieser Kombinationen der Rauschfaktorstufen im outer array bestimmt, wie oft die Kombinationen der Steuerfaktorstufen im inner array wiederholt untersucht werden muss. Im vorliegenden Beispiel werden vier Rauschfaktorstufenkombinationen betrachtet. Jeder Versuchslauf – jede Steuerfaktorstufenkombination – muss demnach viermal realisiert werden, wobei jede dieser Realisierungen eine andere der vier Rauschfaktorstufenkombinationen in die Untersuchung einbezieht. Im Zielgrößenbereich werden die Ergebnisse dieser Versuchsläufe dokumentiert. Jede Zelle dieses Bereiches repräsentiert die in einem Versuchslauf ermittelte Zielgrößenausprägung. Zur Auswertung der Untersuchungsergebnisse schlägt Taguchi diverse statistische Kenngrößen vor (vgl. zu diesen Kenngrößen weiterführend bspw. Kleppmann 2016). Ziel der Auswertung ist es, wie bereits erwähnt wurde, einen (robusten) Versuchsaufbau (eine Steuerfaktorstufenkombination) mit möglichst geringem Rauschfaktoreinfluss (Störgrößeneinfluss) zu finden.

Als weitere Ansätze zur Ermittlung relevanter Einflussgrößen und damit zur Planung von Simulationsexperimenten sollen hier die Perturbationsanalyse und die Frequenzbereichsanalyse genannt werden. Für weiterführende Beschreibungen diesbezüglich wird auf Geiselhart (1993), Küll und Stähly (1999) sowie Rachlitz (1993) verwiesen.

3.2.3 Ermittlung der Dauer und Anzahl von Simulationsläufen

Nachdem ein Überblick über Methoden gegeben wurde, die auf die Ermittlung simulationsrelevanter Einflussgrößen abzielen (siehe Kap. 3.2.2), werden im Folgenden Ansätze vorgestellt, die sich mit den Fragen, wie lange ein Simulationslauf dauern muss und wie viele Läufe je Simulationsexperiment erforderlich sind, beschäftigen. Erstere Frage stellt sich ausschließlich bei nichtterminierenden Simulationen. Letztere Frage stellt sich sowohl bei terminierenden als auch nichtterminierenden Simulationen. Die *Simulationsdauer* ist bei terminierenden Simulationen vorbestimmt (siehe auch Kap. 3.1). Das heißt, bei dieser Art von Simulationen ist ein Simulationslauf durch ein Startereignis (z. B. Schichtbeginn in Arztpraxis) und ein Endereignis (z. B. Schichtende in Arztpraxis) eindeutig definiert. Zu Beginn jedes Simulationslaufes liegen definierte Anfangsbedingungen vor (z. B. leerer Warteraum). In die statistische Auswertung wird hier der gesamte Zeitraum, der in den Simulationsläufen betrachtet wird, einbezogen. Bei nicht-terminierenden Simulationen wird es nach Beendigung der sogenannten *Einschwingphase* mit der Erfassung statistisch auswertbarer Daten begonnen. Ein definiertes Ereignis, welches das Ende eines Simulationslaufes definiert, liegt bei dieser Art von Simulationen nicht vor. Als Beispiele können hier der Betrieb von industriellen Lager- und Produktionssystemen genannt werden. Das heißt, der Betrieb dieser Systeme wird auch nach einer Ruhephase (z. B. Wochenende) unmittelbar fortgeführt (z. B. Wiederaufnahme der Fertigungsauftragsbearbeitung) (vgl. Wenzel et al. 2008).

Die Notwendigkeit zur Durchführung mehrerer Simulationsläufe in definierter Länge ergibt sich aus der Tatsache, dass Simulationsergebnisse zur Ableitung belastbarer Erkenntnisse *statistischen Qualitätskriterien* genügen müssen (z. B. Erreichen eines definierten Signifikanzniveaus; vgl. Hillier und Lieberman (1997)). Insbesondere bei Berücksichtigung von stochastischen Einflüssen in der Simulation sind Streuungen bei Ziel- und Einflussgrößen zwischen den einzelnen *Replikationen* zu erwarten (vgl. Küll und Stähly 1999). Durch die mehrfache Durchführung von Simulationsläufen lassen sich Stichproben für diese Größen ermitteln, auf deren Basis mit Hilfe insbesondere statistischer Analysen ein fundierter Erkenntnisgewinn möglich wird.

Dauer von Simulationsläufen

Auf die Ermittlung der Dauer von Simulationsläufen hat vor allem der Zustand des Simulationsmodells – des simulierten Systems – am Anfang der Simulation einen wesentlichen Einfluss. Bei der Simulation von Warteschlangensystemen, die etwa vielfach in Produktionssystemen vorherrschen, wird dieser Anfangszustand dadurch charakterisiert, dass sich kein Objekt (z. B. Fertigungsauftrag) im Warteraum (z. B. Eingangspuffer des Arbeitssystems) befindet und demnach auch keine Abfertigung (z. B. Bearbeitung durch Operator) erfolgt. Da in den Simulationsuntersuchungen in der Regel vorrangig das charakteristische Verhalten eines Systems (z. B. Warteschlange im Abfertigungsbetrieb) analysiert werden soll, ist durch ausreichend lang andauernde Simulationsläufe sicherzustellen, dass der Einfluss des Anfangszustandes auf das Simulationsergebnis möglichst minimiert wird. Die Zeitspanne, in der das Simulationsmodell den untersuchungsrelevanten Zustand erreicht hat, wird auch als Gleichgewichtsphase (*steady-state*) bezeichnet. Die Zeit vom Beginn eines Simulationslaufes bis zum Erreichen der Gleichgewichtsphase wird vielfach als Einschwingphase (*transient-state*) beschrieben. (vgl. Law und Kelton 2000; Wenzel et al. 2008)

Sowohl die im Folgenden beschriebene *statistikbasierte Vorgehensweise* als auch das später vorgestellte *grafisch-visuelle Vorgehensweise* zur Ermittlung der Einschwingphasenlänge respektive zur Ermittlung der Dauer von Simulationsläufen, welche nach Wenzel et al. (2008) so klassifiziert werden, basieren auf der Analyse der Ausprägungen einer systemtypischen Kenngröße (z. B. der Abfertigungsrate oder der Durchlaufzeit), die im Rahmen der Simulation zu definierten Zeitpunkten erfasst werden. Bei statistikbasierten Methoden wird ein Gütekriterium durch den Simulationsanwender vorgegeben und über Testverfahren aus mehreren Simulationsläufen (Pilotläufen) das Ende der Einschwingphase bzw. der Beginn der Gleichgewichtsphase berechnet. Einen praktikablen Ansatz diesbezüglich stellen Kelton und Law (1983) vor. Bei diesem Verfahren wird angenommen, dass eine Kenngröße X existiert, die im Gleichgewichtszustand des betrachteten Realsystems einen konstanten Wert μ annimmt und damit die Gleichgewichtsphase des Systems eindeutig charakterisiert. Diesem Wert nähert sich der durch die Experimente am Simulationsmodell generierte Kenngrößenerwartungswert $E(X_i)$ monoton an (vgl. Gl. 3.14). Dabei repräsentiert i die Zeit- bzw. Messpunkte, an denen X_i in der Simulation erfasst wird. Die Differenzierung der Begrifflichkeiten wird an folgendem Beispiel deutlich: Eine Erfassung der Abfertigungsrate in einem simulierten Warteschlangensystem kann zu definierten Uhrzeiten (zeitpunktbezogen) oder in Abhängigkeit von der Anzahl der sich im Warteraum befindliche Objekte (messpunktbezogen) erfolgen.

$$\mu = \lim_{i \to \infty} E(X_i) \qquad (3.14)$$

3 Grundlagen von Kostensimulationsexperimenten   51

In Abbildung 3.4 werden die von Kelton und Law (1983) getroffenen Annahmen grafisch veranschaulicht. Die Kennlinie, welche den Verlauf von $E(X_i)$ beschreibt, wird auch als *transient expectation function* (TEF) bezeichnet.

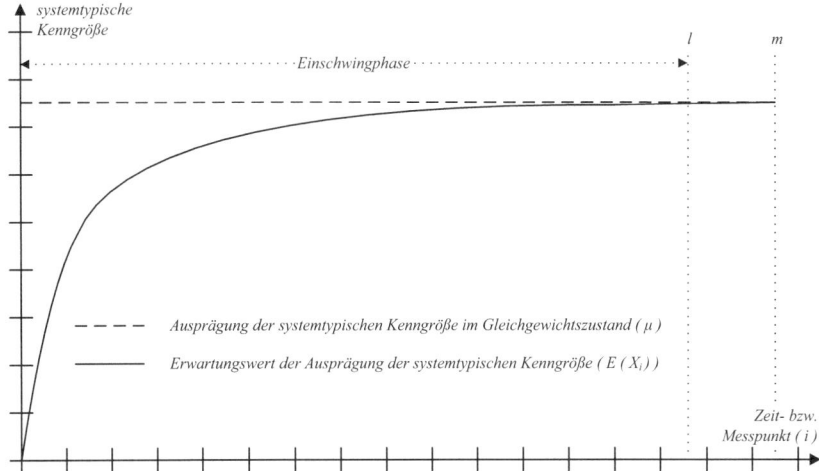

Abbildung 3.4 Schematische Darstellung der Annahmen zum Verfahren von Kelton und Law (1983)

Durch die Einteilung der TEF in Abschnitte, die Berechnung der abschnittspezifischen mittleren Erwartungswerte und dem Vergleich dieser Mittelwerte mit μ lässt sich abschätzen, wann die Einschwingphase endet ($\Delta \approx 0$).

$$E(\overline{X}_{lm}) = \left(\frac{1}{(m-l)}\right) \sum_{i=l+1}^{m} (\overline{X}_i) \qquad (3.15)$$

$$\Delta = \frac{E(\overline{X}_{lm})}{\mu} \cdot 100 \qquad (3.16)$$

Hier charakterisiert m die gesamte Länge eines Simulationslaufes – die Zeitreihe der Messwerte von X_i in Simulationslauf j ($X_i(j)$). Aus den in der Simulationsuntersuchung realisierten Replikationen $k - X_i(j)$ mit $i = 1,...,m$ und $j = 1,...,k$ – lässt sich die mittlere Zeitreihe $\overline{X}_1,...,\overline{X}_m$ gemäß der nachstehenden Beziehung berechnen. Diese Mittelwertbildung erfolgt insbesondere aus Gründen der Varianzreduzierung.

$$\overline{X}_i = \frac{1}{k} \sum_{j=1}^{k} X_i(j) \qquad (3.17)$$

Durch m wird der in Gleichung 3.15 und 3.16 betrachtete Kennlinienabschnitt auf der einen (rechten) Seite begrenzt. Der Parameter l begrenzt den Kennlinienabschnitt auf der anderen (linken) Seite. Damit charakterisiert l die Anzahl der Messwerte, die von m abgezogen (abgeschnitten) werden (vgl. Abb. 3.4). Es wird ersichtlich, dass für die Identifizierung des Einschwingphasenendes l so gewählt werden muss, dass gilt: $\Delta \approx 0$. Dabei ist allerdings zu beachten, dass l nicht zu groß definiert wird, da dann unnötig viele Messwerte der Einschwingphase zugeordnet und somit eliminiert werden. Dies führt zu einem *vermeidbaren Ressourcenverzehr* in den Simulationsuntersuchungen. Des Weiteren stellt auch die Bestimmung von m ein Problem dar. Ist m zu groß, werden bei den Simulationen ebenfalls unnötig Ressourcen verbraucht. Wird m zu klein gewählt, können in den Simulationsuntersuchungen möglicherweise zu wenige Messwerte in der Gleichgewichtsphase des simulierten Systems gewonnen werden. Die Ableitung *statistisch belastbarer Erkenntnisse* auf dieser Datengrundlage ist somit nicht möglich. Kelton und Law (1983) schlagen eine systematische Vorgehensweise zur Lösung dieser Problemstellung – der Ermittlung einer geeigneten Ausprägungskombination von l und m – vor. Bei diesem Verfahren wird beginnend am Ende der Zeitreihe von $\overline{X}_i$ (TEF schrittweise in Richtung Zeitreihenanfang anhand der *Kurvensteigung* getestet, ab wann sich TEF von μ entfernt. Das heißt, ab wann die Steigung von TEF ungleich Null ist. Ist dies bereits in der initialen Berechnung der Fall, dann muss m entsprechend erhöht werden. Ob der durch l und m definierte Zeitraum der Simulationsdatenerfassung zur Gewinnung fundierter Erkenntnisse ausreichend lang ist, lässt sich anhand von statischen Kenngrößen, die Kelton und Law (1983) ebenfalls vorschlagen, bewerten. Hinsichtlich einer weiterführenden Beschreibung dieses Verfahrens wird an dieser Stelle auf Kelton und Law (1983) verwiesen. In Law und Kelton (2000) werden weitere statistikbasierte Ansätze für diesen Anwendungskontext vorgestellt.

Da die statistikbasierten Verfahren, wie der hier vorgestellte Ansatz von Kelton und Law (1983), auf *Annahme*n beruhen, die in der Praxis häufig so nicht zutreffen, ist die Korrektheit und damit Aussagekraft dieser Verfahren begrenzt (Wenzel et al. 2008). Es besteht insbesondere die Gefahr, dass die Länge der Einschwingphase falsch eingeschätzt wird. Diesbezüglich führt eine Unterschätzung bezüglich der Einschwingphasendauer dazu, dass zu früh mit der Erfassung der untersuchungsrelevanten Größen begonnen wird und deshalb untypische Messwerte in die Untersuchung einfließen. Hingegen führt einer Überschätzung diesbezüglich zu einem verspäteten Beginn der Messwerterfassung, wodurch Simulationszeit und damit Ressourcen verschwendet werden. Bei der *grafisch-visuellen Vorgehensweise* wird auf die Formulierung diverser Annahmen verzichtet. Hier wird aus den Ausprägungen der systemtypischen Kenngröße, die in mehreren Simulationsläufen (Pilotläufen) gemessen wurden, eine Mittelwertkurve mit Hilfe des gleitenden Durchschnittsverfahrens berechnet (vgl. zur Verfahrensbeschreibung hier und im Folgenden Law und Kelton (2000) sowie Wenzel et al. (2008)). Am Verlauf der *Mittelwertkurve* lässt sich visuell der Zeitpunkt ermitteln, bei dem die Messgröße einen stabilen systemtypischen Zustand einnimmt und somit die Einschwingphase beendet ist. Die Bestimmung dieses Zeitpunktes sollte bestenfalls ein Experte, der sich sowohl mit den realen System als auch den dazugehörigen Simulationsmodell auskennt, übernehmen. Durch eine automatisierte Ermittlung der Mittelwertkurve lässt sich dieses Verfahren weiter vereinfachen. In der nachstehenden Abbildung wird eine derartige Mittwertkurve schematisch dargestellt.

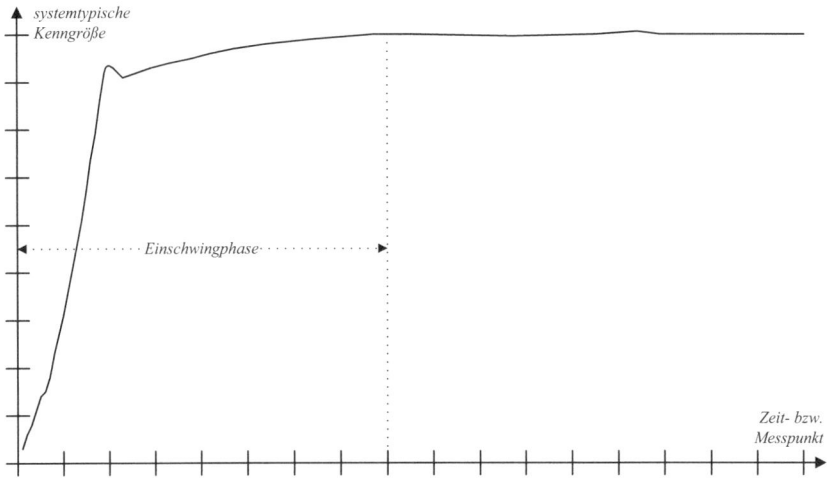

Abbildung 3.5 Schematische Darstellung zur grafisch-visuellen Ermittlung der Einschwingphase

Neben den hier vorgestellten Verfahren schlägt Wenzel et al. (2008) einige allgemeine Regeln vor, die zur Ermittlung der Länge eines Simulationslaufes herangezogen werden können: Die relevanten Messgrößen sollten im Simulationslauf möglichst oft (einige hundert Mal) erfasst werden. Überdies sollten im Simulationslauf charakteristische Systemereignisse (z. B. der Wechsel zwischen Standby- und Produktivbetrieb) wiederholt aufgetreten sein. Insofern seltene, aber ergebnisrelevante Ereignisse im Systembetrieb (z. B. Maschinenausfälle) erwartet werden, hat deren Berücksichtigung im Simulationsexperiment differenziert zu erfolgen. Das heißt, soll das betrachtete System vorrangig im Normalbetrieb untersucht werden, ist das Auftreten derartiger seltener Ereignisse in den Simulationsläufen möglichst zu vermeiden. Wird hingegen bei der Untersuchung primär auf die Analyse des Systemverhaltens in solchen Ausnahmesituationen abgezielt, müssen diese selten Ereignisse im jeweiligen Simulationslauf aufgetreten sein, bevor dieser beendet werden kann.

Anzahl von Simulationsläufen

Zur Bestimmung der Anzahl von Simulationsläufen müssen zunächst zwei grundlegende Ansätze zur Realisierung von Simulationsexperimenten vorgestellt werden: Das *Replicate-Delete-Verfahren* sieht vor, dass Simulationsläufe wiederholt mit gleichen Anfangszuständen, aber unterschiedlichen Einflussgrößenausprägungen gestartet werden (Replicate) und bei jedem Lauf jeweils die Einschwingphase nicht in die statistische Auswertung eingeht. Diese gezielte Eliminierung ausgewählter Messwerte wird auch als Abschneiden (Delete) der Einschwingphase bezeichnet. Aus dem Delete-Vorgang wird ersichtlich, dass dieses Verfahren für die Durchführung nicht-terminierender Simulationen konzipiert ist. Bei terminierenden Simulationen würde das Abschneiden der Einschwingphase entfallen und somit nur die Replikation erfolgen. Das *Batch-Means-Verfahren*, welches den zweiten relevanten Ansatz in diesem Kontext darstellt, sieht hingegen nur die Durchführung eines sehr langen Simulationslaufes vor, wobei die Einschwingphase hier ebenfalls abgeschnitten wird. Die verbleibenden Messwerte werden in gleich große Gruppen respektive die verbleibende Simulationszeit gleich lange Intervalle eingeteilt. Für die Durchführung terminierender Simulation kommt dieses Verfahren nicht infrage. Bei einer kritischen Betrachtung der Ansätze wird ersichtlich, dass die Ergebnisse der Simulationsläufe beim Replicate-Delete-Verfahren voneinander unabhängig sind und somit statistisch belastbare Erkenntnisse gewonnen werden können. Einen wesentlichen Nachteil dieses Verfahrens stellt der Aufwand dar, der mit dem Abschneiden der Einschwingphase bei den Simulationsläufen verbunden ist. Beim Batch-Means-Verfahren ist dieses Abschneiden nur einmal durchzuführen, wodurch sich der Aufwand im Vergleich zum Replicate-Delete-Verfahren reduziert. Nachteilig am Batch-Means-Verfahren ist, dass zwischen den Messgrößen der Gruppen bzw. Intervalle Wechselwirkungen bestehen können. Die Qualität der mit Hilfe dieses Verfahrens gewonnenen Simulationsdaten ist deshalb kritisch zu überprüfen (z. B. mit Hilfe von Korrelationsanalysen). (vgl. Law und Kelton 2000; Wenzel et al. 2008)

Bezüglich der Bestimmung der Anzahl durchzuführender Simulationsläufe ist also an dieser Stelle zunächst zu konstatieren, dass beim Batch-Means-Verfahren nur ein und beim Replicate-Delete-Verfahren mehrere Simulationsläufe realisiert werden. Wie viele Batches oder Simulationsläufe genau erforderlich sind, hängt wesentlich von der angestrebten statistischen Signifikanz der Simulationsergebnisse ab. Eine allgemeingültige Festlegung ist diesbezüglich prinzipiell nicht möglich. Einen Ansatz zur Beantwortung dieser Fragestellung stellt allerdings der Einsatz von Konfidenzintervallen dar (vgl. zur Intervallbeschreibung im Folgenden Bücker 2003; Hedderich und Sachs 2016; Wenzel et al. 2008). Das bedeutet, dass durch die Simulationsläufe Stichproben zu untersuchungsrelevanten Kenngrößen generiert werden. Die Streuung dieser Stichprobenmesswerte folgt einer statistischen Verteilung. Auf Basis dieser Verteilung lassen sich Konfidenzintervalle mit entsprechenden Vertrauenswahrscheinlichkeiten (Sicherheitswahrscheinlichkeiten) W (bzw. P) festlegen. Es handelt sich diesbezüglich um die Wahrscheinlichkeit, mit der die unbekannte Kenngröße (μ) der Grundgesamtheit in das durch die Stichprobe definierte Streuungsfeld (Konfidenzintervall) fällt. Das heißt, je kleiner das Konfidenzintervall bei gegebenem W ist, desto signifikanter bzw. verlässlicher sind die im Simulationsexperiment stichprobenartig gewonnenen Erkenntnisse bezüglich der Kenngrößenausprägung. Die sogenannte Irrtumswahrscheinlichkeit α ergibt sich aus $1 - W$. Es kann folglich die nachstehende formale Beschreibung vorgenommen werden:

$$W(\overline{X} - k_1 \cdot \sigma_{\overline{X}} \leq \mu \leq \overline{X} + k_2 \cdot \sigma_{\overline{X}}) = 1 - \alpha \tag{3.18}$$

Das Konfidenzintervall, welches sich um den Kenngrößenerwartungswert μ aufspannt, wird gemäß Gleichung 18 durch den aus den Stichprobendaten berechneten Kenngrößenmittelwert $\overline{X}$ und die Standardabweichung $\sigma_{\overline{X}}$ sowie durch die statistischen Lageparameter (Quantile) k_1 und k_2 definiert. Bei Vorliegen einer symmetrischen Verteilung gilt: $k_1 = k_2$. Liegt einer Standardnormalverteilung vor, werden k_1 und k_2 durch den sogenannten z-Wert ersetzt. Durch diese Parameter wird definiert, wie viele stichprobenspezifische Standardabweichungen ein Wert X unterhalb oder oberhalb des berechneten Mittelwertes liegt. Die Ausprägung der Parameter ist diesbezüglich abhängig von der zu erreichenden Vertrauenswahrscheinlichkeit. So ergibt sich bei Vorliegen einer Standardnormalverteilung und einer Vertrauenswahrscheinlichkeit von 97,5 % ($W = 0,975$) bzw. einer Irrtumswahrscheinlichkeit von 2,5 % ($\alpha = 0,025$) laut standardisierter Tabelle beispielsweise ein z-Wert von 1,96.

Die Anzahl der im jeweiligen Simulationsexperiment durchgeführten Simulationsläufe bzw. erzeugten Batches hat einen wesentlichen Einfluss auf die Konfidenzintervallbreite. Ist die Anzahl zu gering, können die ermittelten Stichprobendaten, insbesondere beim Vorliegen stochastischer Einflussgrößen, eine große Varianz bzw. Standardabweichung haben. Folglich ergibt sich unter Berücksichtigung der zu erreichenden Vertrauenswahrscheinlichkeit ein breites Konfidenzintervall und somit eine relativ ungenaue Schätzung bezüglich μ. Die Anzahl der erforderlichen Simulationsläufe bzw. Batches wird somit durch das angestrebte Konfidenzintervall bzw. die erwartete Vertrauenswahrscheinlichkeit sowie den für die Simulation zur Verfügung stehenden Ressourcen determiniert und muss durch systematische Untersuchungen sukzessive gefunden werden. Hinsichtlich einer weiterführenden Beschreibung sowie der Ermittlung von Konfidenzintervallen wird hier auf Bücker (2003) sowie Hedderich und Sachs (2016) verwiesen.

3.2.4 Verifikation und Validierung

Die Verifikation und die Validierung bedingen die Durchführung von Tests, die sich auf die Gültigkeit des Modells und auf den Erstellungsprozess beziehen. Ein Test kann stets einer bestimmten Phase zugeordnet werden. Die eindeutige Zuordnung eines Tests zu den Begriffen Verifikation und Validierung ist jedoch nicht immer möglich: „Model testing is ascertaining whether inaccuracies or errors exist in the model. [...] Testing is conducted to perform either validation or verification or both." (Balci 1998).

Die VDI-Richtlinie 3633 definiert die Verifikation als den „[...] formalen Nachweis der Korrektheit des Simulationsmodells". Oftmals wird diese Definition als „Ist das Modell richtig?" („Are we creating the X right?") zusammengefasst (Balci 2003). An dieser Stelle sei angemerkt, dass sich der Korrektheitsnachweis aufgrund der hohen Komplexität von Simulationsmodellen in der Regel formal nicht vollständig führen lässt (vgl. Page 1991). Balci (1998) spricht in diesem Zusammenhang von einer zu erlangenden hinreichenden Genauigkeit bei der Überführung eines Modells. Zu beachten ist der konkrete Hinweis auf die Überführung: Nicht die Korrektheit des Modells wird geprüft, sondern die Korrektheit der Transformation (vgl. Balci 2003). Parallel wird auf die bereits erwähnte hinreichende Genauigkeit hingewiesen, was den Begriff deutlich aufweicht, da „hinreichend" stets ein subjektives Kriterium ist. Aufgrund dessen wird für dieses Buch die Definition von Rabe et al. (2008) zugrunde gelegt. Dort ist Verifikation „[...] die Überprüfung, ob ein Modell von einer Beschreibungsart in eine andere Beschreibungsart korrekt transformiert wurde." Da bei einer Simulation die Implementierung des tatsächlichen Programmcodes sicherlich die Tätigkeit ist, die am leichtesten nach konkreten Kriterien bewertet werden kann, wird das Verifizieren häufig auf die Überprüfung des Programmcodes beschränkt. Die hier verwendeten Definitionen beziehen sich aber auf alle Vorgänge, die während einer Simulationsstudie durchgeführt werden. Verifizieren bedeutet also eine Überprüfung von Phasenergebnissen während des gesamten Simulationsprojektes (vgl. Rabe et al. 2008). Nach der VDI-Richtlinie 3633 ist Validierung eine „Überprüfung der hinreichenden Übereinstimmung von Modell und Originalsystem". Validierung soll sicherstellen, „[...] dass das Modell das Verhalten des realen Systems genau genug und fehlerfrei widerspiegelt: Ist es das richtige Modell für die Aufgabenstellung?" – „Are we creating the right X?" (vgl. Balci 2003). Schmidt (1987) weist zusätzlich darauf hin, dass „[...] empirisch erhobene Daten aus dem realen System mit Daten verglichen werden müssen, die das abstrakte Modell liefert". Diesbezüglich ist eine Validitätsprüfung der erhobenen Daten erforderlich. Somit zählt zur Validierung auch die Validierung erfasster Daten. Balci (1998) definiert die Validierung folgend: „Model validation is substantiating that within its domain of applicability, the model behaves with satisfactory accuracy consistent with the study objectives" (Balci 1998). Für die weiteren Ausführungen dieses Buches wird folgende Definition von Rabe et al. (2008) zugrunde gelegt: „Validierung ist die kontinuierliche Überprüfung, ob die Modelle das Verhalten des abgebildeten Systems hinreichend genau wiedergeben."

Das Ziel der Verifikation und Validierung ist die Verhinderung, dass aus Simulationsstudien fehlerhafte Aussagen gewonnen werden, sodass Fehlentscheidungen vermieden werden. Dazu muss die Verifikation und Validierung in die Modellbildung integriert und bei der Nutzung und Auswertung des Modells und dessen Ergebnissen angewandt werden. Somit wird realisiert, dass möglichst frühzeitig eventuelle Fehler erkannt und behoben werden, sodass Zeit- und Geldaufwand reduziert werden können. Nach Schätzungen betragen die Kosten von in der Anfangsphase erkannten Fehlern nur ca. 10 % gegenüber der Behebung derselben Fehler in späteren Phasen (Banks et al. 1988). Daher ist es auch das Ziel der Verifikation und Validierung Fehler möglichst in frühen Phasen zu identifizieren. Demnach muss die Verifikation und Validierung bereits zu Beginn einer Simulationsstudie beginnen (vgl. Rabe et al. 2008). Die notwendigen Aktivitäten der Verifikation und Validierung sind zumindest teilweise subjektiv (vgl. Balci 1989) und sollten daher stets kritisch geprüft und hinterfragt werden (vgl. van Horn 1971). Somit lässt sich die vollständige Korrektheit eines Modells formal nicht nachweisen, sodass es zu bestimmen gilt, welche konkreten Aktivitäten notwendig sind (vgl. Rabe et al. 2008).

Somit ist nicht der formale Nachweis der Validität eines Modells das Ziel, sondern die Bestätigung der Glaubwürdigkeit des Modells. Nach Carson (1989) ist dies gegeben, wenn es vom Auftraggeber als hinreichend genau akzeptiert wird, um als Entscheidungshilfe zu dienen. Da Glaubwürdigkeit eine Frage der Akzeptanz ist, hängt sie von den „akzeptierenden" Personen ab (vgl. Rabe et al. 2008), was ein subjektives Verständnis der Verifikation und Validierung hervorruft. Vielmehr muss es aber das Ziel sein, systematische Grundlagen für die Akzeptanzentscheidung zu liefern und nachvollziehbar zu dokumentieren. Rabe et al. (2008) formulieren dazu folgende Ziele der der Verifikation und Validierung:

- „Verifikation und Validierung soll fundierte und nachvollziehbare Grundlagen für die Entscheidung über die Glaubwürdigkeit des Modells schaffen [...]"
- „Verifikation und Validierung soll Fehler während der Modellbildung frühzeitig erkennen und damit einerseits Zeit und Geld sparen, andererseits aber auch Fehler schon an ihren [...] Wurzeln sichtbar machen."
- „Verifikation und Validierung soll sicherstellen, dass einmal gewonnene Erkenntnisse vollständig und korrekt in die weitere Modellbildung einfließen."
- „Verifikation und Validierung soll die richtige Anwendung glaubwürdiger Modelle gewährleisten und damit fehlerhafte Schlüsse aus richtigen Modellen verhindern."

Literatur

Backhaus, Klaus et al. (2011). *Multivariate Analysenmethoden – Eine anwendungsorientierte Einführung*. Springer.

Balci, Osman (1989). "How to Assess the Acceptability and Credibility of Simulation Results". In: *Proceedings of the 21st conference on Winter Simulation Conference*. Hrsg. von E. A. Mac-Nair et al. Piscataway: IEEE, S. 62–71.

Balci, Osman (1998). "Verification, validation and testing". In: *Handbook of simulation*. Hrsg. von J. Banks. New York: John Wiley, S. 335–393.

Balci, Osman (2003). "Validation, verification, and certification of modeling and simulation applications". In: *Proceedings of the 2003 Winter Simulation Conference*. Hrsg. von S. Chick et al. Piscataway (NJ, USA): IEEE, S. 150–158.

Banks, J. et al. (1988). "Modeling processes, validation, and verification of complex simulations: A survey". In: *Methodology and validation* 19.1, S. 13–18.

Bücker, Rüdiger (2003). *Statistik für Wirtschaftswissenschaftler -*. 5. Aufl. München: Oldenbourg Verlag.

Carson, I. J. S.I (1989). "Verification and Validation: A Consultant's Perspective". In: *Proceedings of the 1989 Winter Simulation Conference*. Hrsg. von E. A. Mac-Nair et al. Piscataway: IEEE, S. 552–558.

DIN IEC 60050-351 (2014-09). *Internationales Elektronisches Wörterbuch - Teil 351: Leittechnik (2014)*. Berlin: Beuth. Berlin.

Frank, M. (1999). "Modellierung und Simulation - Terminologische Probleme". In: *Simulation als betriebliche Entscheidungshilfe – State of the Art und neuere Entwicklungen*. Hrsg. von J. Biethahn et al. Heidelberg: Physica.

Geiselhart, Wolfgang (1993). *Effizientes Simulieren in stochastischen Systemen: Reduktion des Simulationsumfangs mit Methoden der Perturbationsanalyse*. St. Gallen: Hochschulschrift.

Hedderich, J. und L. Sachs (2016). *Angewandte Statistik – Methodensammlung mit R*. Berlin u.a.: Springer.

Hillier, F. S. und G. J. Lieberman (1997). *Operations Research – Einführung*. München: Oldenbourg.

Kelton, W. D. und A. M. Law (1983). "A new approach for dealing with the startup problem in discrete event simulation". In: *Naval Research Logistics Quarterly* 30.4, S. 641–658.

Kleppmann, W. (2016). *Versuchsplanung – Produkte und Prozesse optimieren*. München u. a.: Hanser.

Küll, R. und P. Stähly (1999). "Zur Planung und effizienten Abwicklung von Simulationsexperimenten". In: *Simulation als betriebliche Entscheidungshilfe – State of the Art und neuere Entwicklungen*. Hrsg. von J. Biethahn et al. Heidelberg: Physica.

Laux, H. et al. (2012). *Entscheidungstheorie*. Berlin u.a.: Springer.

Law, A. M. und W. D. Kelton (2000). *Simulation modeling and analysis*. Boston u.a.: McGraw-Hill.

Moosbrugger, H. und S. Reiß (2010). "Mehrfaktorielle Varianzanalyse und Varianzanalyse mit Messwiederholung". In: *Handbuch Statistik, Methoden und Evaluation*. Hrsg. von H. Holling und B. Schmitz. Göttingen u.a.: Hogrefe.

Page, B. (1991). *Diskrete Simulation*. Berlin: Springer.

Rabe, M. et al. (2008). *Verifikation und Validierung für die Simulation in Produktion und Logistik: Vorgehensmodelle und Techniken*. Berlin, Heidelberg: Springer Science & Business Media.

Rachlitz, B. (1993). *Die Planung von Simulationsexperimenten – Entwicklung und Überprüfung eines Planungsrahmens unter Berücksichtigung von Modell-, Daten- und Rechengenauigkeit*. Hallstadt: Rasch.

Rose, O. und L. März (2011). "Simulation". In: *Simulation und Optimierung in Produktion und Logistik – Praxisorientierter Leitfaden mit Fallbeispielen*. Hrsg. von L. März et al. Berlin u.a.: Springer.

Schmidt, B. (1987). "Modellaufbau und Validierung". In: *Simulation als betriebliche Entscheidungshilfe*. Hrsg. von J. Biethahn und B. Schmidt. Berlin: Springer, S. 52–60.

Shannon, R. E. (1998). "Introduction to the Art and Science of Simulation". In: *Proceedings of the 1998 Winter Simulation Conference*. Texas, USA: IEEE Computer Society Press, S. 7–14.

van Horn, R. L. (1971). "Validation of simulation results". In: *Management Science* 17.5, S. 247–258.

VDI 3633, Blatt 3 (Dezember 1997). *Simulation von Logistik-, Materialfluss- und Produktionssystemen – Experimentierplanung und -auswertung*. Berlin.

Wenzel, Sigrid et al. (2008). *Qualitätskriterien für die Simulation in Produktion und Logistik: Planung und Durchführung von Simulationsstudien*. Berlin, Heidelberg: Springer-Verlag.

Werhahn, J. (2009). *Kosten von Brennstoffzellensystemen auf Massenbasis in Abhängigkeit von der Absatzmenge*. Forschungszentrum Jülich GmbH.

Kapitel 4
Grundlagen der Optimierung

Frank Herrmann

4.1 Einleitung

Seit vielen Jahrzehnten und in den letzten mit zunehmender Intensität werden Probleme als Optimierungsprobleme dargestellt. Beispiele sind die optimale Nutzungsdauer eines Investitionsobjekts, die Produktionsplanung, die Lagerhaltung bei zufälliger Nachfrage, die Beladung von Lastwagen und die Festlegung von deren (Fahr-) Routen. Dies führte vor allem in amerikanische Literatur zur ökonomischen Ausbildung zur Verwendung von Optimierungsmodelle zur Erläuterung von Sachverhalten – als Beispiel möge das Buch Hillier und Hillier (2011) dienen, welches auch viele Fallstudien aus konkreten industriellen Anwendungen enthält.

Ein Optimierungsproblem liegt vor, wenn mehrere sich gegenseitig ausschließende Alternativen existieren und aus diesen eine möglichst günstige auszuwählen ist. In einer mathematischen Formulierung werden solche Alternativen durch Restriktionen festgelegt und als zulässige Punkte bezeichnet. Bei den Restriktionen handelt es sich um Ungleichungen der Form $g(x) \leq 0$, wobei g eine reellwertige Funktion ist. Über eine wiederum reellwertige Zielfunktion werden die zulässigen Punkte bewertet und einer mit einem optimalen Wert heißt optimaler Punkt. Eine Beschränkung auf minimale Werte ist ausreichend, da durch Multiplikation der Bewertungen mit - 1 aus einer Maximierung eine Minimierung wird.

Mathematisch formuliert besteht ein Optimierungsproblem (O) aus ($m+1$) reellwertigen Funktionen $f : \mathbb{R}^n \to \mathbb{R}$ (Zielfunktion), $g_i : \mathbb{R}^n \to \mathbb{R}$ für $1 \leq i \leq m$. Die Ungleichungen – i.e. Nebenbedingungen bzw. Restriktionen – $g_i(x) \leq 0$ für alle $1 \leq i \leq m$ definieren eine Menge zulässiger Punkte $M = \{x \in \mathbb{R}^n \mid g_i(x) \leq 0 \wedge 1 \leq i \leq m\}$ von (O); M heißt auch zulässiger Bereich bzw. Zulässigkeitsbereich.

Gesucht ist ein absolutes Minimum von f über M. Ein solcher zulässiger Punkt heißt optimaler Punkt von O.

Frank Herrmann
Ostbayerische Technische Hochschule Regensburg, e-mail: `frank.herrmann@oth-regensburg.de`

Die grundsätzliche Schwierigkeit zur Lösung von solchen Optimierungsproblemen zeigt sich bereits an dem folgenden Beispiel. Mit der in Abbildung 4.1 dargestellten Funktion $f : \mathbb{R} \to \mathbb{R}$ lautet das Optimierungsproblem $\min_{x \in [a,b]} f(x)$. f hat einen zulässigen Bereich ($M = [a,b]$), der sich durch sehr einfache Restriktionen charakterisieren lässt. f besitzt in $\bar{x}$ einen globalen Minimalpunkt. $\bar{x}$ und x^* sind lokale Minimalpunkte von f mit $f(\bar{x}) < f(x^*)$.

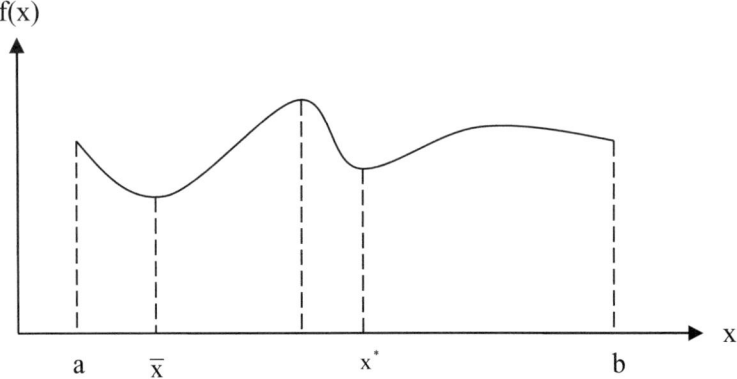

Abbildung 4.1 Lokale Minimalpunkte.

Ein Lösungsverfahren kann nun einen lokalen Minimalpunkt erreichen, eben den Punkt x^*, den das Verfahren aber nicht (zur weiteren Suche nach einem globalen Minimum, eben $\bar{x}$) wieder verlassen kann. Je nach Struktur des Optimierungsproblems wird diese grundsätzliche Schwierigkeit vermieden oder noch verstärkt.

4.2 Struktur und Lösung von Optimierungsproblemen

Besonders gut lösen lassen sich lineare Optimierungsprobeme, bei denen die alle auftretenden Funktionen – f und g_i in der obigen Darstellung – lineare Funktionen sind. Für charakteristische Eigenschaften linearen Optimierungsprobleme und ihre Lösung sei auf das Buch von Bol (1980) verwiesen – dort befinden sich auch deren Beweise.

Bei linearen Optimierungsproblemen ist der zulässige Bereich konvex. Es wurde bewiesen, dass eine optimale Lösung, sofern das Problem überhaupt lösbar ist, an einen Eckpunkt seines zulässigen Bereichs angenommen wird und das die Anzahl der möglichen Eckpunkte stets endlich ist. Diese Eckpunkte lassen sich konstruktiv ermitteln und damit lautet ein Verfahren:

4 Grundlagen der Optimierung

Algorithmus 4.1 Lösung eines linearen Optimierungsproblems.

Eingabe: Lineares Optimierungsproblems O mit zu minimierender Zielfunktion F.

Voraussetzung:

1. Bestimme sämtliche Eckpunkte des zulässigen Bereichs von O und erhalte die Menge E.
2. Berechne $x^* = \min\{F(x) \mid x \in E\}$.

Ausgabe: Optimale Lösung x^*.

Es existiert ein Kriterium für die Optimalität eines Eckpunkts, ohne die übrigen Eckpunkte berechnen zu müssen. Deswegen werden in einem verbesserten Verfahren die Eckpunkte schrittweise erzeugt und auf Optimalität überprüft. Liegt diese vor, so terminiert dieser Algorithmus. Darüber hinaus wurde ein Verfahren entwickelt, wie von einem Eckpunkt (E^1) zu einem neuen Eckpunkt (E^2) gegangen werden kann. Ferner geht das Verfahren so vor, dass (dabei) die Zielfunktionswerte abnehmen; allerdings können so genannte entartete Eckpunkte auftreten, bei denen wieder der gleiche Eckpunkt erzeugt werden (muss aber nicht). Nach der Art des Vorgehens, worauf hier nicht eingegangen wird, heißt dieses Verfahren auch Austauschschritt (s. z.B. Bol 1980).

Damit sind die beiden wesentlichen Schritte des Simplexverfahrens skizziert: der Austauschschritt und der Optimalitätstest. Die Konkretisierung des Simplexverfahrens beschreibt eine effiziente Durchführung dieser beiden Schritte; dies schließt das Finden eines Anfangseckpunkts mit ein. Besonders betont sei an dieser Stelle die Sensitivitätsanalyse einer durch das Simplexverfahren berechneten Lösung. Betrachtungen hierzu finden sich ebenfalls in vielen Standardwerken zum Operations Research wie beispielsweise in Hillier und Lieberman (1997).

Eine Alternative zum Simplexverfahren ist der so genannten Innere-Punkte-Ansatz. Das Verfahren wurde bereits 1968 von Fiacco und McCormick (s. Fiacco und McCormick 1968) vorgestellt. Erst durch das effiziente polynomiale Innere-Punkte-Verfahren von Karmarkar (s. Karmarkar 1984) genießen Innere-Punkte-Methoden eine hohe Aufmerksamkeit. Diese Methoden verwenden Techniken der nicht linearen Optimierung. Für eine Einführung sei auf Jarre und Stoer (2004) verwiesen. Derzeit offen ist, welches Verfahren – Simplex- oder Innere-Punkte-Verfahren – besser ist. 1979 wies Khachiyan Leonid Khachiyan in Khachiyan (1979) die polynomiale Lösbarkeit linearer Optimierungsprobleme nach. Dies gelang durch eine Erweiterung der so genannten Ellipsoidmethode. Allerdings ist diese dem Simplex-Verfahren numerisch in der Praxis weit unterlegen.

Oftmals werden nicht reellwertige, sondern ganzzahlige Lösungen, i.e. also Belegungen von Entscheidungsvariablen, benötigt, wie beispielsweise, wenn Stückzahlen in der Produktion gesucht sind. Dies führt zu ganzzahligen linearen Optimierungsproblemen, die in der Literatur als Integer Programming (IP) Modelle bezeichnet werden, sofern alle zulässige Belegungen der Entscheidungsvariablen ganzzahlig sind. Häufig werden Entscheidungsvariablen mit Werten von 0 und 1 verwendet, um logische Bedingungen wie Ausschlusskriterien auszudrücken oder

Zustände wie in einer Periode ist ein Rüstvorgang oder zu einem Zeitpunkt startet ein Auftrag zu modellieren. Wenn Entscheidungsvariablen teilweise reellwertig und teilweise ganzzahlig sind, werden diese Modelle in der Literatur als Mixed Integer Programming (MIP) Modelle bezeichnet.

IP-Modelle besitzen im Gegensatz zu linearen Optimierungsproblemen häufig endlich viele zulässige Lösungen. Es liegt nahe, nicht ganzzahlige zulässige Lösungen eines linearen Optimierungsproblems auszuklammern. Dies macht es allerdings nicht einfacher das Problem zu lösen. Denn gerade das Vorhandensein aller zulässigen Lösungen garantiert die Existenz einer zulässigen Eckpunktlösung, welche für den Simplexalgorithmus von zentraler Bedeutung ist; es sei erwähnt, dass auch die Konvexität des Lösungsraums bei ganzzahligen linearen Optimierungsproblemen nicht gegeben ist. Grundsätzlich sind lineare Optimierungsprobleme einfacher zu lösen als ganzzahlige lineare Optimierungsprobleme.

Es gibt allerdings Klassen von linearen Optimierungsproblemen, bei denen das Simplexverfahren „automatisch" ganzzahlige Lösungen erzeugt. Im Kern sind bei diesen die Koeffizienten der linearen Restriktionen unimodular; in Domschke und Drexl (2005) findet sich eine Definition und eine Analyse der damit verbundenen Einschränkung. Da diese Unimodularität oftmals nicht gegeben ist, sind andere Lösungsansätze zu diskutieren. Manchmal wird mit Näherungsverfahren versucht, eine ganzzahlige Lösung zu finden. Dabei werden dann die nicht ganzzahligen Werte in der resultierenden Lösung zu ganzzahligen Werten gerundet. Dieses Verfahren kann dann besonders gut angewendet werden, wenn die Variablenwerte ziemlich groß sind, da dann relativ kleine Rundungsfehler zu erwarten sind. Dabei muss jedoch stets berücksichtigt werden, dass ein durch Runden gebildeter Punkt nicht notwendigerweise zulässig sein muss.

Mixed Integer Programming (MIP) Modelle werden häufig, gerade auch in kommerziell verfügbaren Werkzeugen, dadurch gelöst, in dem die Ganzzahligkeitsbedingungen von Entscheidungsvariablen relaxiert werden und das resultierende lineare Optimierungsproblem durch ein Simplexverfahren oder ein Innere-Punkte-Verfahren gelöst wird. Sein Zielfunktionswert ist das theoretisch beste Ergebnis vom MIP-Modell, also, bei einer Minimierung, eine untere Schranke. Zur Erfüllung der Ganzzahligkeitsbedingungen werden im Kern im Rahmen von einem Verzweige- und Begrenze-Verfahren schrittweise die einzelnen Ganzzahligkeitsbedingungen wieder hinzugefügt, wozu ein Lösungsbaum – aus allen zulässigen ganzzahligen Lösungen – aufgebaut wird. Ist dabei ein Zielfunktionswert schlechter als ein bisher schon gefundener Zielfunktionswert, so wird die Erweiterung von dem Lösungsbaum an dieser Stelle abgebrochen. Im ungünstigen Fall ist der gesamte Lösungsraum aufzubauen. Alternativ werden heuristische Verfahren, deren prinzipielle Arbeitsweise im nächsten Abschnitt erläutert wird, verwendet.

In der Literatur wird darauf hingewiesen, dass die Laufzeit für die Lösung von linearen Optimierungsprobleme durch eine „geschickte" Modellierung deutlich verbessert werden kann. Ein Beispiel, bei dem dadurch eine substantielle Verbesserung erzielt werden kann ist, ist das einstufige Losgrößenproblem. Wie in Herrmann (2009) dargelegt, lässt es sich als ein Kürzeste-Wege-Problem darstellen. In Tempelmeier (2002) und in Schwägerl und Herrmann (2016) sind eine geeignete gra-

4 Grundlagen der Optimierung   65

phentheoretische Modellformulierung angegeben worden. Beide Modelle wurden in ILOG, CPLEX Optimisation Studie 12.6.3 (für ein 64 Bit System) umgesetzt. Für Laufzeituntersuchungen auf einem PC mit einem Intel Core i7-2600 mit 4 Kerne, 3,80 GHz und 8MB Cache wurden alle laufzeitverbessernde Einstellungen ausgeschaltet. In einem Beispiel mit 50 Perioden bewirkt nach (Schwägerl und Herrmann 2016) die graphentheoretische Modellformulierung eine Reduktion der Laufzeit von über 138 Stunden auf 0,25 Sekunden. Allerdings wird dieses Optimierungspotential durch kommerziell verfügbare Standardwerkzeuge nicht nur erkannt, sondern es werden sogar noch geringere Laufzeiten erzielt. So löst ILOG mit allen laufzeitverbessernden Einstellungen dieses Problem in der Ausgangsstandardformulierung (als SLULSP) auf dem (genannten) PC in 0,18 Sekunden. Bei den laufzeitverbessernden Einstellungen kombiniert ILOG Schnittebenenverfahren mit einem Verzweige- und Begrenze-Verfahren.

Für allgemeine nichtlineare Optimierungsprobleme wird erneut das obige Beispiel, s. Abbildung 4.2, betrachtet, nämlich das Optimierungsproblem $\min_{x \in [a,b]} f(x)$ mit der Funktion $f : \mathbb{R} \to \mathbb{R}$, die ($M = [a,b]$) als zulässigen Bereich hat.

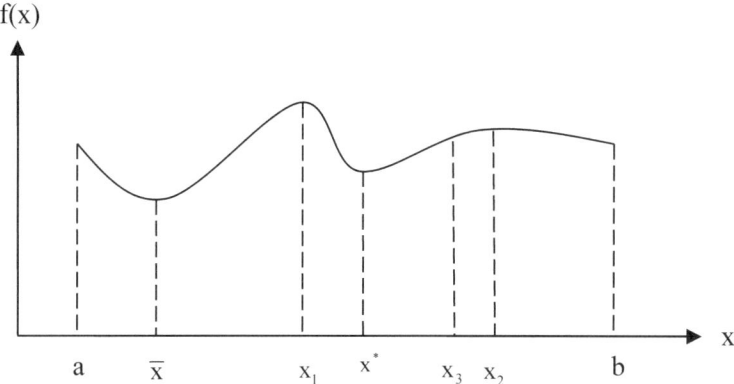

Abbildung 4.2 Lokale Minimalpunkte.

Für die Diskussion von Ansätzen für ein Lösungsverfahren wird zunächst eine differenzierbare reellwertige Funktion f einer Variablen über einem abgeschlossenen, beschränkten Intervall $[a,b]$ betrachtet. Zur Ermittlung eines globalen Minimalpunktes von f ist aus der Analysis der folgende Algorithmus bekannt (s. Endl und Luth 1983):

Algorithmus 4.2 Bestimmung von Minimalstellen einer eindimensionalen Funktion.

Eingabe:	differenzierbare, reellwertige Funktion f einer eindimensionalen Variablen über einem abgeschlossenen, beschränkten Intervall $[a,b]$.
Anweisungen:	
Schritt 1:	Berechne die Funktionswerte f(a) und f(b) an den Intervallenden a und b.
Schritt 2:	Bestimme alle Nullstellen der ersten Ableitung $\frac{df(x)}{dx} = f'(x)$ im Innern von dem Intervall $[a,b]$; also über (a,b). Die Menge N enthalte alle so bestimmten Nullstellen.
Schritt 3:	Bestimme das Minimum y^* von den Funktionswerten (von f) an den Nullstellen von f' und an den Intervallenden; also $y^* = \min\{f(x)\mid x \in N \cup \{a,b\}\}$. Die Punkte aus den Nullstellen von f' und den Intervallenden (also aus $N \cup \{a,b\}$), bei denen f dieses Minimum (y^*) annimmt, sind globale Minimalpunkte von f über $[a,b]$.
Ausgabe:	Globales Minimum von f über $[a,b]$.

Da das Verschwinden der ersten Ableitung nur eine notwendige Bedingung für einen lokalen Minimalpunkt im Innern des Intervalls $[a,b]$ ist, werden in Schritt 2 i.a. auch Punkte berechnet, in denen nicht einmal ein lokales Minimum vorliegt; (im obigen Beispiel, s. Abbildung 4.2, sind dies die lokalen Maximalpunkte x_1 und x_2; es sind aber auch Wendepunkte mit horizontaler Tangente möglich). Dennoch ist dieses Verfahren gut anwendbar, wenn alle Nullstellen von $f'(x)$ in (a,b) auf einfache Weise bestimmt werden können.

Im Folgenden wird die Übertragbarkeit dieses Vorgehens auf Funktionen mit mehreren Veränderlichen diskutiert. Dazu sei f nun eine differenzierbare reellwertige Funktion von n Variablen ($n \geq 2$) und M sei eine abgeschlossene und beschränkte Teilmenge des $\mathbb{R}^n$. Dann sind alle im Innern von M liegenden lokalen Minimalpunkte von f in der Menge der Nullstellen des Gradienten ∇f ($= grad\ f$) von f enthalten, die im Innern von M liegen (s. Endl und Luth 1981). Auch wenn es gelingt, alle diese Nullstellen von ∇f zu berechnen, so kann Algorithmus 4.2 (für den Fall $n = 1$) dennoch nicht unmittelbar auf den Fall $n \geq 2$ übertragen werden. Beim Übergang von $n = 1$ zu $n \geq 2$ werden nämlich die beiden Intervallenden a und b in Schritt 1 durch ein Kontinuum unendlich vieler Randpunkte von M ersetzt. Deswegen kann Schritt 1 (und folglich auch Schritt 3) nicht mehr ausgeführt werden.

Eine Reduktion auf endlich viele Auswertungspunkte (also die Anwendbarkeit von Algorithmus 4.2) wird erreicht, sofern es gelingt, die Bedingung $\nabla f(x) = 0$ (0 ist der geeignet dimensionierte Nullvektor) für lokale Minima im Innern von M zu solchen notwendigen Bedingungen zu erweitern, die auch lokale Minimalpunkte auf dem Rand von M erfassen.

Derzeit gibt es jedoch keine numerische Methode, die alle Nullstellen eines beliebigen Gleichungssystems der Form $\nabla f(x) = 0$ (oder alle Lösungen erweiterter notwendiger Bedingungen) ermittelt. Daher ist zu erwarten, dass beim Vorliegen solcher Bedingungen das Verfahren nur in einfachen Ausnahmefällen terminiert.

Deswegen wird häufig versucht, nach dem folgenden Algorithmus 4.3 vorzugehen.

Algorithmus 4.3 Numerisches Verfahren zur Lösung eines nicht-linearen Optimierungsproblems.

Ausgehend von einem zulässigen Punkt x^0 wird geradlinig in Richtung abnehmender Werte der Zielfunktion zu einem neuen zulässigen Punkt $x^1 \in M$ mit $f(x^1) < f(x^0)$ gegangen. Dann übernimmt x^1 die Rolle von x^0; also wird in x^1 erneut eine (neue) Richtung abnehmender Zielfunktionswerte festgelegt und auf dieser ein neuer zulässiger Punkt $x^2 \in M$ mit $f(x^2) < f(x^1)$ bestimmt. Das Verfahren wird solange iteriert, bis ein Punkt x^* erreicht worden ist, in welchem keine solche „Abstiegsrichtung" mehr existiert.

Die Anwendung eines solchen Verfahrens auf das obige Beispiel in Abbildung 4.2 führt vom Punkt x_3 lediglich zu dem lokalen Minimalpunkt x^*, den das Verfahren auch nicht (zur weiteren Suche nach einem globalen Minimum) wieder verlassen kann. Anders ausgedrückt ist für Probleme höherer Dimension (also $n \geq 2$) lediglich die Konvergenz gegen einen lokalen Minimalpunkt zu erwarten.

Vermieden wird dieses Problem bei der Betrachtung solcher nicht-linearer Optimierungsprobleme, bei denen jeder lokale Minimalpunkt auch globaler Minimalpunkt ist. Es sei betont, dass lineare Optimierungsprobleme diese Eigenschaft besitzen. Sie bedeutet nicht nur eine wesentliche Einschränkung für die Zielfunktionen, sondern auch für die zulässigen Bereiche. Das folgende Beispiel möge dies illustrieren.

Die einfache lineare Zielfunktion $f(x_1, x_2) = -x_2$ besitzt über den in Abbildung 4.3 schraffierten zulässigen Bereich M neben dem globalen Minimalpunkt $\bar{x}$ drei lokale, aber nicht globale Minimalpunkte x_1^*, x_2^* und x_3^*.

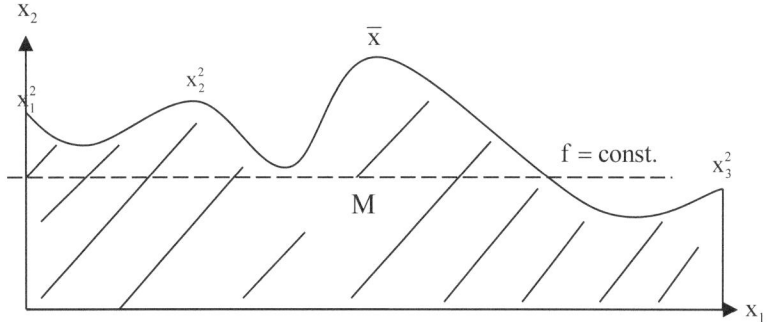

Abbildung 4.3 Graph zur Funktion $f(x_1, x_2) = -x_2$ über einen nicht-linearen zulässigen Bereich.

Für differenzierbare Zielfunktionen lässt sich zeigen, dass der negative Gradient $-\nabla f(x^*)$ in Richtung des stärksten Abstiegs der Funktionswerte $f(x)$ zeigt. Weiter lässt sich zeigen, dass eine Richtung abnehmender Zielfunktionswerte (die so genannte Abstiegsrichtung), die in Algorithmus 4.3 benötigt wird, mit dem negativen Gradienten einen spitzen Winkel bilden muss. Es lässt sich ferner zeigen, dass in einem Punkt x^* genau dann keine Abstiegsrichtung mehr gefunden werden kann, wenn dort die (erweiterten) notwendigen Bedingungen für einen lokalen Minimalpunkt erfüllt sind.

Deswegen wird im differenzierbaren Fall häufig die Forderung, dass ein lokaler Minimalpunkt auch ein globaler Minimalpunkt ist, verschärft. Dabei werden nur solche nicht-linearen Optimierungsprobleme betrachtet, bei denen diese notwendigen Bedingungen auch hinreichend für das Vorliegen eines globalen Minimalpunktes sind. Insbesondere folgt für ein x^* mit $\nabla f(x^*) = 0$, dass x^* ein globaler Minimalpunkt ist. Es sei angemerkt, dass eine solche Verschärfung für lineare Optimierungsprobleme nicht erforderlich ist. Präzisierungen und Erweiterungen dieser Verschärfung sind von Horst in Horst (1979) angegeben worden. Nach Ansicht des Autors enthält Horst (1979) die umfangreichste Auflistung über Optimalitätsbedingungen in der Literatur.

In Anwendungen liegen öfters nicht-lineare Optimierungsprobleme vor, bei denen die Zielfunktion (über $\mathbb{R}^n$) zwar lokale, aber nicht-globale, Minima besitzt, aber ein globales Minimum in einem von endlich vielen ausgezeichneten Randpunkten angenommen wird. Ein geschicktes Absuchen dieser Punkte führt dann zum Optimum. Diese Eigenschaft liegt im obigen Beispiel, s. Abbildung 4.2, nicht vor. Es sei betont, dass jedes lineare Optimierungsproblem O diese Eigenschaft besitzt, da ein globales Minimum von O in einer der endlich vielen ausgezeichneten Extrempunkte (oder Eckpunkte) des zulässigen Bereichs von O angenommen wird. Dadurch wird in endlich vielen Schritten entweder eine (optimale) Lösung (für O) gefunden oder festgestellt, dass keine Lösung existiert. Da ein lokales Minimum (von O) auch ein globales Minimum ist, berechnet das Simplexverfahren ausgehend von einem ersten zulässigen Punkt schrittweise weitere zulässige Punkte mit von Schritt zu Schritt abnehmenden Zielfunktionswerten und dadurch, im Falle eines existierenden Minimums, nach endlichen vielen Schritten ein Minimum.

Eine weitere günstige Struktur liegt bei konvexen Optimierungsproblemen vor. Bei diesen ist, wie oben gefordert, jeder lokale Minimalpunkt auch ein globaler Minimalpunkt. Für Details sei auf Horst (1979) und Herrmann (2009) verwiesen – es sei angemerkt, dass die Überlegungen sinngemäß auch für konkave Funktionen gelten. Für die analytische Lösung von Optimierungsprobleme ist die Karush-Kuhn-Tucker-Bedingung hilfreich, die in Horst (1979) und Herrmann (2009) dargestellt ist.

4.3 Heuristiken

Wie in dem vorhergehenden Abschnitt aufgezeigt worden ist, sind viele interessante Optimierungsprobleme nicht analytisch lösbar. Notwendig sind exakte Verfahren. Eines ist das vollständige Durchsuchen des Lösungsraums - als vollständige Enumeration bezeichnet. Wegen ihrer exponentiellen Laufzeit ist dies nicht praktikabel. Eine Laufzeitverbesserung wird erreicht, in dem ein Teil des Suchraums, der keine optimale Lösung enthalten kann, von der Suche ausgeschlossen wird. Häufig arbeitet eine solche implizite Enumeration nach dem „Verzweige und Begrenze"-Prinzip: Mittels Verzweigen entstehen disjunkte Teilprobleme und durch Begrenzen wird ein Teilproblem ausgeschlossen, falls, im Falle eines Minimierungsproblems, eine untere Schranke für die beste mögliche Lösung höher als die beste gefundene Lösung ist (bzw. eine obere Schranke für die beste mögliche Lösung, die z.B. durch ein heuristisches Verfahren gefunden werden kann). Eine solche untere Schranke kann durch eine Vervollständigung einer partiellen Lösung gewonnen werden oder durch die Lösung einer Relaxierung des Problems, beispielsweise durch entfernen von Restriktionen. Offensichtlich hängt die Laufzeit davon ab, wie groß die ausgeschlossenen Suchräume sind. Für manche Probleme, wie das Problem des Handlungsreisenden, konnten sehr effiziente Schranken entwickelt werden. Für andere Probleme, gerade für Planungsprobleme in der operativen Produktionsplanung und –steuerung, nicht. Als Alternativen zu solchen exakten Verfahren wurden heuristische Verfahren entwickelt.

Oftmals existieren Erfahrungen zur Lösung von Optimierungsproblemen, beispielsweise die Erfahrung von Meistern zur Reihenfolgeplanung von Aufträgen auf Produktionssystemen im Rahmen der Fertigungssteuerung als Teil der operativen Produktionsplanung und –steuerung. Ein Beispiel ist die oftmals wirkungsvolle Bevorzugung von Aufträgen mit geringer Bearbeitungszeit; sind alle Aufträge verspätet, so liefert dieses Vorgehen eine minimale mittlere Verspätung (s. Herrmann 2011). Ein anderes Beispiel ist die Bevorzugung von Aufträgen mit kleinem zeitlichen Puffer, bei der es sich im Kern um die Differenz zwischen Endtermin und frühestem Bearbeitungsende handelt – es sei angemerkt, dass unterschiedliche Präzisierungen möglich sind (s. Herrmann 2011). Dies reduziert oftmals die Streuung der Verspätung aller Aufträge. Als Prioritätsregeln (s. Fandel et al. 2009; Herrmann 2011) wurden diese implementiert und sind Beispiele für (einfache) heuristische Verfahren; sie werden vielfach in kommerziell verfügbaren „Enterprise Resource Planning"-Systemen, kurz ERP-Systemen, angeboten. Somit werden problembezogenes Erfahrungswissen und plausible Vorgehensweisen formalisiert und in Software verfügbar gemacht, wobei oftmals eine Greedy-Strategie eingesetzt wird. Wie die Beispiele zeigen, wird zugleich ein Optimalitätskriterium – wie die Einhaltung aller Termine bei gleichzeitiger minimaler Durchlaufzeit sowie geringer Bestände und Rüstaufwände bei der Fertigungssteuerung – zugunsten einer geringen Rechenzeit und einer einfachen Implementierung aufgegeben. Solche Vereinfachungen bewirken geringe Laufzeiten. Dass die resultierenden Verfahren dann auch effektiv sind, ist eine zentrale Herausforderung. Aus Sicht der Geschichte von heuristischen Verfahren nach Martí et al. (2017), insbesondere dem Beitrag von Sörensen et al. (2017), darin wurden solche einfachen heuristischen Verfahren bereits zu Beginn des 19. Jahrhunderts verwendet. Ab ca. 1940 begann ihre formale Untersuchung.

Eine Prioritätsregel, als Beispiel von einem einfachen heuristischen Verfahren, ermittelt somit einen einzigen Pfad im Lösungsraum. Es ist naheliegend, eine bestehende, zulässige, Lösung schrittweise zu verbessern, bis keine Verbesserung mehr erreicht werden kann. Folgender Pseudocode leistet dies:

Grundprinzip von einem Suchverfahren:
1. Erstelle eine zulässige Lösung x, z.B. mit einem einfachen heuristischen Verfahren.
2. Erstelle eine Liste der erlaubten Veränderungen von x.
3. Durchlaufe die Liste bis eine Lösung x^N besser als die bisherige ist. Dann ersetze x durch x^N und gehe zu Schritt 1. Ansonsten enthält x keine bessere erlaubte Veränderung und das Verfahren terminiert; x ist dann die beste gefundene Lösung.

Es sei angemerkt, dass eine effiziente Implementierung die Liste schrittweise erzeugt und zugleich eine Ergebnisverbesserung überprüft.

Die Verbesserung erfolgt über eine Zielfunktion. Wie oben bereits gesagt, wird vielfach dabei nicht das eigentliche Optimierungskriterium verwendet und die Ersatzfunktion wird in der Literatur als Fitness (-funktion) bezeichnet, wovon im Folgenden nicht Gebrauch gemacht wird. Eine Herausforderung besteht in der Begrenzung der erlaubten Veränderung einer Ausgangslösung – ansonsten liegt eine vollständige Enumeration vor. Dabei ist an eine Durchsuchung der direkten Nachbarn einer Lösung gedacht, weswegen von einer lokalen Suche gesprochen wird. Dies setzt die Definition eines Nachbarn einer (zulässigen) Lösung voraus.

Über eine Metrik – und allgemein über topologische Räume (s. Buskes und van Rooij 1997; Bredon 1993) – kann die Ähnlichkeit zwischen Lösungen durch einen Abstand (Distanz) gemessen werden, was zur Bildung von Nachbarschaftsstrukturen führt (s. z.B. Burke und Kendall 2014). Mehrere Metriken werden in der Literatur verwendet (s. z.B. Rothlauf 2011; Burke und Kendall 2014). Besonders in binären Suchräumen der Dimension n wird die Hamming-Metrik verwendet (s. z.B. Rothlauf 2011; Burke und Kendall 2014). Es werden die Anzahl der abweichenden Positionen gezählt. Ein Beispiel sind Bitmuster. Sind $a = a_1...a_n$ und $b = b_1...b_n$ zwei Bitmuster, so ist der Hammingabstand zwischen a und b, $d(a,b)$ definiert durch:

$$d(a,b) = \sum_{i=1}^{n} z_i \text{ mit } z_i = \begin{cases} 1, \text{ für } a_i \neq b_i \\ 0, \text{ für } a_i = b_i \end{cases}$$

Statt einer binären Codierung einer Lösung ist auch eine anwendungsorientierte möglich. So sind die Lösungen der Reihenfolgeplanung für eine Maschine stets Permutationen. Für zwei Permutationen $x = (x_1,...,x_n)$ und $y = (y_1,...,y_n)$ lässt sich der Hammingsabstand definieren durch:

$$d(x,y) = \sum_{i=1}^{n} z_i \text{ mit } z_i = \begin{cases} 1, \text{ für } x_i \neq y_i \\ 0, \text{ für } x_i = y_i \end{cases}$$

Ein direkter Nachbar zu einer Lösung x ist folglich jede andere Lösung die den kleinsten möglichen Hamming-Abstand zu x hat. Bei einer Permutation oder einem Bitmuster ergeben sich alle direkten Nachbarn durch jede mögliche Vertauschung

4 Grundlagen der Optimierung

von zwei Positionen; dies wird im Folgenden als eine Vertauschung bezeichnet. Eine Folge von Nachbarn $w_1, \ldots, w_n$ ist ein Weg von w_1 nach w_n.

Durch einen Abstand zwischen Lösungen können lokale Optima auftreten, wohingegen ein globales Optimum stets vorliegt. Bei einem lokalen Optimum x dürfen alle direkten Nachbarn von x nicht besser als x sein und für alle Wege $w_1, \ldots, w_n$ von $x = w_1$ zu einer besseren Lösung als x (nämlich w_n) ist ein w_i schlechter als x. Bei einem Plateau-Punkt x dürfen alle direkten Nachbarn von x nicht besser als x sein und es existiert wenigstens ein direkter Nachbar mit der gleichen Güte.

Weicker in Weicker (2007) definiert ein lokales Optimum für eine etwas allgemeinere Nachbarschaft, die durch einen Mutationsoperator hervorgerufen ist, der im Prinzip eine Lösung an einer Stelle ändert. Er diskutiert – in Weicker (2007) – am Beispiel von Bitmustern lokale Optima und stellt generell fest, dass lokale Optima ausschließlich von der gewählten Codierung und dem Mutationsoperator abhängen. Dies ist relevant, da je weniger lokale Optima existieren, desto bessere Ergebnisse können durch eine (lokale) Suche erwartet werden.

Nach dem obigen Algorithmus wird eine lokale Suche (zwangsläufig) Verschlechterungen verwerfen und nur in Richtung einer Verbesserung gehen. Werden n Vertauschungen durchgeführt, wodurch n Lösungen entstehen, so wird aus deren Zielfunktionswerten eine, oder sogar mehrere, ausgewählt, mit der (oder denen) die lokale Suche fortgesetzt wird. Folglich gibt es mehrere Präzisierungen von lokaler Suche (s. z.B. Burke und Kendall 2014); teilweise wird auch von geführter Suche gesprochen. Ein idealer Suchraum liegt dann vor, wenn eine lokale Suche so präzisiert werden kann, dass die lokale Suche mit jedem Suchschritt, also durch den nächsten weiter zu verfolgenden direkten Nachbarn, eine bessere Lösung erreicht (dieser Nachbar hat einen besseren Zielfunktionswert) und so ein globales Optimum in einer minimalen Anzahl an Suchschritten erreicht. Ein solcher Suchraum dürfte nicht existieren. Aber, diese Vorstellung (von einem idealen Suchraum) motiviert Maße für die Eignung einer lokalen Suche.

Ein günstiger Lösungsraum liegt vor, wenn durch eine Sortierung eine optimale Lösung erzielt wird. Ein auf (obige) Vertauschungen basierendes Sortierverfahren wie Bubblesort ist dann ein Beispiel für eine lokale Suche. Für die Minimierung der mittleren Verspätung trifft dies bei einem Ein-Stationenproblem zu, bei dem sämtliche Aufträge verspätet sind, da dann die Prioritätsregel „Kürzeste Operationszeit" eine optimale Lösung liefert. Ein auf (obige) Vertauschungen basierendes Sortierverfahren wie Bubblesort bewirkt, dass jede Vertauschung den Zielfunktionswert verbessert – allerdings wird nicht zwangsläufig das Optimum mit der minimalsten Anzahl an Vertauschungen (eben dem Hammingabstand) erreicht. Es liegt somit eine Korrelation zwischen dem Hamming-Abstand und dem Zielfunktionswert vor. Ihre Höhe ist ein einfaches Maß dafür, wie leicht ein Problem durch eine Suchmethode gelöst werden kann. Als Präzisierung schlugen Jones und Forrest in Jones und Forrest (1995) den Fitness-Abstandskorrelationskoeffizient vor, dessen folgende Definition sich an Rothlauf (2011) orientiert. Mit einer optimaler Lösung x_{opt}, dem Abstand $d_{i,opt}$ einer Permutation i zur optimalen Lösung (x_{opt}) mit dem Zielfunktionswert f_i, dem Mittelwert von allen Zielfunktionswerten $E[f]$ und dem Mittelwert von allen Hammingabständen jeweils zur optimalen Lösung

$(x_{opt})E[d_{opt}]$, sowie die Standardabweichung von allen Zielfunktionswerten $\sigma(f)$ und die Standardabweichung von allen Hammingabständen jeweils zur optimalen Lösung $(x_{opt})\sigma(d_{opt})$ ist

$$\rho_{FDC} = \frac{c_{f,d}}{\sigma(f)\,\sigma(d_{opt})}$$

der Fitness-Abstandskorrelationskoeffizient mit der Kovarianz

$$c_{f,d} = \frac{1}{m}\sum_{i=1}^{m}(f_i - E[f])\cdot(d_{i,opt} - E[d_{opt}]).$$

Damit misst der Fitness-Abstandskorrelationskoeffizient $\rho_{FDC} \in [-1,1]$ die lineare Korrelation zwischen den Zielfunktionswerten von allen Lösungen (Permutationen) und ihren Hammingabständen zum globalen Optimum (x_{opt}).

Nach Jones und Forrest (1995) korrelieren bei $\rho_{FDC} > 0.15$ Zielfunktionswerte und ihre Hammingabstände (zum Optimum) gut. Dann nehmen bei einem zunehmend geringeren Hammingabstand zum Optimum die Abstände der Zielfunktionswerte zum optimalen Zielfunktionswert ab. Bei einem ρ_{FDC} zwischen -0.15 und 0.15 sind nach Jones und Forrest (1995) die Zielfunktionswerte der Nachbarschaftslösungen unkorreliert und die Struktur des Suchraums enthält keine Information darüber, welcher Nachbar durch ein Suchverfahren weiter verfolgt werden sollte. Jede Information im Suchraum dürfte nach Jones und Forrest (1995) im Fall von $\rho_{FDC} < -0.15$ für ein Suchverfahren sogar irreführend sein.

Als wirkungsvoller wird in der Literatur ein Eintragen von Lösungen in einem kartesischen Koordinatensystem aus den Zielfunktionswerten und den Hammingabständen zum Optimum angesehen. Dies kann nur auf zufällig erzeugte Lösungen angewendet werden. Für eine Konkretisierung sei auf Kauffman und Weinberger (1989) verwiesen; er behandelt so genannte NK-landscapes aus N Genen und K Interaktionen zwischen Genen.

Die Untersuchung von Lösungsräumen in der Literatur hat das Ziel, Strukturen im Lösungsraum zu erkennen, mit denen einerseits die Güte von heuristischen Verfahren erklärt werden können und mit denen andererseits heuristische Verfahren selbst entwickelt werden können. In der Literatur werden folgende Eigenschaften analysiert:

- Verteilung der Zielfunktionswerte (Mittelwert und Varianz).
- Unebenheit (Rauheit bzw. Zerklüftung) des Lösungsraums, im Sinne einer Korrelation zwischen dem Abstand von zwei Lösungen und der Differenz ihrer Zielfunktionswerte.
- Die Anzahl der lokalen Optima.
- Die Verteilung der lokalen Optima im gesamten Lösungsraum.
- Die Anzahl der Schritte (z.B. Vertauschungen) zu einem (globalen) Optimum.
- Struktur und Größe von sogenannten Anziehungsbecken. Bei einem Anziehungsbecken um ein lokales Optimum M handelt es sich um ein Gebiet um M, bei dem zwischen jedem Punkt P mit Zielfunktionswert $f(P)$ und Abstand

4 Grundlagen der Optimierung

$A(P)$ von M eine sehr signifikante (positive) Korrelation zwischen $f(P) - f(M)$ und $A(P)$ vorliegt.
- Größe und Struktur von Plateaus (i.e. Gebiete mit gleichen Zielfunktionswerten).

Bei Optimierungsproblemen mögliche Strukturen sind in der Abbildung 4.4 mit ihren Bezeichnungen und teilweise Hinweisen auf ihre Eignung für ein Suchverfahren angegeben; ein Gradient zeigt nach dem Gradientenverfahren zur Optimierung partiell differenzierbarer (Ziel-) Funktionen in die Richtung des steilsten Abstiegs – dies ist im Abschnitt 4.2 erläutert. Zur geführten Suche zeigen diese möglichen Strukturen bereits die Wirkung von Informationen aus früheren Suchschritten für die Festlegung eines nächsten Suchschrittes. Exemplarisch werden nun folgende besonders ungünstige Konstellationen betrachtet. Liegen keine solche Informationen vor, beispielsweise dann, wenn durch die zufällige Erzeugung eines Nachfolgers ein Suchraum gebildet wurde (s. Rothlauf 2011), dann hat (im Mittel) jede geführte Suche die gleiche Güte und deswegen ist die zufällige Suche genauso gut (wie diese). Das gleiche gilt für das Problem der Suche nach einer Nadel im Heuhaufen, s. den Teilgraphen in Abbildung 4.4. Informationen können derart vorliegen, dass eine geführte Suche zwar in jedem Schritt einen besseren Zielfunktionswert erreicht, aber zugleich der Abstand zum Optimum erhöht wird, wodurch das Optimum nie erreicht wird (eine solche Situation ist noch extremer als das in der Abbildung 4.4 als trügerisch bezeichnete Problem und unter irreführend ist in Rothlauf (2011) ein Beispiel angegeben); somit bewegen sich die Lösungen vom Optimum fort und dann ist der Abstand zu der optimalen Lösung negativ korreliert mit den Zielfunktionswertunterschied zwischen einer Lösung und der optimalen Lösung. Jede andere geführte Suche, die Informationen über den Lösungsraum nutzt, findet ebenfalls das Optimum nicht. Effektiver ist dann ein Suchverfahren, das keine Informationen über die Struktur des Suchraums benutzt, sondern zufällig sucht. Dies rechtfertigt die Verwendung einer zufälligen Suche als Benchmark für heuristische Verfahren; beim Scheduling wird häufiger eine geführte Suche von einer zufällig erzeugten Anfangslösung (oder mehrerer) gestartet (s. z.B. Vallada et al. 2008). Diese Wirkung von Informationen aus früheren Suchschritten für die Festlegung eines nächsten Suchschrittes korreliert mit dem „no-free-lunch" Theorem (s. Wolpert und Macready 1997; Culberson 1998), nach dem effiziente und effektive Verfahren problemspezifisch sein müssen und insbesondere keine „black-box" Optimierung möglich ist.

Die Ähnlichkeit von Zielfunktionswerten benachbarter Lösungen ist ein Maß für die Lokalität von Optimierungsproblemen. Eine hohe Lokalität von Optimierungsproblemen ermöglicht es, qualitativ hochwertige Lösungen in der Nachbarschaft von bereits gefundenen guten Lösungen zu finden. Es korreliert mit dem grundlegenden Ansatz von Suchmethoden, sich im Suchraum von einer Lösung mit kleiner Güte (Fitness) zu qualitativ hochwertigeren Lösungen hin zu bewegen. Häufig ist diese Eigenschaft benachbarter Lösungen besonders ausgeprägt in einem Minimum, auch einem lokalen, wodurch ein Anziehungsbecken vorliegt. Allerdings ist damit auch der Nachteil verbunden, dass die lokale Suche durch das Anziehungsbecken von einem lokalen Minimum nur dieses erreicht und nicht ein globales Minimum; dies ist in Abbildung 4.5 graphisch dargestellt.

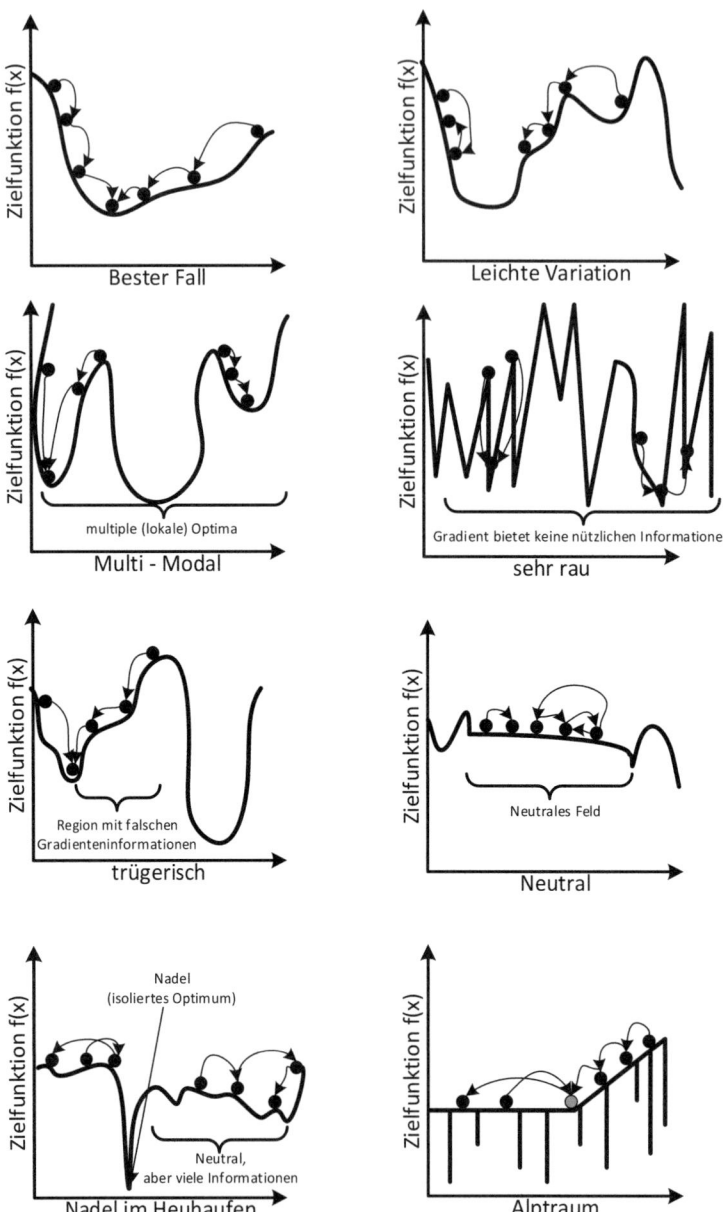

Abbildung 4.4 Verschiedene Lösungsräume im Vergleich.

4 Grundlagen der Optimierung 75

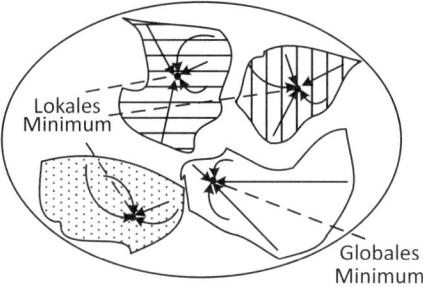

Abbildung 4.5 Anziehungsbecken in einem Lösungsraum.

Interessant sind Untersuchungen ohne einen Lösungsraum vollständig erzeugen zu müssen und damit ohne Kenntnis der Optima. Möglich ist dies für die Analyse der Unebenheit bzw. Glätte. Hierzu werden Zielfunktionswerte als Zufallsvariablen aufgefasst und können dann stochastisch untersucht werden. Dieses Vorgehen wird zunächst für alle Permutationen und dann für einen Teil, der über Zufallsbewegungen erzeugt wird, erläutert. Eine hohe Glätte bedeutet eine hohe Korrelation benachbarter Lösungen, wodurch kein zerklüfteter Suchraum vorliegt. In der Literatur wurde eine Korrelationsfunktion als Maß für die Zerklüftung eines Suchraums vorgeschlagen (s. Kauffman 1989; Kauffman und Levin 1987; Kauffman 1993; Weinberger 1990). Als Beispiel diene die Autokorrelationsfunktion eines Suchraums mit einem bestimmten Hammingabstand (d) als Sprungweite $(\rho(d))$, deren Definition

$$\rho(d) = \frac{E(f(x)f(y))_{d(x,y)=d} - E(f)^2}{E(f^2) - E(f)^2}$$

sich an Merz (2004) orientiert; ohne Normalisierungsfaktor,

$$Var(f)\left(= E(f^2) - E(f)^2\right)$$

liegt die Autokovarianzfunktion vor.

Für einen festen Abstand d ist $\rho(d)$ die Korrelation zwischen den Zielfunktionswerten zu allen Lösungen, die einen Abstand von d aufweisen. Mit hoher Wahrscheinlichkeit liegt die Autokorrelationsfunktion im Intervall $[-1,1]$; $\rho(d) = 1$ bedeutet perfekt korreliert (positiv) und $\rho(d) = -1$ bedeutet perfekt anti-korreliert (negativ). Damit liegt bei $\rho(d) \approx 1$ eine sehr hohe Lokalität vor. Der Grad der Zerklüftung des Suchraums steigt mit der Abnahme von $\rho(d)$. Nach Weinberger (1990) sind Suchräume mit einer exponentiell abnehmenden Autokovarianzfunktion günstig für heuristische Suchmethoden.

Eine Zufallsbewegung, auch als Irrfahrt oder als Random Walk bezeichnet, ist ein stochastischer Prozess in diskreter Zeit mit unabhängigen und identisch verteilten Zuwächsen; sie geht auf Pearson (1905) (s. Pearson 1905) zurück. Formal (s. Fristedt und Gray 1997; Klenke 2013) handelt es sich bei einer d dimensionalen Zufallsbewegung $(n \in N)$ um den stochastischen Prozess $(X_n)_{n \in N_0}$ mit $X_n = X_n + \sum_{j=1}^{n} Z_j$

($n \in \mathbb{N}$), wobei $(Z_n)_{n \in \mathbb{N}}$ eine Folge von unabhängigen Zufallsvariablen mit Werten in $\mathbb{R}^d$ ist, die alle die gleiche Verteilung besitzen. Eine Zufallsbewegung ist also ein diskreter Prozess mit unabhängigen und stationären Zuwächsen. Mit ihrer Hilfe können auch die Wahrscheinlichkeitsverteilungen von Messwerten physikalischer Größen verstanden werden.

Eine Zufallsbewegung in einem Suchraum zur Ressourcenbelegungsplanung ist eine Folge von Vertauschungen, wodurch eine Folge von Permutationen $(x_i)_{i \in N}$ entsteht. Da nach n Vertauschungen ein Hammingabstand von n entstehen kann (und häufig auch wird), wird aus einer durch eine Zufallsbewegung erzeugten Folge von Permutationen jede n-te Permutation betrachtet, um die Autokorrelationsfunktion eines Suchraums mit dem Hammingabstand n als Sprungweite zu schätzen. Mit dem Zielfunktionswert f_t des besuchten Punktes zur Zeit t, dem mittleren Zielfunktionswert $\bar{f}$ einer Zufallsbewegung der Länge T und der Sprungweite n wird die Autokorrelationsfunktion des Suchraums mit Verzögerung n (da es sich um eine empirische Autokorrelation handelt) während einer Zufallsbewegung der Länge T durch die Zufallsbewegung-Autokorrelation-Schätzung (s. Weinberger 1990; Stadler et al. 1995; Stadler 1996; Reidys und Stadler 2002))

$$r(n) = \frac{\sum_{t=1}^{T-n} (f_t - \bar{f})(f_{t+n} - \bar{f})}{\sum_{t=1}^{T} (f_t - \bar{f})^2}$$

geschätzt.

Der Standardfehler der Schätzung von $r(n)$ ist nach der klassischen Zeitreihenanalyse (z.B. nach Box und Jenkins in Box und Jenkins (1970)) in etwa $\frac{1}{\sqrt{T}}$. Liegt eine Regelmäßigkeit in dem Suchraum so vor, dass alle Elemente des Suchraums durch eine Zufallsbewegung mit gleicher Wahrscheinlichkeit erreicht werden (s. Weinberger 1990; Reeves 1999), dann ist $r(n)$ für eine Zufallsbewegung mit einer großen Anzahl an Schritten eine gute Schätzung für die (oben definierte) Autokorrelationsfunktion $\rho(n)$.

Bei einem glatten Lösungsraum sind die Zufallsbewegung-Autokorrelation-Schätzungen für kleine Verzögerungen ungefähr 1. Da bei zerklüfteten Suchräumen unmittelbar benachbarte Punkte völlig unabhängig voneinander sind, dürfte für alle Verzögerungen die Zufallsbewegung-Autokorrelation-Schätzung nahe Null sein. Suchräume, bei denen die Zufallsbewegung-Autokorrelation-Schätzungen hohe negative Werte haben, sind prinzipiell möglich, aber ziemlich selten.

Nach Reeves (s. Reeves 2014) lässt sich mit der klassischen Zeitreihenanalyse (z.B. nach Box und Jenkins (1970)) zeigen, dass nur mit circa 5 % Wahrscheinlichkeit $|r(n)|$ größer als $\frac{2}{\sqrt{T}}$ ist. Reeves schlägt in Reeves (2014) vor, Werte von $r(n)$, die kleiner (als $\frac{2}{\sqrt{T}}$ sind, durch Null zu ersetzen, und er definiert dann, als weitere Kennzahl zur Untersuchung des Suchraums, eine Korrelationslänge τ, bei der es sich um das letzte n handelt, für das $r(n)$ nicht Null ist; also formal

4 Grundlagen der Optimierung   77

$$\tau = j \,:\, r(n+1) \,<\, \frac{2}{\sqrt{T}} \,\wedge\, \left\{ |r(n)| \,>\, \frac{2}{\sqrt{T}} \forall\, n \,\leq\, j \right\}.$$

Stadler schlägt in (Stadler 1996) und (Stadler 1992) als Korrelationslänge

$$l_{corr} = -\frac{1}{\ln(|r(1)|)} = -\frac{1}{\ln(|\rho(1)|)}$$

vor.

Eine hohe Anzahl von lokalen Optima dürfte das Finden eines globalen Optimums erschweren. Dieses Kriterium wird in der Literatur als noch relevanter als die Korrelationsmaße angesehen. Für die Schätzung der Anzahl an lokalen Optima $N(o)$ mit stochastischen Methoden machten Eremeev und Reeves in Eremeev und Reeves (2003) einige erfolgversprechende Vorschläge. Einen Einblick mögen folgende beide Überlegungen geben. Eine geführte Suche wird n mal mit jeweils verschiedenen Anfangslösungen durchgeführt, die dann m lokale Optima erkennt. Die zeitliche Reihenfolge des Findens von lokalen Optima bildet ein Wartezeitmodell. Übertrifft n m deutlich, so dürfte es sehr wahrscheinlich sein, dass alle lokalen Optima bereits gefunden wurden. Sind n und m ungefähr gleich hoch, so dürften noch viele unerkannte Optima existieren. Für die Abschätzung von $N(o)$ könnten Methoden aus der Biologie zum Abschätzen der Anzahl von Tieren einer Gattung in der freien Wildbahn eingesetzt werden.

Empirische Untersuchungen lieferten Erkenntnisse, die sinnvoll als Charakteristika von Lösungsräumen interpretiert werden können. Zum einen wurde immer wieder festgestellt, dass lokale Optima sehr viel näher als zufällige Lösungen an einem globalen Optimum sind und dass sie einen geringeren Abstand als zufällige Lösungen haben. Das heißt, dass die Verteilung der lokalen Optima nicht isotrop (also nach allen Richtungen hin gleiche Eigenschaften aufweisend) ist, sondern die lokalen Optima dazu neigen, sich zu gruppieren. Zum anderen korreliert die Größe eines Anziehungsbeckens um ein lokales Optimum recht hoch mit der Güte dieses lokalen Optimums. Diese Eigenschaften liegen nicht bei jedem Problem vor, begründet aber den Erfolg von Pertubationsmethoden (s. Johnson 1990) für das Travelling Salesman Problem. Diese Eigenschaften werden bei Suchmethoden wie dem simulated annealing oder dem tabu search unterstellt. Sie verlören einen großen Teil ihres Potentials, wenn lokale Optima isotrop verteilt wären.

Die Überlegungen zeigen, dass eine Betrachtung einer Folge von direkten Nachbarn in der Regel zu einem lokalen Optimum und nicht zu einem globalen Optimum führt. Deswegen wird bei einer solchen lokalen Suche von einer erreichten Lösung, bei der es sich wahrscheinlich um ein lokales Optimum handelt, zu einem Nachbarn mit einem großen Abstand gegangen- Ein solcher Schritt wird in der Literatur als Zerstörung bezeichnet und das modifizierte Verfahren heißt iterative lokalen Suche. Eine Zerstörung ist beispielsweise eine Vertauschung von deutlich mehr als zwei Positionen in einer Permutation – zur Darstellung einer Lösung –; es sei erinnert, dass mit einer Permutation von Aufträgen eine Lösung eines Ressourcenbelegungsplanungsproblems für eine Station dargestellt werden kann. Eine solche Zerstörung kann nur dann wirkungsvoll sein, wenn das Anziehungsbecken (s. Abbildung 4.6), in dem dieses lokale Optimum liegt, verlassen wird (und dadurch die Suche in dieses Anziehungsbecken auch nicht zurückkehrt). Ein Beispiel für eine erfolgreiche iterative lokale Suche findet sich in Lourenço et al. (2003).

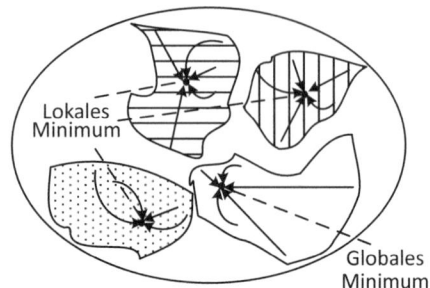

Abbildung 4.6 Anziehungsbecken in einem Lösungsraum.

Eine Alternative ist das „simulierte Annealing", welches in der Literatur besonders gut analysiert worden ist. Inspiriert wurde seine Entwicklung vom physikalischen Abkühlungsvorgang in der Thermodynamik, mit dem ein Zustand sehr niedriger Energie in einem Festkörper (z.B. Kristall) erreicht wird. Eine langsame Abkühlung sorgt dafür, dass die Atome ausreichend Zeit haben, sich zu ordnen und stabile Kristalle zu bilden. Dadurch wird ein energiearmer Zustand nahe am Optimum erreicht. Beim thermischen Prozess stellt sich ein Gleichgewicht ein, für welches die Boltzmann-Verteilung gilt. Übertragen auf das Optimierungsverfahren entspricht die Temperatur einer Wahrscheinlichkeit, mit der sich ein Zwischenergebnis der Optimierung auch verschlechtern darf. Motiviert durch die Boltzmann-Verteilung wird diese Wahrscheinlichkeit durch $e^{-\frac{\Delta}{\alpha}}$ modelliert, wobei Δ die Höhe der Verschlechterung ist und α ein vorzugebender Temperaturparameter ist. Dadurch ändert sich das (obige) Grundprinzip zu einem Suchverfahren wie folgt:

Simulierte Annealing:

1. Erstelle eine zulässige Lösung x, z.B. mit einem einfachen heuristischen Verfahren.
2. Erstelle einen direkten Nachbarn x^N von x.
3. Ist x^N besser als die bisherige Lösung x, dann ersetze x durch x^N und gehe zu Schritt 1.
4. Ersetze x durch x^N mit der Wahrscheinlichkeit $e^{-\frac{\Delta}{\alpha}}$ und gehe zu Schritt 1.
5. Gehe zu Schritt 1.
6. Abbruch-Bedingung: Für eine gewisse Zeit wurde keine verbesserte Lösung gefunden – dadurch wurde eine gewisse Endtemperatur erreicht.

Der Parameter α wird zu Beginn des Verfahrens so gewählt, dass durchaus Verschlechterungen des Zielfunktionswertes z.B. um 15% oder 20% möglich sind. Im Laufe des Verfahrens wird er durch Multiplikation mit einem Parameter $\beta \in (0, 1)$

sukzessive reduziert (dies entspricht der Senkung der Temperatur im physikalischen Prozess), so dass am Ende des Verfahrens nur noch Verbesserungen erlaubt werden.

Für das simulierte Annealing ideal wäre es, wenn in jedem Schritt bezüglich der Lösungen und ihrer jeweiligen Güte die Boltzmann-Verteilung erreicht werden würde. Dafür lässt sich zeigen, dass das simulierte Annealing gegen eine optimale Lösung konvergiert. Dieser Nachweis erfolgt durch die Modellierung des gesamten Prozesses von dem simulierten Annealing durch Markov-Ketten (s. Lundy und Mees 1986; Aarts und van Laarhoven, P. J. M. 1985a; Aarts und van Laarhoven, P. J. M. 1985b).

Aarts und van Laarhoven, P. J. M. zeigten in Aarts und van Laarhoven, P. J. M. (1985b), dass ein Algorithmus mindestens eine quadratische Laufzeit in der Größe des Lösungsraums hat um ein so genanntes Quasigleichgewicht zu erreichen. Damit ist bei einer konkreten Anwendung nur eine suboptimale Lösung zu erwarten, da der Lösungsraum in der Regel exponentiell in der Größe der der Problemstellung ist. Viele Implementierungen von dem simulierten Annealing basieren auf einen so genannten „cooling schedule". Ein Beispiel mit polynomialer Laufzeit findet sich in Aarts und van Laarhoven, P. J. M. (1985b). Nach Aarts und Korst (1990) ist es unter Umständen schwierig und aufwändig, günstige Vorgabe für die beiden Steuerungsparameter α und β zu finden, die bei geringer Rechenzeit zu guten Lösungen führen.

Eine vereinfachte Variante von dem simulierte Annealing ist das „threshold accepting", bei dem jede Lösung akzeptiert wird, die maximal um einen vorgegebenen Wert schlechter als die bisher erzielte beste Lösung ist; ein Beispiel findet sich in Dueck und Scheuer (1990). Zur Klasse mit verschlechternden Nachbarschaftslösungen gehört auch die stochastische lokale Suche, zu der in Hoos und Stützle (2004) ein Beispiel angegeben ist.

Beim simulierten Annealing wird in jeder Iteration der erste direkte Nachbar verwendet. Bei der einfachsten Version vom so genannten tabu search wird von allen erlaubten direkten Nachbarn der beste verwendet – auch dann, wenn eine Verschlechterung erlaubt wird. Folglich wird eine schlechtere Lösung nur akzeptiert, wenn keine Verbesserungsmöglichkeit existiert. Um Zyklen beim Traversieren des Lösungsraumes zu vermeiden, werden Informationen zum Suchpfad in einer Tabu-Liste gespeichert, beispielsweise Züge oder Lösungen. Diese dürfen in der aktuellen Iteration nicht oder nur bei zusätzlicher Erfüllung eines so genannte Aspirationskriteriums ausgeführt werden. Ein Beispiel für einfaches Aspirationskriterium lautet: Eine verbotene Lösung ist besser als die bisher beste besuchte Lösung; für weitere Erläuterungen zum tabu search sei auf Glover und Laguna (1997) und Taillard et al. (2001) verwiesen.

Im Variable Neighborhood Search werden unterschiedliche Nachbarschaftsrelationen verwendet. Weitere Verfahren sind der Rollout Algorithm (s. Bertsekas et al. 1997) die Pilot Method (s. Duin und Voß 1999) sowie die zielgerichtete Variation der Zielfunktion bei der geführten lokalen Suche (s. Balas und Vazacopoulos 1998).

Bei den bisherigen Metaheuristiken wird von einer (zulässigen) Lösung ausgegangen. Bei populationsbasierten Heuristiken wird von mehreren Lösungen ausgegangen, die eine Population von mehreren Individuen bilden, und in einer Iteration werden wieder mehrere Lösungen erstellt, eben eine neue Population, die, bei der n-ten Iteration als (n+1)-te Generation bezeichnet wird. Dabei wird die in einer Population gespeicherte Information ausgenutzt.

Evolutionären Algorithmen sind solche populationsbasierten Heuristiken. Sie kodieren zulässige bzw. ggf. (nur) mögliche Lösungen als Zeichenketten und imitieren eine natürliche Evolution durch die Operatoren Mutation, Rekombination und Selektion. Unter Mutation wird die zufällige Veränderung eines Individuums (Lösung) verstanden. Ein Beispiel ist die zufällige Vertauschung von zwei Positionen, in einer Permutation zur Darstellug einer Lösung bzw. eines Individuums. Bei einer Rekombination wird ein neues Individuum aus zwei Eltern-Individuen erzeugt. Ein Beispiel für eine Permutation ist das folgende Vorgehen zu zwei Permutationen der Länge n. Es existiert eine zufällige Auswahl, welche Positionen direkt von der ersten Permutation übernommen werden sollen (z.B. bei $n = 10$ die Positionen 1, 5, 7 und 10) und die anderen Positionen (im Beispiel 2, 3, 4, 6, 8 und 9) bleiben unbesetzt. Dann werden die Belegungen der Stellen, die von der ersten Permutation nicht übernommen wurden, nun ebenfalls übernommen, aber in der Reihenfolge, wie sie in der zweiten Permutation vorkommen. Durch eine Selektion wird aus durch eine Fitnessfunktion bewertete (zulässige) Lösungen eine oder mehrere ausgewählt und zwar für die genannte beiden Operatoren Mutation sowie Rekombination ebenso wie für die Erstellung einer neuen Generation. Mit diesen Operatoren arbeitet ein evolutionärer Algorithmus nun wie folgt:

Algorithmus 4.4 Grundprinzip von einem evolutionären Algorithmus:.

---

1. Initialisierung: Die erste Generation (Population) von (zulässigen) Lösung (Individuum) wird erzeugt.
2. Evaluation: Jedem Individuum der Generation wird entsprechend seiner Güte ein Wert der Fitnessfunktion zugewiesen.
3. Durchlaufe die folgenden Schritte, bis ein Abbruchkriterium erfüllt ist:
   a. Rekombination von ausgewählten Individuen.
   b. Mutation von Individuen.
   c. Evaluation der Individuen durch die Fitnessfunktion.
   d. Neue Generation durch Selektion der Individuen.

Nach der Literatur (s. z.B. Burke und Kendall 2014; Weicker 2007) lauten wichtige Konkretisierungen dieser Suchverfahren: genetischer Algorithmus, Evolutionsstrategie, genetische Programmierung sowie Scatter Search bzw. Path Relinking. Für einen Literaturüberblick sei auf Burke und Kendall (2014) verwiesen.

Die Grundlagen für evolutionäre Algorithmen wurde Mitte der 1960er Jahre gelegt. Eines ihrer Grundprinzipien ist der Wechsel zwischen Mutation und Selektion. Weicker (2007) enthält eine Untersuchung von diesem Wechselspiel und die Arbeit enthält quantitative Auswirkungen der auftretenden Effekte anhand von Beispielproblemen.

4 Grundlagen der Optimierung   81

Einen sehr wesentlichen Einfluss auf die Güte eines evolutionären Algorithmus hat die Kodierungsfunktion, da sie die Ausprägungen der oben genannten möglichen Strukturen eines Lösungsraums stark beeinflusst, beispielsweise die Unebenheit oder die Verteilung der lokalen Optima und auch ihre Anzahl – auf die Abhängigkeit der lokalen Optima von der gewählten Darstellung wurde bereits hingewiesen. Weicker (2007) belegt dies anhand von Beispielproblemen. Als Konsequenz beeinflusst sie auch die Eignung von den (oben) genannten Ausprägungen von evolutionären Algorithmen.

Besteht die Population nur aus einem Individuum, so wird in jeder Generation ausschließlich das aktuelle Elternindividuum benutzt, um durch Mutation und Selektion ein neues Elternindividuum zu erzeugen. Dann handelt es sich aus mathematische Sicht bei der Optimierung um einen Markovprozess. Durch die Modellierung über eine endliche Markovkette kann, wie bei der simulierten Abkühlung, eine Aussage über die Laufzeit der Optimierung abgeleitet werde. Eine Beispielberechnung für die sich dadurch ergebende durchschnittliche Laufzeit enthält Weicker (2007).

Mit dem Verwenden von Populationen können verschiedene Stellen im Lösungsraum für die Suche nach einem Optimum zugleich berücksichtigt werden. Damit ist die Erwartung verknüpft, dass ein recht breites Durchsuchen des Suchraums erfolgt. Seitens der Literatur besteht die Hoffnung, dass dadurch die lokalen Optima an Bedeutung verlieren. Weicker (2007) untersucht in diesem Sinne unter anderen die Vielfalt in einer Population sowie Selektionskonzepte und gibt numerische Ergebnisse von Beispielproblemen an. Mit den Ergebnissen wurden verschiedene Selektionsmechanismen bewertet. Die Untersuchung in Weicker (2007) schließt die Betrachtung der Grundlagen evolutionärer Algorithmen wie das Schema-Theorem ein. Deswegen sei für eine vertiefte Betrachtung, was auch die Ausprägung der genannten Operatoren einschließt, auf Weicker (2007) verwiesen. Dies schließt die (oben) genannten Ausprägungen von evolutionären Algorithmen ein.

Aus Sicht der Geschichte von heuristischen Verfahren nach Martí et al. (2017), insbesondere dem Beitrag von Sörensen et al. (2017) darin, wurden solche Metaheuristiken vor allem von circa 1980 bis circa 2000 vorgeschlagen. Diese Methoden verwenden eine Analogie zur menschlichen Entwicklung, nämlich die Evolution. Dies führte zu weiteren Verfahrensvorschlägen. Ein erfolgreiches Beispiel sind Ameisenalgorithmen bzw. Ant Colony Algorithm (s. Colorni et al. 1992; Dorigo und Stützle 2004) die das Verhalten von Ameisen bei der Futtersuche nachbilden. Im Kern legen Ameisen Pheromonspuren auf ihrem Weg zur Futterquelle und andere, nachfolgende Ameisen wählen den am häufigsten gewählten Weg, eben den mit den meisten Pheromonen. Übertragungen auf Optimierungsprobleme markieren (Teil-) Lösungen und neue Lösungen werden unter Bevorzugung erfolgreicher (Teil-) Lösungen erzeugt.

Der Erfolg dieser Verfahren ermunterte immer mehr Prozesse in der Natur zu verwenden. Dies verleitete manchen zur Berücksichtigung von Prozessen wie das Herunterlaufen eines Regentropfens an einem Fenster. Dies übersieht, dass solche Ansätze nur dann erfolgreich sein können, wenn Sie die Struktur des Lösungsraums, im Sinne der oben vorgestellten Analyse, ausnutzt. Diese Anforderung trifft auch für die anderen, erfolgreichen Ansätze zu und wendet sich gegen einen so genannten

„Black-Box" Ansatz. Gesucht werden problemspezifische Metaheuristiken, die die Charakteristika des fraglichen Optimierungsproblems ausnutzen.

Ab ca. 2000, wiederrum nach Beitrag von Sörensen et al. in Martí et al. (2017), etablierte sich die Auffassung, dass diese Metaheuristiken umso nützlicher sind, je stärker diese als frameworks (i.e. Rahmenprogramme) aufgefasst werden. Ferner wurde statt einem einzigen Metaheuristik framework eine Kombination von verschiedenen frameworks entwickelt. Diese Verfahren werden als hybride Metaheuristiken bezeichnet. Unter diesen fällt die Verwendung von konstruktiven Heuristiken, wie die oben genannten Prioritätsregeln, zur Erzeugung einer initialen Lösung für eine lokale Suche oder die Verwendung von GRASP (i.e Greedy Randomized Adaptive Search Procedure) zur Erzeugung von Lösungen, die dann über die Technik des path relinking kombiniert werden. Bei memetischen Algorithmen werden lokale Suchverfahren mit evolutionären Verfahren kombiniert. Dazu wird auf die einzelnen Elemente einer Population, die durch ein evolutionäres Verfahren entstehen, eine lokale Suche angewandt. Bezogen auf das oben dargestellte Grundprinzip von einem evolutionären Algorithmus wird eine lokale Suche in die Schritte 1 und 3 integriert. Statt Metaheuristiken zu kombinieren wurden Metaheuristiken mit anderen Methoden kombiniert. Als andere Methode eingesetzt wurde constraint programming, linear programming, mixed integer programming und exakte Methoden (als matheuristics bezeichnet). Dadurch wurden Metaheuristiken mehr als eine Sammlung mehr oder weniger kohärenter Ideen aufgefasst, die beliebig mit anderen Ideen kombiniert werden. So entwickeln heutzutage Forscher Metaheuristiken auf der Grundlage ihrer Einschätzung darüber, welche Methode wie gut für das fragliche Problem wahrscheinlich ist.

Für manche Problemklassen erweisen sich manche der genannten Methoden als besonders wirkungsvoll und werden bevorzugt verwendet. Beispielsweise basiert eine große Mehrzahl der heuristischen Verfahren für die Tourenplanung auf einer lokalen Suche, die häufig in ein vielfaches Nachbarschaftsrahmenprogramm wie die variable neighborhood search eingebunden ist. Daher wird die Verwendung von verschiedenen lokalen Suchoperatoren und konstruktiven Heuristiken derzeit vielfach als erfolgversprechende Strategie angesehen und ist deswegen häufig der erste Ansatz für die Entwicklung eines heuristischen Verfahrens.

Aus den Grundprinzipien der jeweiligen Verfahren ergeben sich Hinweise für deren erfolgreichen Einsatz. Haben Lösungen mit ähnlichen Zielfunktionswerten auch einen geringen Abstand zueinander, dann liefert nach Christensen und Oppacher (2001) eine lokale Suche relativ gute Ergebnisse. Setzen sich gute Lösungen aus sehr guten Lösungen von Teilproblemen zusammen, so ist ein Rekombination-Operator sehr wirkungsvoll. Goldberg (1989) belegt dies an so genannten „building blocks". Beim „Scatter Search" werden hochwertige Teillösungen so genannte „consistent chains" zusammengesetzt (s. Laguna und Marti 2003). In wie weit ein Lösungsraum eine dieser Eigenschaft hat, kann mit der benötigten Genauigkeit nur festgestellt werden, wenn dieser nahezu vollständig vorliegt – dadurch würde der Einsatz eines heuristischen Verfahrens ad absurdum geführt.

Nach Sörensen et al. in Martí et al. (2017) begünstigt dies folgende negative Entwicklungen. Es werden keine neuen Algorithmen mehr publiziert, sondern es werden die effektivsten Operatoren existierender Metaheuristik frameworks kombiniert und sehr sorgfältig eingestellt, wodurch jedes Problem effizient gelöst wird. Zudem konzentrieren sich Forscher nur noch auf die Untersuchung eines einzelnen profanen Aspekts des gesamten Verfahrens. Dies verstärkt die ohnehin stark verbreitete Fokussierung auf die Laufzeit als Gütekriterium eines Verfahrens – und auch als Kriterium für eine Veröffentlichung in einer wissenschaftlichen Zeitschrift. Andere Aspekte wie die Einfachheit eines Verfahrens gegenüber dem schnellsten oder gar Gründe dafür, warum ein heuristisches Verfahren, welches gut funktionieren sollte, es eben nicht tut, finden kaum Beachtung.

1977 schrieb Glover in Glover (1977): "[exact] algorithms are conceived in analytic purity in the high citadels of academic research, heuristics are midwifed by expediency in the dark corners of the practitioner's lair [...] and are accorded lower status." Weiterhin basiert die Entwicklung von heuristischen Verfahren mehr auf Erfahrung als auf Theorie. Die methodische Begründung von heuristischen Verfahren bleibt (deutlich) hinter der in anderen Gebieten von dem Operations Research zurück. Erste Verfahren blieben hinter den in sie gesetzten Erwartungen zurück. Gelungene Gegenbeispiele sind, neben den genannten Arbeiten, vor allem denen von Weicker (2007), die Arbeiten zur Struktur und Analyse von Suchräumen von Watson et al. (2002), Watson et al. (2003), Vose (1999) und Wegener (2003). Andererseits sind heuristische Verfahren für eine Vielzahl von industrierelevanten Problemen der einzige erfolgversprechende Lösungsansatz und sie haben sich vielfach als sehr wirkungsvoll herausgestellt. Um die Güte von heuristischen Verfahren besser zu begründen, schlägt Sörensen et al. in Martí et al. (2017) mehrere Spielregeln vor und zwar unter anderem angemessene Testprotokolle, die Offenlegung von Quellcode und die Entwicklung vergleichbarer Werkzeuge wie die zur Lösung von Optimierungsproblemen wie CPLEX beispielsweise. Er plädiert generell für eine mehr wissenschaftliche Analyse und Weiterentwicklung heuristischer Verfahren und erwartet dies von der Zukunft.

Literatur

Aarts, E. H. L. und Jan Korst (1990). *Simulated annealing and Boltzmann machines: A stochastic approach to combinatorial optimization and neural computing*. Repr. Wiley-Interscience series in discrete mathematics and optimization. Chichester: Wiley.

Aarts, E. H. L. und van Laarhoven, P. J. M. (1985a). "A New Polynomial-Time Cooling Schedule". In: *Proceedings of the IEEE International Conference on Computer-Aided Design*. Santa Clara, California, S. 206–208.

Aarts, E. H. L. und van Laarhoven, P. J. M. (1985b). "Statistical Cooling: A General Approach to Combinatorial Optimization Problems". In: *Philips Journal of Research* 40, S. 193–226.

Balas, Egon und Alkis Vazacopoulos (1998). "Guided Local Search with Shifting Bottleneck for Job Shop Scheduling". In: *Management Science* 44.2, S. 262–275.

Bertsekas, Dimitri P. et al. (1997). "Rollout Algorithms for Combinatorial Optimization". In: *Journal of Heuristics* 3.3, S. 245–262.

Bol, Georg (1980). *Lineare Optimierung: Theorie und Anwendungen*. Bd. 5027. Athenäum-Taschenbücher / Lehrbücher Wirtschaftswissenschaften. Königstein/ Ts. : Athenäum.

Box, G. E. P. und G. M. Jenkins (1970). *Time Series Analysis: Forecasting and Control*. San Francisco: Holden Day.

Bredon, Glen (1993). *Topological and geometry: Graduate Texts in Mathematics*. 139. Aufl. New York: Springer-Verlag.

Burke, Edmund und Graham Kendall (2014). *Search methodologies: Introductory tutorials in optimization and decision support techniques*. New York: Springer.

Buskes, Gerard und Arnoud van Rooij (1997). *Topological Spaces: From Distance to Neighborhood. Undergraduate Texts in Mathematics*. New York: Springer.

Christensen, Steffen und Franz Oppacher (2001). "What can we learn from No Free Lunch? A First Attempt to Characterize the Concept of a Searchable Function". In: *Proceedings of the Genetic and Evolutionary Computation Conference (GECCO-2001)*. Hrsg. von Lee Spector et al. San Francisco, California, USA: Morgan Kaufmann, S. 1219–1226.

Colorni, Alberto et al. (1992). "Distributed optimization by ant colonies". In: *Toward a Practice of Autonomous Systems: Proceedings of the First European Conference on Artificial Life*, S. 134–142.

Culberson, Joseph C. (1998). "On the futility of blind search: An algorithmic view of "no free lunch"". In: *Evolutionary Computation* 6.2, S. 109–127.

Domschke, Wolfgang und Andreas Drexl (2005). *Einführung in Operations Research: Mit 63 Tabellen*. 6., überarb. und erw. Aufl. Springer-Lehrbuch. Berlin: Springer.

Dorigo, Marco und Thomas Stützle (2004). *Ant colony optimization*. Cambridge, Mass. [u.a.]: MIT Press.

Dueck, Gunter und Tobias Scheuer (1990). "Threshold accepting: A general purpose optimization algorithm appearing superior to simulated annealing". In: *Journal of Computational Physics* 90.1, S. 161–175.

Duin, Cees und Stefan Voß (1999). "The pilot method: A strategy for heuristic repetition with application to the steiner problem in graphs". In: *Networks* 34.3, S. 181–191.

Endl, Kurt und Wolfgang Luth (1981). *Analysis II: eine integrierte Darstellung*. 5. Auflage. Gießen: Akademische Verlagsgesellschaft.

Endl, Kurt und Wolfgang Luth (1983). *Analysis I: eine integrierte Darstellung*. 7. Auflage. Gießen: Akademische Verlagsgesellschaft.

Eremeev, Anton V. und Colin R. Reeves (2003). "On confidence intervals for the number of local optima". In: *Workshops on Applications of Evolutionary Computation*. Bd. 2611. Berlin, Heidelberg, S. 224–235.

Fandel, Günter et al. (2009). *Produktionsmanagement*. Springer-Lehrbuch. Berlin und Heidelberg: Springer.

Fiacco, Anthony V. und Garth P. McCormick (1968). *Nonlinear programming: Sequential unconstrained minimization techniques*. New York: Wiley.

Fristedt, Bert und Lawrence Gray (1997). *A modern approach to probability theory.* Probability and its applications. Boston, Basel und Berlin: Birkhäuser.

Glover, Fred (1977). "Heuristics for integer programming using surrogate constraints". In: *Decision Sciences* 8.1, S. 156–166.

Glover, Fred und Manuel Laguna (1997). *Tabu Search.* Boston: Kluwer Academic s.

Goldberg, David E. (1989). *Genetic algorithms in search, optimization, and machine learning.* Reading, Mass.: Addison-Wesley.

Herrmann, Frank (2009). *Logik der Produktionslogistik.* München: Oldenbourg.

Herrmann, Frank (2011). *Operative Planung in IT-Systemen für die Produktionsplanung und -steuerung: Wirkung, Auswahl und Einstellhinweise von Verfahren und Parametern. [Mit Online-Service].* 1. Aufl. Studium : IT-Management und -Anwendung. Wiesbaden: Vieweg + Teubner.

Hillier, F. S. und G. J. Lieberman (1997). *Operations Research – Einführung.* München: Oldenbourg.

Hillier, Frederick S. und Mark S. Hillier (2011). *Introduction to management science: A modeling and case studies approach with spreadsheets.* 4. ed. The McGraw-Hill/Irwin series : operations and decision sciences. Boston, Mass.: McGraw- Hill.

Hoos, Holger H. und Thomas Stützle (2004). "Stochastic Local Search". In: *Stochastic Local Search.*

Horst, Reiner (1979). *Nichtlineare Optimierung: Mit 82 Beispielen und 93 Übungsaufgaben.* Theorie und Praxis des Operations research. München: Hanser.

Jarre, Florian und Josef Stoer (2004). *Optimierung.* Springer-Lehrbuch. Berlin, Heidelberg: Springer Berlin Heidelberg.

Johnson, David S. (1990). "Local optimization and the traveling salesman problem". In: *International Colloquium on Automata, Languages, and Programming*, S. 446–461.

Jones, Terry und Stephanie Forrest (1995). "Fitness distance correlation as a measure of problem difficulty for genetic algorithms". In: *Proceedings of the Sixth International Conference on Genetic Algorithms: University of Pittsburgh, July 15-19, 1995.* Hrsg. von Larry Eshelman. Kaufman Verlag, S. 184–192.

Karmarkar, N. (1984). "A new polynomial-time algorithm for linear programming." In: *Combinatorica* 4, S. 373–395.

Kauffman, S. A. (1989). "Principles of adaptation in complex systems". In: *1989 Lectures in the sciences of complexity SFI Studies in the Sciences of Complexity* 1, S. 619–712.

Kauffman, Stuart A. (1993). *The origins of order: Self-organization and selection in evolution.* New York: Oxford Univ. Pr.

Kauffman, Stuart A. und Edward D. Weinberger (1989). "The NK model of rugged fitness landscapes and its application to maturation of the immune response". In: *Journal of Theoretical Biology* 141.2, S. 211–245.

Kauffman, Stuart und Simon Levin (1987). "Towards a general theory of adaptive walks on rugged landscapes". In: *Journal of Theoretical Biology* 128.1, S. 11–45.

Khachiyan, Leonid G. (1979). "Polynomial algorithms in linear programming". In: *Soviet Mathematics Doklady* 20, S. 191–194.

Klenke, Achim (2013). *Wahrscheinlichkeitstheorie*. 3., überarb. und erg. Auflage. Springer-Lehrbuch Masterclass. Berlin und Heidelberg: Springer Spektrum.

Laguna, Manuel und Rafael Marti (2003). "Scatter search: Methodology and implementations in C". In: *Operations Research/ Computer Science Interfaces Series* 24, S. 1–283.

Lourenço, Helena R. et al. (2003). "Iterated local search". In: *Handbook of metaheuristics*. Springer, S. 320–353.

Lundy, Miranda und Alistair Mees (1986). "Convergence of an annealing algorithm". In: *Mathematical programming* 34.1, S. 111–124.

Martí, Rafael et al., Hrsg. (2017). *Handbook of Heuristics*. Aufl. 2017. Cham: Springer International Publishing.

Merz, Peter (2004). "Advanced fitness landscape analysis and the performance of memetic algorithms". In: *Evolutionary Computation* 12.3, S. 303–325.

Pearson, Karl (1905). "The problem of the random walk [3]". In: *Nature* 72.1865, S. 294.

Reeves, Colin R. (1999). "Landscapes, operators and heuristic search". In: *Annals of Operations Research* 86, S. 473–490.

Reeves, Colin R. (2014). "Fitness landscapes". In: *Search Methodologies: Introductory Tutorials in Optimization and Decision Support Techniques, Second Edition*, S. 681–706.

Reidys, Christian M. und Peter F. Stadler (2002). "Combinatorial landscapes". In: *SIAM Review* 44.1, S. 3–54.

Rothlauf, Franz (2011). *Design of Modern Heuristics: Principles and Application*. Natural Computing Series. Berlin: Springer.

Schwägerl, M. und Frank Herrmann (2016). *Laufzeituntersuchung bei einstufigen Losgrößenproblemen*.

Sörensen, K. et al. (2017). "A History of Metaheuristics". In: *Handbook of Heuristics*. Hrsg. von Rafael Martí et al. Cham: Springer International Publishing.

Stadler, Peter F. (1996). "Landscapes and their correlation functions". In: *Journal of Mathematical Chemistry* 20.1, S. 1–45.

Stadler, Peter F. et al. (1995). "Towards a theory of landscapes". In: *Complex systems and binary networks*. Springer, S. 78–163.

Taillard, Éric D. et al. (2001). "Adaptive memory programming: A unified view of metaheuristics". In: *European journal of operational research* 135.1, S. 1–16.

Tempelmeier, Horst (2002). *Material-Logistik: Modelle und Algorithmen für die Produktionsplanung und -steuerung und das Supply-chain-Management*. 5., neu bearb. Aufl. Berlin u. a.: Springer.

Vallada, Eva et al. (2008). "Minimising total tardiness in the m-machine flowshop problem: A review and evaluation of heuristics and metaheuristics". In: *Computers and Operations Research* 35.4, S. 1350–1373.

Vose, Michael (1999). *[(The Simple Genetic Algorithm: Foundations and Theory)] [By (author) Michael Vose] published on (September, 1999)*. MIT Press Ltd.

Watson, Jean-Paul et al. (2002). "Contrasting structured and random permutation flow-shop scheduling problems: search-space topology and algorithm performance". In: *INFORMS Journal on Computing* 14.2, S. 98–123.

Watson, Jean-Paul et al. (2003). "Problem difficulty for tabu search in job-shop scheduling". In: *Artificial Intelligence* 143.2, S. 189–217.

Wegener, Ingo (2003). "Towards a theory of randomized search heuristics". In: *Lecture Notes in Computer Science (including subseries Lecture Notes in Artificial Intelligence and Lecture Notes in Bioinformatics)* 2747, S. 125–141.

Weicker, Karsten (2007). *Evolutionäre Algorithmen*. 2., überarb. und erw. Aufl. Leitfäden der Informatik. Wiesbaden: Teubner.

Weinberger, E. (1990). "Correlated and uncorrelated fitness landscapes and how to tell the difference". In: *Biological Cybernetics* 63.5, S. 325–336.

Wolpert, David H. und William G. Macready (1997). "No free lunch theorems for optimization". In: *IEEE Transactions on Evolutionary Computation* 1.1, S. 67–82.

Kapitel 5
Grundlagen der Kostensimulation im Produktionsumfeld

Christine Hirsch, Irina Gamankova, Friedrich Livonius, Enrico Teich und Thorsten Claus

5.1 Aktuelle Herausforderungen im Produktionsumfeld

Produzierende Unternehmen stehen im Zuge der *Industrie 4.0* vor einer Vielzahl von Herausforderungen. Hier ist unter anderem die Entwicklung von Geschäftsmodellen zu nennen, die die Wettbewerbsfähigkeit absichern und den steigenden Kundenansprüchen gerecht werden. Insbesondere die im Rahmen der Industrie 4.0 angestrebte „Losgröße 1" erschwert die effiziente Auftragsabwicklung bei Produktionsunternehmen. Eine weitere signifikante Herausforderung der Industrie 4.0 ist das Fehlen von „Best Practice Erfahrungen". (vgl. Augenstein 2018)

Durch die zunehmende *Dynamik* der Absatzmärkte müssen sich Produktionsunternehmen flexibel auf sich verändernde Anforderungen einstellen. Um auf diese Turbulenzen reagieren zu können, müssen diese Unternehmen über Anpassungspotentiale verfügen, welche im Bedarfsfall schnell und aufwandsarm aktiviert werden können. Aufgrund dieser hohen Dynamik wird es zunehmend wichtiger Investitionen in *Flexibilität* gezielt und systematisch zu bewerten, anstatt fixkostenintensi-

---

Christine Hirsch
Internationales Hochschulinstitut (IHI) Zittau – Eine Zentrale Wissenschaftliche Einrichtung der Technischen Universität Dresden, e-mail: christine.hirschh@tu-dresden.de

Irina Gamankova
Internationales Hochschulinstitut (IHI) Zittau – Eine Zentrale Wissenschaftliche Einrichtung der Technischen Universität Dresden, e-mail: irina.gamankova@tu-dresden.de

Friedrich Livonius
Internationales Hochschulinstitut (IHI) Zittau – Eine Zentrale Wissenschaftliche Einrichtung der Technischen Universität Dresden, e-mail: friedrich.livonius@tu-dresden.de

Enrico Teich
Internationales Hochschulinstitut (IHI) Zittau – Eine Zentrale Wissenschaftliche Einrichtung der Technischen Universität Dresden, e-mail: enrico.teich@tu-dresden.de

Thorsten Claus
Internationales Hochschulinstitut (IHI) Zittau – Eine Zentrale Wissenschaftliche Einrichtung der Technischen Universität Dresden e-mail: thorsten.claus@tu-dresden.de

ve Flexibilitätsspielräume auf Verdacht vorzuhalten. In der einschlägigen Literatur wird in diesem Zusammenhang auch von der Realisierung einer strukturierten Wandlungsfähigkeit gesprochen. (vgl. Kinkel et al. 2012) Allerdings unterbleibt diese wandlungsfähige Aufstellung eines Unternehmens in der Praxis häufig, da die erforderlichen Investitionen und die damit verbundenen Kosten nicht mit dem Ziel einer kurzfristigen Gewinnmaximierung vereinbar sind. Bei genauer Betrachtung könnten sich Investitionen, die den späteren Kostenaufwand reduzieren, auf lange Sicht natürlich lohnen. Daher ist es notwendig diese Wandlungsfähigkeit im Hinblick auf ihre betriebswirtschaftliche Vorteilhaftigkeit über den gesamten Lebenszyklus hinweg zu beurteilen. (vgl. Gebhardt 2013; Feldmann und Reinhart 2000)

Die *Kostensimulation* kann Unternehmen unter anderem bei der Bewertung möglicher Investitionsentscheidungen und Kostensenkungsmaßnahmen unterstützen. Ein entscheidendes Element bildet hierbei die Kostensteuerung, deren Aufgaben sich zum einen in die Kostenanalyse und zum anderen in die Formulierung und Implementierung von kostenbeeinflussenden Maßnahmen aufteilen (vgl. Franz und Kajüter 2007). Des Weiteren wird es durch die Einbindung der Kostenrechnung möglich, dass anfallende Kosten auf fixe und variable Anteile sowie auf Einzel- und Gemeinkosten heruntergebrochen werden können. Anhand dieser Aufsplittung lassen sich die einzelnen anfallenden Kosten genau zuordnen und mögliche Einsparungen sind leichter zu identifizieren (vgl. Weber 2012). Neben der Kostenanalyse zum Status Quo ist auch die Veränderung der Kosten und Kostensätze im Laufe der Zeit ebenfalls in der Simulation zu betrachten. So lässt sich beispielsweise durch strategische Maßnahmen, wie die Neugestaltung von Fertigungstechnologien oder die Umsetzung neuer Organisationskonzepte, die Kostenzusammensetzung wesentlich beeinflussen. Durch den systematischen Einsatz der Kostensimulation können sich unter anderem folgende Vorteile für Produktionsunternehmen ergeben: [A] Das Erreichen einer verbesserten Produktionskostenplanung und -kontrolle anhand simulativ ermittelter Planmengen und Plankostensätze. [B] Die Realisierung von Verbesserung im Bereich der Produktkalkulation durch eine simulativ unterstützte Kostenträgerrechnung. (vgl. Burger 1999)

5.2 Kosten im Produktionsumfeld

Die Prozesse von Produktionsunternehmen sind durch eine Vielzahl an Wandlungstreibern und Wandlungsbefähigern charakterisiert (vgl. Gebhardt 2013). *Kosten* stellen, neben der schwankenden Nachfrage, hierbei einen wichtigen Wandlungstreiber im Produktionsumfeld dar. Die Kosten, die im Produktionsumfeld entstehen, kann man drei Bereichen der Wertschöpfung zuordnen: Dem Input und Output sowie der Transformation (vgl. nachstehende Abbildung 5.1).

Inputkosten fallen vor der eigentlichen Produktion an. Hierbei handelt es sich beispielsweise um die Kosten für die Beschaffung und den Transport von den produktionsrelevanten Rohstoffen. Bei der Transformation, also der Produktherstellung, fallen zum Beispiel Kosten für die Energieversorgung, für Personal und Betriebsmittel an. Auch Abschreibungskosten der Produktionsanlagen sind dem Transformationsbereich zuzurechnen. Kostenbestandteile im Bereich Output sind unter anderem Verpackungskosten, Marketingkosten sowie Lagerkosten für Komponenten und Endprodukte.

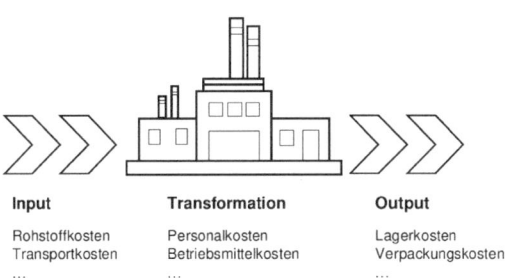

Abbildung 5.1 Schematische Darstellung unterschiedlicher Kostenbereiche im Produktionsumfeld.

Bei der Vielzahl unterschiedlichster Kosten wird ein qualifiziertes *Kostenmanagement* unabdingbar. Ziel des Kostenmanagements ist es, durch konkrete Maßnahmen die Kosten von Produkten, Prozessen und Ressourcen derart zu beeinflussen, dass ein angemessener Unternehmenserfolg erzielt und die Wettbewerbsfähigkeit des Unternehmens nachhaltig gesichert wird. Die Kostenrechnung, ein wichtiger Bestandteil des Kostenmanagements, dient dazu, die Kosten, welche in einer Periode anfallen, auf Kostenstellen und Kostenträger zu verrechnen und generiert damit Informationen über die Kostensituation eines Unternehmens. (vgl. Gebhardt 2013) Weitere Informationen, wie Durchlaufzeiten der Fertigung oder Ausfallzeiten von Ressourcen, determinieren überdies die Kostenermittlung. In einer kostenorientierten Sichtweise haben die genannten Kosten Einfluss auf die Ausgestaltung der Produktionsabläufe. *Kostensimulationen* von Produktionsabläufen können zur Entscheidungsfindung und -absicherung eingesetzt werden. Im Folgenden werden relevante Ansätze zur Kostensimulationen dargestellt.

5.3 Ansätze zur Kostensimulation im Produktionsumfeld

Unter *Simulation* versteht man die Durchführung von Experimenten an einem Modell, das ein entweder bereits existierendes oder zukünftig entstehendes System abstrahiert abbildet (vgl. März et al. 2011). Die Abstraktion bei der Simulation bedeutet das Weglassen unwesentlicher Elemente des zu simulierenden Systems. Beispielsweise können Verteilzeiten des Personals bei Simulationen indirekt in Form von Taktzeiten berücksichtigt werden. Die direkte Simulation des Personals entfällt allerdings, wodurch sich der Modellierungsaufwand reduziert.

Bei der Simulation kann das Verhalten des Systems unter verschiedenen Prämissen untersucht und ein Optimum von Parametern des Systems gefunden werden. Es wird grundlegend davon ausgegangen, dass die durch die Simulationen gewonnenen Schlüsse, auf das modellierte reale System anwendbar sind. Durch die systematische Veränderung der Simulationsparameter können die Auswirkungen auf definierte Zielgrößen (z.B. diverse Kosten und Kostensätze) untersucht und damit verbessert (optimiert) werden (vgl. März et al. 2011; Wöhe und Döring 2000). Traditionell werden bei Simulationen im Produktionskontext primär *technisch-logistische Größen*, wie z.B. Durchlaufzeiten oder Maschinenauslastungen, betrachtet. Wird die „beste" technisch-logistische Lösung gefunden, geht man davon aus, dass es auch wirtschaftlich die „beste" Lösung ist (Kostenoptimum). Diese Annahme ist natürlich zu hinterfragen. So kann sich etwa eine Änderung der Produktionssystemgestaltung zwar positiv auf die Durchlaufzeiten, aber nachteilig auf die Fixkosten der Produktion auswirken. Die klassische Ablaufsimulation vernachlässigt somit vielfach die ökonomische Systembewertung durch eine vorrangige Fokussierung auf die logistische Systemanalyse (vgl. Labitzke 2011). Aus diesem Grund ist eine Erweiterung der Simulationswerkzeuge um ein Kostensimulationsmodul eine sinnvolle und im heutigen Produktionsumfeld auch notwendige Maßnahme. Der Verein Deutscher Ingenieure (VDI) hat dies erkannt und eine Richtlinie aus dem Jahr 1996 um das Thema „Kostensimulation" erweitert.

Aus Sicht der Autoren dieses Buchbeitrages existieren drei zu unterscheidende *Arten der Kostensimulation*: die vorgelagerte, die nachgelagerte und die integrierte Kostensimulation. Die Differenzierung erfolgt auf Grundlage der Verknüpfung der Kostendaten mit der Simulationssoftware (vgl. nachfolgende Abbildung 5.2).

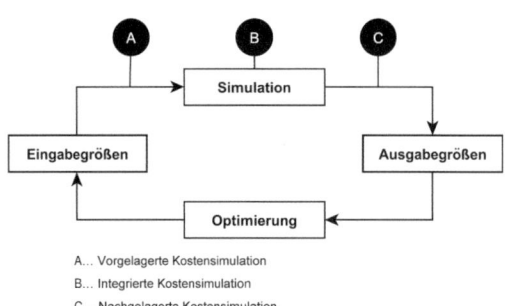

Abbildung 5.2 Ansätze zur Kostensimulation (Klassifikationsansatz).

5.3.1 Integrierte Kostensimulation

Bei der integrierten Kostensimulation ist dem Simulationswerkzeug ein *integriertes Kostensimulationsmodul* zugehörig und simuliert die Kosten bzw. Kostensätze gleichzeitig mit Ablauf der eigentlichen Simulation. Für die Realisierung eines integrierten Kostensimulationsmoduls müssen jeweilige Elemente der Metadatenstruktur, die Prozesskosten verursachen (Aufträge und sie bearbeitende Ressourcen), um Kostenattribute (Kostenarten) erweitert werden (vgl. Wunderlich 2002b). Im Folgenden wird diese Art der Kostensimulation anhand eines Beispiels aus dem Produktionsumfeld erläutert.

Damit die Kostenermittlung integriert in der Simulation realisiert werden kann, müssen z.B. die notwendigen Ressourcenstundensätze vom Nutzer vor Beginn des Simulationsablaufs im System eingegeben werden. Im Simulationslauf wird auf dieser Basis bestimmt, wie viel die Bearbeitung eines Auftrages mit den entsprechenden Ressourcen kostet. Das heißt, je nach Durchlauf eines Auftrages durch das Produktionssystem werden alle auf den verschiedenen Ressourcen erzeugten auftragsbezogenen Kosten unter Berücksichtigung der definierten Kostensätze kumuliert. Dabei werden die Kosten, die einzelne Ressourcen hervorrufen, anhand der für die Auftragsrealisierung notwendigen Arbeitsstunden errechnet. Diesbezüglich sei auch angemerkt, dass während der Realisierung eines Auftrages auf einer Ressource unerwartete Störungen auftreten können, was die Durchlaufzeit des Auftrages verlängert und zu zusätzlichen Kosten führt (z.B. Lagerkosten, Instandhaltungskosten sowie Verspätungskosten). Ein Simulationswerkzeug mit einem integrierten Kostensimulationsmodul sollte auch diese Störungszeiten erkennen und in der Auftragskostenermittlung berücksichtigen.

Ein Vorteil der integrierten Kostensimulation ist die *kontinuierliche Kostentransparenz* im Simulationsprozess. Das heißt, die zu einem bestimmten Zeitpunkt entstandenen Kosten bzw. Kostensätze sind dem Nutzer direkt bekannt, weil sie simulationsbegleitend ermittelt werden. Zu den Nachteilen dieses Kostensimulationsansatzes gehört der hohe Systemaufwand aufgrund komplexer Metadatenstrukturen, die aus der Erweiterung der Systemobjekte um Kostenattribute und dem Hinzufügen der Kostenkalkulationsalgorithmen resultieren. (vgl. Wunderlich 2002b)

5.3.2 Vorgelagerte Kostensimulation

Im Rahmen der *vorgelagerten Kostensimulation* werden dem Simulationswerkzeug die relevanten Kostensätze als Parameter im Vorfeld der Simulationsexperimente aus einem Drittsystem durch die Nutzung einer Systemschnittstelle bereitgestellt. Beispielsweise kann es sich um kalkulierte Maschinenstundensätze handeln, die in MS Excel und einer externen Datenbank gepflegt werden. Während der Simulation gehen diese Kostensätze mit den auftragsbezogenen Verweildauern auf den einzelnen Ressourcen in die Kostenkalkulation ein. Das heißt, die eigentliche Kostenermittlung erfolgt dann wie bei der integrierten Kostensimulation (vgl. Absatz 5.3.1).

Ein Vorteil der vorgelagerten Kostensimulation ist der im Vergleich zur integrierten Kostensimulation *geringere Implementierungsaufwand*. Nachteilig ist allerdings, dies gilt für die nachgelagerte Kostensimulation gleichermaßen, die Notwendigkeit zum Aufbau von Datenschnittstellen.

5.3.3 Nachgelagerte Kostensimulation

Bei der *nachgelagerten Kostensimulation*, auch simulationsbasierte Kostenrechnung genannt, handelt es sich um ein Verfahren bei dem die Ablaufsimulation und die betriebswirtschaftliche Bewertung voneinander getrennt werden. Dies bedeutet, dass die Auswertung in einem von der Ablaufsimulation getrennten System, wie z.B. MS Excel, stattfindet. Das Simulationsmodul erstellt nach dem Simulationslauf eine Datei, die alle aufgetretenen Ereignisse, sowie die Start- und Endzeitpunkte der jeweiligen Prozesse zweckneutral der nachgelagerten Analyse zur Verfügung stellt. Das Auswertungsmodul kann nun im Nachgang die Simulationsergebnisse und die Kostensätze miteinander verknüpfen und so das Ergebnis aus Kostensicht bewerten. (vgl. Wunderlich 2002a)

Ein Vorteil der nachgelagerten Kostensimulation ist, wie bei der vorgelagerten Kostensimulation auch, der im Vergleich zur integrierten Kostensimulation geringere Implementierungsaufwand. Eigentlich wird das in der Ablaufsimulation erzielte Ergebnis nur einer *Weiterverwertung* (zusätzlichen Analyse) unterzogen. Außerdem kann ein nachgeschaltetes Kostensimulationsmodul Daten aus verschiedenen Simulationssystemen verarbeiten. Nachteil der nachgelagerten Kostensimulation ist das Fehlen der Möglichkeit, Kosten direkt während der Simulation zu überwachen. Das heißt, der Nutzer muss auf die Beendigung des Simulationsablaufes warten, bevor die simulativ ermittelten Daten zur Kostenermittlung und Kostenanalyse exportiert werden können.

5.4 Klassifikationsschema zur Einordnung von Kostensimulationsansätzen

Trotz zahlreicher Publikationen im Bereich der Kostensimulation, fehlt es bislang an einer *Klassifikation* der unterschiedlichen Ansätze. Im nachfolgenden Kapitel wird zunächst eine Methodik zur Klassifizierung von Kostensimulationsansätzen dargestellt. In dieser Klassifikationsmatrix werden exemplarisch Forschungsarbeiten und Tools mit einem Fokus auf das Produktionsumfeld eingeordnet.

5.4.1 Aufbau der Klassifikationsmatrix

Die Autoren dieses Buchbeitrages schlagen folgende Dimensionen zur Klassifikation von Kostensimulationsansätzen vor:

Statisch versus dynamisch: *Statisch:* Die Kostensätze ändern sich während eines Simulationslaufes nicht. *Dynamisch:* Die Kostensätze ändern sich während eines Simulationslaufes.

Deterministisch versus stochastisch: *Deterministisch:* Die Kostensätze sind im Vorfeld bekannt und werden im Simulationslauf gezielt so eingestellt. *Stochastisch:* Die Kostensätze sind im Vorfeld nicht bekannt und werden daher im Simulationslauf durch die Ziehung von Zufallszahlen bestimmt.

Kostensatzermittelnd versus nicht-kostensatzermittelnd: *Kostensatzermittelnd*: In der Simulation werden Kostensätze ermittelt. Hierbei kann es sich um eine simulationsgestützte Anpassung von Kostensätzen (Input-Daten) oder um eine vollständige Erstermittlung von Kostensätzen handeln. *Nicht-kostensatzermittelnd*: In der Simulation werden keine Kostensätze ermittelt. Das schließt nicht aus, dass eine andere Kostenermittlung erfolgt.

Vorgelagert versus nachgelagert versus integriert: *Integriert:* Vgl. Kapitel 5.3.1 *Vorgelagert:* Vgl. Kapitel 5.3.2 *Nachgelagert:* Vgl. Kapitel 5.3.3

Optimierungsbeeinflussend versus nicht-optimierungsbeeinflussend: *Optimierungsbeeinflussend:* Die simulativ ermittelten Kosten bzw. Kostensätze werden in einer Zielfunktion und/oder in den Nebenbedingungen eines Entscheidungsmodells berücksichtigt. *Nicht-optimierungsbeeinflussend:* Die simulativ ermittelten Kosten bzw. Kostensätze werden weder in einer Zielfunktion noch in den Nebenbedingungen eines Entscheidungsmodells berücksichtigt.

Publikation	Statisch	Dynamisch	Deterministisch	Stochastisch	Vorgelagert	Nachgelagert	Integriert	Kostensatzermittelnd	Nicht-kostensatzermittelnd	Optimierungsbeeinflussend	Nicht-optimierungsbeeinflussend
...											

Abbildung 5.3 Schema [Matrix] zur Klassifikation von Kostensimulationsansätzen.

5.4.2 Exemplarische Anwendung der Klassifikationsmatrix

Nachfolgend werden ausgewählte, in der Literatur beschriebene Kostensimulationsansätze in die vorher definierte Klassifikationsmatrix eingeordnet. Bei dieser Einteilung handelt es sich um einen *Auszug von Veröffentlichungen* im Produktionsumfeld.

Publikation	Statisch	Dynamisch	Deterministisch	Stochastisch	Vorgelagert	Nachgelagert	Integriert	Kostensatz-ermittelnd	Nicht-kostensatz-ermittelnd	Optimierungs-beeinflussend	Nicht-optimierungs-beeinflussend
Wunderlich 2002a	x		x		x			x		x	
Stumvoll et al. 2015	x		x		x				x	x	
Baier und Reinhard 2001		x	x		x				x	x	
Labitzke 2011		x	x				x		x	x	
Carl und Angelidis 2015		x	x		x				x	x	

Abbildung 5.4 Exemplarisch angewendete Matrix zur Klassifikation von Kostensimulationsansätzen.

Wunderlich (2002a) beschreibt unter anderem die Entwicklung des Kostensimulationsmoduls „KostSim", welches auf einer MS Access-Datenbank basiert. Es beruht auf dem Prinzip einer nachgelagerten Kostensimulation, da sowohl die Ablaufdaten der Simulation, als auch die Kostendaten aus externen Quellen integriert werden. Schnittstellen zu datenbankgestützten Systemen zur Materialwirtschaft, Personalwirtschaft oder Kostenstellenrechnung ermöglichen eine Versorgung mit aktuellen Daten. Die genutzten als auch ermittelten Kostensätze sind deterministisch und statisch, und können mittels Verrechnungsschlüssel den Ressourcen und Prozessen zugeordnet werden.

Stumvoll et al. (2015) beschreiben das Assistenzsystem „SAEPP", das an ein ERP-System angeschlossen wird. Es handelt sich hierbei um einen Prototyp für eine nachgeschaltete Kostensimulation, die die in der Simulation ermittelten Ablaufdaten mit den im ERP-System hinterlegten Kostensätzen verknüpft. Diese Kostensätze sind durch die im Vorfeld durchgeführte Maschinenstundensatz- bzw. Prozesskostenrechnung bekannt und daher deterministisch. Die Optimierung ist insofern möglich, als dass ein Algorithmus zur Ermittlung alternativer Parametereinstellungen hinterlegt ist. Dieser Algorithmus endet, wenn die Abbruchbedingung, also eine festgelegte Anzahl an Wiederholungen, erfüllt ist.

Baier und Reinhard (2001) zielen in ihrer Arbeit auf die Reduzierung der Bestände entlang von Prozessketten ab. Hierfür implementierten sie in einem Nutzfahrzeuggetriebewerk eine segmentierte CONWIP-Steuerung (Constant-Work-in-Process). Was vorher in der realen Fertigung und anhand von Erfahrungen umgesetzt wurde („Ausprobieren"), kann nun anhand von Computermodellen systematisch simuliert werden. Somit können die Risiken und Kosten der Planung minimiert werden. Bei dieser Arbeit handelt es sich um eine nachgelagerte Kostensimulation.

5 Grundlagen der Kostensimulation im Produktionsumfeld

Das erschließt sich daraus, dass die Auswertung und der Vergleich der Daten erst nach den Simulationsläufen realisiert werden können. Diese Daten werden dann wiederum als Grundlage für den nächsten Simulationslauf genommen. Dabei wird eine definierte Liefertreue als Zielgröße angesehen.

Labitzke (2011) stellt einen Ansatz der wertorientierten Simulation zur taktischen Planung logistischer Prozesse in der Stahlherstellung vor. Es handelt sich um einen integrierten Ansatz bei dem ein betriebswirtschaftliches Rechnungsmodell in die ereignisdiskrete Ablaufsimulation eingebunden wurde. Der Autor nutzt für seine Kostensimulation im Allgemeinen dynamische Größen. So werden etwa marktbedingte Preisänderungen fortgeschrieben. Sonstige variierende Preise werden über Prognosen oder Vergangenheitsdaten im Rechnungsmodell berücksichtigt. Es handelt sich hierbei um deterministische Kostensätze bzw. Preise. Des Weiteren wird eine rückgekoppelte wertorientierte Steuerung beschrieben, bei der Beziehungen zwischen dem Prozessmodell und dem Wertgerüst entstehen. Diese beeinflussen zwangsläufig die Simulation. In sogenannten „Technikmatrizen" sind ebenfalls technische und organisatorische Konfigurationen, wie z.B. sämtliche Kombinationen von Personalausstattung und Betriebsbereitschaften hinterlegt. Durch einen implementieren Algorithmus lassen sich innerhalb eines einzigen Simulationslaufes alle Gestaltungsoptionen evaluieren und die beste Alternative selektieren.

In dem Abschlussbericht zum IGF-Vorhaben 393 ZBR von *Carl und Angelidis 2015*, der durch Forscher der Technischen Universität Dresden und der Universität der Bundeswehr München verfasst wurde, findet sich ein Ansatz, der der Definition einer vorgelagerten Kostensimulation entspricht. Es handelt sich dabei um ein Verfahren, bei dem eine Datenmanagementkomponente die relevanten Kostensätze beinhaltet. Die Kostensätze sind somit im Vorfeld gegeben und deterministisch. Die daraus resultierenden Kosten verändern sich aber im Laufe der Simulation mit Ressourcenbezug. Beispielsweise werden bei Überstunden oder Sonderschichten andere Kostensätze genutzt, als während der regulären Arbeitszeit. Diese Datenbasis wird an ein Generator-Modul weitergegeben, das das vollständige „Montagemodell", mit allen möglichen Alternativen, generiert. Dieses Modell wird wiederum an den Optimierer weitergegeben. Der Benutzer kann in einem Szenariomanager die gewünschten Parametereinstellungen vornehmen. Die daraus erzeugten Lösungen werden an den Simulator übergeben, wo dann die betriebswirtschaftliche Bewertung stattfindet. Die nachfolgende Optimierung erfolgt mittels implementierter Prioritätsregeln. Hierbei dient die Minimierung der Gesamtkosten als Zielfunktion. Die Erreichung eines vorab definierten Abbruchkriteriums stoppt die Optimierung.

Zusammenfassend lässt sich sagen, dass es natürlich weitere Publikationen im Bereich der Kostensimulation mit Bezug zum Produktionsumfeld gibt. Viele dieser Publikationen beschränken sich allerdings auf die rein theoretische Beschreibung von Kostensimulationsmodellen. Die oben aufgeführten Beiträge stellen bestehende Prototypen und Anwendungsansätze dar, die im Produktionsumfeld eingesetzt werden können.

Danksagung
An dieser Stelle möchten sich die Autoren dieses Beitrages bei Herrn Torsten Lorenz für die geleistete vorbereitende Unterstützungsarbeit bedanken.

Literatur

Augenstein, Dominik (2018). "Herausforderung Industrie 4.0 meistern - Ein praxisorientierter Ansatz zur Transformation von Geschäftsmodellen". In: *Industrie 4.0 Management* 1.2018, S. 15–18.

Baier, Jochen und Veikko Reinhard (2001). "Optimierung einer segmentierten CONWIP-Steuerung". In: *ZWF Zeitschrift für wirtschaftlichen Fabrikbetrieb* 96.7-8, S. 427–430.

Burger, Anton (1999). *Kostenmanagement*. 3. Aufl., 3., vollst. überarb. Aufl. Reprint 2014. Lehr- und Handbücher der Betriebswirtschaftslehre. München u.a.: De Gruyter Oldenbourg.

Carl, Sebastian und Evangelos Angelidis (2015). *Simulationsbasierte Prozesskostenrechnung zur Bestimmung kostenminimaler Ablaufalternativen in der Montageplanung bei KMU: . Abschlussbericht zum IGF-Vorhaben 393 ZBR*. Dresden und München.

Feldmann, Klaus und Gunther Reinhart, Hrsg. (2000). *Simulationsbasierte Planungssysteme für Organisation und Produktion: Modellaufbau, Simulationsexperimente, Einsatzbeispiele*. Berlin u.a.: Springer Berlin Heidelberg.

Franz, Klaus-Peter und Peter Kajüter (2007). "Kostenmanagement". In: *Handwörterbuch der Betriebswirtschaft*. Hrsg. von Richard Köhler et al. Stuttgart: Schäffer-Poeschel, S. 974–983.

Gebhardt, Marcel (2013). *Simulationsbasiertes Kostenmanagement zur betriebswirtschaftlichen Analyse von wandlungsfähigen Produktionssystemen : eine Entscheidungsunterstützung bei konkurrierenden Gestaltungsalternativen*. Stuttgart: IPRI.

Kinkel, Steffen et al. (2012). *Wandlungsfähigkeit messen und benchmarken*. Karlsruhe.

Labitzke, Niklas (2011). *Wertorientierte Simulation zur taktischen Planung logistischer Prozesse der Stahlherstellung: Zugl.: Braunschweig, Techn. Univ., Diss., 2010*. 1. Aufl. Gabler Research. Wiesbaden u.a.: Gabler.

März, Lothar et al. (2011). *Simulation und Optimierung in Produktion und Logistik: Praxisorientierter Leitfaden mit Fallbeispielen*. SpringerLink : Bücher. Berlin, Heidelberg: Springer Berlin Heidelberg.

Stumvoll, Ulrike et al. (2015). "Prototyp eines simulationsbasierten Assistenzsystems zur Entscheidungsunterstützung bei der Pflege von Planungsparametern eines ERP-Systems im laufenden Betrieb". In: *Rabe, Markus; Clausen, Uwe (Hrsg.): Simulation in Production and Logistics 2015*, S. 299–308.

Weber, Jürgen (2012). *Logistikkostenrechnung: Kosten-, Leistungs- und Erlösinformationen zur erfolgsorientierten Steuerung der Logistik*. 3. Aufl. Berlin u.a.: Springer.

Wöhe, G. und U. Döring (2000). *Einführung in die allgemeine Betriebswirtschaftslehre*. München u.a.: Vahlen.

Wunderlich, Jürgen (2002a). *Kostensimulation: simulationsbasierte Wirtschaftlichkeitsregelung komplexer Produktionssysteme: Doctoralthesis*. Meisenbach, Bamberg.

Wunderlich, Jürgen (2002b). "Rechnerbasierte Kostensimulation für komplexe Produktionssysteme". In: *Controlling und Management* 46.4, S. 255–261.

Teil II
Forschungsansätze und Anwendungsbeispiele

Kapitel 6
Status der Berücksichtigung von Kosten in der Anwendungspraxis der Simulation in Produktion und Logistik

Sven Spieckermann

6.1 Einleitung

Ereignisdiskrete Simulation (Discrete Event Simulation; DES) erfreut sich als Methode zur Unterstützung von Planungs- und Steuerungsaufgaben einer großen Akzeptanz. Das bestätigen neben zahlreichen Veröffentlichungen (vgl. z.B. Wenzel et al. 2010; Jahangirian et al. 2010; Negahban und Smith 2014) nicht zuletzt unsere eigenen tagtäglichen Erfahrungen in zahlreichen Simulationsstudien mit Anwendern aus so unterschiedlichen Branchen wie Automobil, Bau, Bekleidung, Chemie, Intralogistik, Maschinenbau und Schiffbau.

Auf beidem – der eigenen Erfahrung und den teilweise sehr umfangreichen Übersichtsartikeln aus der Literatur – aufbauend, geht dieser Beitrag auf die Verknüpfung von Verfahren zur Kostenrechnung mit Simulationsmodellen ein. Ausgangspunkt ist die These, dass diese Verknüpfung bislang eine vergleichsweise unbedeutende Rolle einnimmt. Vor der Diskussion dieser These erfolgt im nächsten Abschnitt zunächst eine Differenzierung zwischen der Berücksichtigung von Kosten in der Simulation und der Verknüpfung von Verfahren zur Kostenrechnung mit der Simulation. Anschließend wird die These anhand einiger Zahlen aus den zitierten Literaturüberblicken von Simulationskonferenzen und aus der Anwendungspraxis belegt. Und schließlich geht der Beitrag der Frage nach, warum Kostenrechnungsverfahren nicht häufiger mit Simulationsmodellen verknüpft werden und versucht Hinweise zu geben, was aus Anwendersicht zu einer stärkeren Verbreitung der Kombination aus Kostenrechnung und Simulation führen könnte.

Sven Spieckermann
SimPlan AG, e-mail: sven.spieckermann@simplan.de

6.2 Kosten in ereignisdiskreten Simulationsmodellen

Eingangs- und Ergebnisgrößen von ereignisdiskreten Simulationsmodellen sind üblicherweise nicht-monetäre, logistische Kennzahlen. Bei den Ergebnissen dominieren Größen wie Durchsatz (Ausbringungsmenge des betrachteten Systems pro Zeiteinheit), Durchlaufzeit (als Verweilzeit zwischen definierten Punkten des betrachteten Systems), Bestände (als Anzahl von Teilen oder Aufträgen in definierten Bereichen oder Puffern des Systems) oder die Zustände von modellierten Ressourcen (vgl. z. B. Wenzel et al. 2010). Bei den Eingangsgrößen finden sich technisch geprägte Werte wie Bearbeitungs- oder Prozesszeiten, Transportzeiten, Rüstzeiten oder Verfügbarkeiten.

Kosten werden im Kontext dieser logistischen Ergebnis- und Eingangsgrößen regelmäßig *erwähnt*. So ist immer wieder von Rüstkosten, Bestandskosten (Kapitalbindungskosten) oder Transportkosten im Zusammenhang mit ereignisdiskreten Simulationsmodellen die Rede. In vielen Fällen werden die entsprechenden Kosten oder Kostensätze allerdings gar nicht direkt im Simulationsmodell mitgeführt. Vielmehr werden mit Hilfe des Simulationsmodells z. B. Prognosen über die Anzahl der Rüstvorgänge oder die Summe der Rüstzeiten ermittelt. Aus diesen produktionslogistischen Ergebnisgrößen werden dann im Anschluss an einen Simulationslauf die Rüstkosten berechnet. Oder es werden nach der Simulation anhand der im Modell ermittelten Bestände die Bestandskosten oder mittels der protokollierten Anzahl und Länge von Transporten die Transportkosten berechnet.

Aber selbst wenn ausgewählte Kosten im Simulationsmodell enthalten sind und während eines Simulationslaufes fortgeschrieben werden, heißt das noch lange nicht, dass die Simulation mit einem Kostenrechnungsverfahren verknüpft wäre. Dazu sind Ansätze wie Vollkostenrechnung oder Teilkostenrechnung in geeigneter Weise mit der Simulation zu verbinden. Labitzke (2011) beschreiben vier Stufen auf dem Weg zu einer zunehmend engeren Verknüpfung von Kostenrechnungsverfahren und Simulation. Die erste Stufe wird als „klassische Ablaufsimulation" bezeichnet, die laut Labitzke (2011) auf die logistische Analyse beschränkt ist (so dass bei dieser Stufe im Grunde natürlich keine Verknüpfung mit der Kostenrechnung vorliegt). Die zweite Stufe ist die „Simulationsbasierte Kostenrechnung", bei der Simulationsmodell und Kostenrechnungsmodell in getrennten Softwareumgebungen laufen und das eine Modell Ergebnisgrößen ermittelt, die als Eingangsgrößen im anderen Modell verwendet werden können. Typischerweise wird dabei das Simulationsmodell logistische Ergebnisgrößen bereitstellen, die dann im zweiten Schritt im Kostenrechnungsmodell monetär bewertet werden. Die sogenannte „Kostensimulation" als dritte Stufe ist laut Labitzke (2011) dadurch gekennzeichnet, dass Simulationsmodell und Kostenrechnungsmodell integriert sind und die Kosten fortwährend (typischerweise durch Ereignisse im logistischen Ablauf veranlasst) fortgeschrieben werden. Allerdings gebe es bei der Kostensimulation keine Rückwirkung aus der Kostenrechnung auf logistische Entscheidungen, was erst bei der vierten Stufe (der „wertorientierten Simulation") der Fall sei, bei der sich logistische Entscheidungen und Kostenrechnung fortlaufend wechselseitig beeinflussen. Im gleichen Beitrag sind auch vier Anforderungen genannt, die erfüllt sein müssen, damit von wertorientierter Simulation die Rede sein kann. Das Kostenrechnungsmodell muss die Ableitung von Entscheidungen unterstützen (und darf nicht lediglich Kosten „protokollieren"), die sachliche und zeitliche Detaillierung des Kostenrechnungsmodells muss hinreichend sein, das logistische Modell muss ebenfalls geeignet detailliert sein und schließlich muss eine wechselseitige Beeinflussung zwischen Kostenrechnungsmodell und logistischem Modell erfolgen (wertorientierte Steuerung). Die Autoren illustrieren die Anwendung der wertorientierten Simulation an einem Beispiel aus der Stahlindustrie.

Im Blatt zur Kostensimulation der Richtlinie 3633 (VDI 2001) des VDI (Verein Deutscher Ingenieure) finden sich für die „Simulationsbasierte Kostenrechnung" der Begriff „nachgeschaltete Kostensimulation" und für „Kostensimulation" der Begriff „integrierte Kostensimulation". Die „wertorientierte Simulation" im Sinne von Labitzke (2011) wird nicht diskutiert. Auffallend an den Beispielen in der Richtlinie ist, dass sie sich jeweils nicht auf Simulation und Kostenrechnung beziehen, sondern lediglich auf einzelne Kostenarten oder Bewertungen logistischer Kenngrößen mit Kosten.

Labitzke et al. (2009) geben einen Literaturüberblick über Ansätze zur Verknüpfung von Simulation mit Kostenrechnung und ordnen eine Reihe von Quellen hinsichtlich der oben beschriebenen Stufen ein. Unabhängig davon, inwieweit man der Einteilung in „Simulationsbasierte Kostenrechnung", „Kostensimulation" und „wertorientierte Simulation„ folgt, fällt auf, wie klein die Anzahl der in den Überblick aufgenommenen Arbeiten ist. Rund 20 Quellen werden angegeben, die zum überwiegenden Teil aus den neunziger Jahren des letzten Jahrhunderts stammen, wovon elf der simulationsbasierten Kostenrechnung und sieben der Kostensimulation zugerechnet werden. Die vergleichsweise kleine Zahl von einschlägigen Arbeiten bestätigt sich auch an anderer Stelle. Im Literaturüberblick von Negahban und Smith (2014) befassen sich unter den 290 zusammengetragenen Artikeln gerade einmal fünf mit Kosten. Fast das gleiche Zahlenverhältnis (fünf aus 281) findet sich in Jahangirian et al. (2010) wobei dort sogar „financial management" (inklusive Kostenschätzung und Kostenrechnungsverfahren) als eine explizite Kategorie für die Recherche Verwendung gefunden hat. Bei den jährlich stattfindenden Winter Simulation Konferenzen (WSC), den weltweit größten Simulationstagungen, gibt es in den zurückliegenden Jahren unter mehreren hundert Beiträgen pro Tagungsband jeweils einige wenige, die sich mit Kosten oder Kostenrechnungsverfahren befassen (vgl. z. B. Yilmaz et al. 2015 oder Tolk et al. 2014). Bei der Betrachtung der Konferenzprogramme der vergangenen Jahre fällt weiterhin auf, dass es im Unterschied zu zahlreichen anderen Themengebieten wie Logistik, Produktion, Militär, Gesundheitswesen oder Bauindustrie für Kostenrechnung auch keinen eigenen Konferenzschwerpunkt gibt.

Ein ähnliches Bild zeigt sich bei deutschen Simulationstagungen. Bei der letzten Fachtagung Simulation in Produktion und Logistik der ASIM (Arbeitsgemeinschaft Simulation) im Jahr 2015 gab es unter rund 80 Artikeln lediglich einen Beitrag, der das Thema Kosten und Kostenrechnung etwas umfassender aufgegriffen hat Kühn et al. (2015).

Der Vollständigkeit halber sei an dieser Stelle erwähnt, dass es im Bereich der Kostenrechnung durchaus eine Reihe weiterer Veröffentlichungen gibt, in denen Simulation eine Rolle spielt. Das zeigt sich etwa im Überblick von Grisar und Meyer (2016). Allerdings geht es bei den dort betrachteten Modellen fast ausschließlich um statische Berechnungen (überwiegend durch Monte-Carlo-Simulation) ohne explizite ereignisorientierte Modellkomponenten für die Simulation von Produktion oder Logistik.

Auch unsere Erfahrungen aus der alltäglichen Simulationspraxis bestätigen den Eindruck, der sich aus der Literatur ergibt. In rund 25 Jahren Simulationspraxis mit mittlerweile fast 300 kommerziellen Simulationsstudien pro Jahr, ist es bislang gerade einmal zu einem (!) Projekt gekommen, bei dem explizit auch ein Kostenrechnungsverfahren modelliert wurde. Bei den übrigen Studien handelt es sich im Sinne der oben eingeführten vier Stufen zum überwiegenden Teil um „klassische Ablaufsimulation". Das passt insoweit zur Analyse von Labitzke (2011), als dort argumentiert wird, dass gerade die externe Vergabe von Simulationsstudien der Einbeziehung von Kosten im Wege stünde. Das liege zum einen daran, dass sich dann (vermutlich durch den höheren Aufwand für die Modellierung und Datenbereitstellung, ohne dass Labitzke (2011) dies explizit benennen würden), die Dauer der Durchführung des Simulationsprojektes verlängere, was insbesondere der externe Simulationsdienstleister nicht wünsche. Zum anderen gebe es beim Auftraggeber möglicherweise Vorbehalte bezüglich der Weitergabe der in besonderer Weise sensiblen Kosteninformationen an den externen Partner. Unser Eindruck aus der täglichen Praxis ist allerdings eher der, dass die logistische und die betriebswirtschaftliche Bewertung von Produktions- und Logistiksystemen oft zeitlich und organisatorisch derart auseinanderfallen, dass in der Regel keiner der Beteiligten auf die Idee kommt, beides in einem Modell zusammenzufassen.

Insgesamt bestätigt der nähere Blick auf Literatur und Anwendungspraxis offensichtlich die einleitend formulierte These, dass die Verbindung der Simulation von Produktions- und Logistikanlagen mit Kostenrechnungsverfahren nur wenig verbreitet ist.

6.3 Gründe für die Rolle der Kostenrechnung in der ereignisdiskreten Simulation

Der Diskussion über die Ursachen für die seltene Vernetzung von Kostenrechnung und Simulation sei zunächst einmal vorweggeschickt, dass die Durchführung von „klassischen Simulationsstudien" (im Sinne von Labitzke (2011)) auch vor dem Hintergrund jahrzehntelanger Erfahrungen und stetig besser werdender technischer Möglichkeiten in Form leistungsfähiger Hard- und Software immer noch eine überaus anspruchsvolle Aufgabe ist. Datensammlung, Datenaufbereitung, Modellierung und Ergebnisinterpretation werden in vielen Fällen von Spezialisten in „Handarbeit" durchgeführt. Dies zeigt sich beispielsweise in entsprechenden Diskussionen über die Verbesserung der Qualität von Simulationsstudien (vgl. z. B.

Wenzel et al. 2010) oder über die Notwendigkeit von Simulationsassistenzsystemen (vgl. Mayer et al. 2012). Die qualifizierte Durchführung von Simulationsstudien erfordert fundierte Grundlagenkenntnisse in Bereichen wie Software Engineering, Operations Research und Statistik. Ohne hinreichende Beherrschung dieser Grundlagen können bei der Datenaufbereitung, der Modellierung oder der Bewertung von Simulationsergebnissen Fehler auftreten, vor denen die verfügbare Simulationssoftware nicht schützen kann (vgl. z. B. Law 2007, S. 76–77). Der Analyse-, Abstraktions- und Modellierungsprozess erfordert mitunter so viel Erfahrung, dass gelegentlich davon die Rede ist, dass Simulation ebenso sehr Kunst wie Wissenschaft sei (vgl. z. B. Shannon (1998) sowie die Ausführungen dazu in Rabe et al. (2008, S. 70)). Sowohl an der Notwendigkeit, die genannten Grundlagen zu beherrschen als auch an der für die Modellierung notwendigen Erfahrung, ändert die vergleichsweise große Zahl „klassischer Simulationsstudien" nichts.

Ein Blick auf die Simulationssoftwarewerkzeuge, die für die ereignisorientierte Simulation in Produktion und Logistik zum Einsatz kommen, zeigt, dass Kosten oder Kostenrechnung in den gängigen Werkzeugen keine Rolle oder bestenfalls eine Nebenrolle spielt. In der jüngsten Ausgabe der im zweijährigen Turnus erscheinenden Marktübersichten über (vorwiegend) ereignisdiskrete Simulationssoftware von Swain (2015), benennen die Softwarehersteller bei drei der 55 aufgeführten Werkzeuge die Betrachtung von Kosten als einen der Anwendungsschwerpunkte. Zwei dieser drei Werkzeuge sind allerdings auf die Durchführung von Monte-Carlo-Simulationen beschränkt und sind insoweit für die Simulation von Produktions- und Logistiksystemen nicht geeignet. Im Wesentlichen ist die ereignisorientierte Simulationssoftware hinsichtlich der Berücksichtigung von Kosten immer noch auf dem Stand, den Wunderlich (2002, S. 46–49) beschrieben hat: Kosten lassen sich über zusätzliche Attribute bereits vorhandenen Modellelementen mitgeben. Für die Zurechnung der Kosten zu Kostenträgern muss der Modellierer dann geeignete Mechanismen in seinem Modell selbst ergänzen, eine direkte Unterstützung durch die Simulationssoftware gibt es nicht.

Hinsichtlich der Integration von Kostenrechnungsverfahren in ereignisorientierte Simulationswerkzeuge ist also in den vergangenen Jahren so gut wie keine Aktivität der Softwarehersteller erkennbar. In diesem Kontext sei ein Seitenblick erlaubt und angemerkt, dass sich die Situation bei der Integration von Energie- und Medienverbräuchen ganz anders verhält. Bei diesen ebenfalls nicht-logistischen Einflüssen auf klassische Simulationsmodelle in Produktion und Logistik haben eine Reihe von Softwarehäusern Ergänzungen ihrer Werkzeuge vorgenommen (vgl. z. B. Thiede et al. 2013), offensichtlich getrieben von der verstärkt aufgekommenen Nachfrage. Natürlich ist ein Treiber hinter der stärkeren Berücksichtigung etwa des Stromverbrauchs in den ereignisdiskreten Simulationsmodellen die Kostensituation bei der Energiebeschaffung. Eingang in die Modellierung selbst finden gleichwohl die Energieverbräuche; die Kosten werden in der Regel nachgelagert betrachtet.

Insgesamt ist die Zurückhaltung der Softwarehersteller und die fehlende Berücksichtigung von Kostenrechnungsverfahren in den Simulationswerkzeugen allerdings sicher eher ein Symptom als eine Ursache der kleinen Anzahl entsprechender Projekte und Studien.

Eher ursächlich ist sicher, dass mit der Verknüpfung von Kostenrechnung und Simulation der Aufwand für die Modellierung und vor allem für die Datenerfassung deutlich zunimmt. Eine Modellierungsaufgabe, die, wie zu Beginn dieses Kapitels skizziert, ohnehin anspruchsvoll ist, wird noch anspruchsvoller. Und die Datenbeschaffung, die bereits für die logistische Aufgabenstellung viel Zeit und Aufwand erfordert, wird noch aufwändiger. Dabei dürfte es im Gegensatz zur Vermutung von Labitzke (2011) allerdings kaum eine Rolle spielen, ob eine Studie an einen externen Partner vergeben wird oder nicht. Im Gegenteil, externe Dienstleister haben möglicherweise durchaus ein Interesse daran, die mit der Simulation untersuchten Umfänge zu erweitern und durch das Angebot von Leistungen rund um die Kostensimulation und Kostenrechnung mit einem breiteren Portfolio agieren zu können. Entscheidend dürfte eher sein, dass mangels eines standardisierten Verfahrens für die Kostenrechnung in der Simulation, jeweils projektindividuelle Lösungen, d. h. Einzelfallimplementierungen des Kostenrechnungsmodells, entstehen müssen. Das kann dazu führen, dass aus einigen Wochen, die in der Regel für die logistische Simulationsaufgabe eingeplant sind, einige Monate für ein integriertes Modell werden.

Auch wird bei der gemeinsamen Betrachtung von Kosten und Logistik der Kreis der Projektbeteiligten sofort deutlich größer, da logistische und betriebswirtschaftliche Daten nicht von den gleichen Abteilungen oder Personen verwaltet und bearbeitet werden und nicht in den gleichen IT-Systemen vorliegen. Auch das führt zu deutlich steigendem Aufwand.

Dazu kommt, dass insbesondere ereignisdiskrete Simulationen heute nach wie vor ganz überwiegend während der Planung eines Produktions- oder Logistiksystems eingesetzt werden. Dieser Simulationseinsatz in der Planung findet dann statt, wenn es zumindest ein Konzept für das reale System gibt, das dann mit Hilfe der Simulation bewertet wird. Nun ist allerdings noch vor der Entscheidung, mit der Planung eines Systems zu beginnen, eine grundsätzliche unternehmerische Entscheidung darüber zu treffen, ob und in welchem Umfang überhaupt in ein neues Produktions- oder Logistiksystem investiert werden soll. Mit dieser unternehmerischen Entscheidung werden Rahmenbedingungen zu Investitionen und Betriebskosten festgelegt, die abhängig sind von Faktoren wie Markterwartungen, Finanzierungskosten oder Arbeitskosten. Diese Rahmenbedingungen ergeben sich lange vor Beginn der Planung und noch länger vor Beginn der Simulation und sie werden normalerweise auch nicht aufgrund der Ergebnisse aus der Planung oder der Simulation verändert. Insofern kann die Simulation zwar dazu beitragen, die Einhaltung der Rahmenbedingungen zu prüfen, aber es gibt keine unmittelbare Wechselwirkung zwischen betriebswirtschaftlichen Entscheidungen und produktionslogistischen Entscheidungen in der Planung.

Diese Aufteilung der Entscheidungen ist einer integrierten Kostenrechnung und Simulation nicht förderlich und spiegelt sich auch in den Qualifikationen der beteiligten Personen wieder. In vielen Fällen sind an der Planung und Simulation der Produktions- und Logistiksysteme überwiegend Ingenieure beteiligt, deren vorrangiges Ziel es ist, eine gute technische Lösung für das zu planende System zu finden. Kosten spielen dabei nur insoweit eine Rolle, als die geplante Lösung die eben beschriebenen Rahmenbedingungen einhalten muss. Für eine häufigere Einbeziehung von Kostenrechnungsverfahren in die Simulation wäre vermutlich eine stärkere Einbeziehung von Betriebswirten in diese technisch geprägten Projektphasen erforderlich. Idealerweise sind für das vollständige Verständnis dessen, was unter dem Begriff wertorientierter Simulation skizziert worden ist, profunde Kenntnisse aus beiden Teilbereichen – der Kostenrechnung und der Produktionslogistik – erforderlich.

6.4 Zusammenfassung und Ausblick

Dieser Beitrag hat kritisch diskutiert, dass die kombinierte Anwendung von Kostenrechnungsverfahren und ereignisdiskreter Simulation in der konkreten Umsetzung insbesondere in kommerziellen Simulationsstudien noch ganz am Anfang steht. Es gibt hilfreiche Systematisierungen der denkbaren Verknüpfungen zwischen Kostenrechnung und Simulation, und es gibt einige Anwendungsbeispiele im vorwiegend wissenschaftlichen Kontext. Dabei ist im Einzelfall und vor allem auch bei den Anwendungsfällen aus der Praxis kritisch zu hinterfragen, inwieweit jeweils Simulation mit Kostenrechnung kombiniert wird, oder ob lediglich einzelne Kostenarten mit Hilfe der Simulation genauer analysiert werden. Auch das hat dieser Artikel problematisiert.

Anlass zur Hoffnung für eine stärkere Wiederbelebung der Kostensimulation gibt die in jüngster Zeit gewachsene Aufmerksamkeit im Umfeld von Gremien der ASIM und des VDI für das Thema. Es wird spannend sein zu verfolgen, ob sich daraus eine erhöhte Durchdringung kombinierter Anwendungen von Simulation und Kostenrechnung ergibt – gerade auch in kommerziellen Simulationsanwendungen.

Literatur

Grisar, Cathérine und Matthias Meyer (2016). "Use of simulation in controlling research: A systematic literature review for German-speaking countries". In: *Management Review Quarterly* 66.2, S. 117–157.

Jahangirian, Mohsen et al. (2010). "Simulation in manufacturing and business: A review". In: *European Journal of Operational Research* 203.1, S. 1–13.

Kühn, Mathias et al. (2015). "Sensitivitätsanalyse eines Kostenmodells zur Ableitung von Kriterien für die simulationsbasierte Optimierung". In: *16. ASIM-Fachtagung Simulation in Produktion und Logistik*.

Labitzke, Niklas (2011). *Wertorientierte Simulation zur taktischen Planung logistischer Prozesse der Stahlherstellung: Zugl.: Braunschweig, Techn. Univ., Diss., 2010*. 1. Aufl. Gabler Research. Wiesbaden u.a.: Gabler.

Labitzke, Niklas et al. (2009). "Applying decision-oriented accounting principles for the simulation-based design of logistics systems in production". In: *Proceedings - Winter Simulation Conference*, S. 2496–2508.

Law, Averill M. (2007). *Simulation modeling and analysis*. 4. ed. McGraw-Hill series in industrial engineering and management science. Boston: McGraw-Hill.

Mayer, Gottfried et al. (2012). "Steigerung der Produktivität in Simulationsstudien mit Assistenzwerkzeugen". In: *Zeitschrift fur Wirtschaftlichen Fabrikbetrieb* 107.3, S. 174–177.

Negahban, Ashkan und Jeffrey S. Smith (2014). "Simulation for manufacturing system design and operation: Literature review and analysis". In: *Journal of Manufacturing Systems* 33.2, S. 241–261.

Rabe, Markus et al. (2008). *Verifikation und Validierung für die Simulation in Produktion und Logistik: Vorgehensmodelle und Techniken*. VDI-Buch. Berlin und Heidelberg: Springer.

Shannon, Robert E. (1998). "Introduction to the art and science of simulation". In: *Winter Simulation Conference Proceedings* 1, S. 7–14.

Swain, James J. (2015). "Simulated Worlds". In: *OR MS TODAY* 42.5, S. 40–59.

Thiede, Sebastian et al. (2013). "Environmental aspects in manufacturing system modelling and simulation—State of the art and research perspectives". In: *CIRP Journal of Manufacturing Science and Technology* 6.1, S. 78–87.

Tolk, Andreas et al. (2014). *Proceedings of the 2014 Winter Simulation Conference*. Piscataway: IEEE.

VDI (2001). *VDI 3633-Richtlinie Blatt 7 „Simulation von Logistik-, Materialfluss- und Produktionssystemen – Kostensimulation"*. Berlin: Beuth.

Wenzel, Sigrid et al. (2010). "Simulation in production and logistics: Trends, solutions and applications". In: *Lecture Notes in Business Information Processing*. Bd. 46 LNBI, S. 73–84.

Wunderlich, Jürgen (2002). *Kostensimulation: Simulationsbasierte Wirtschaftlichkeitsregelung komplexer Produktionssysteme*. Bamberg: Meisenbach.

Yilmaz, Levent et al. (2015). *Proceedings of the 2015 Winter Simulation Conference*. IEEE: Piscataway.

Kapitel 7
Verschiedene Möglichkeiten zur Berücksichtigung von Kostenaspekten im Rahmen der Simulationsbewertungsfunktion der Optimierung

Ulrike Stumvoll

7.1 Einleitung

Module zur Materialbedarfsplanung und Disposition sind wichtige Bestandteile von Enterprise-Resource-Planning (ERP) Systemen. Mit Hilfe einer Vielzahl von Planungsparametern können die in diesen Systemen hinterlegten Algorithmen an die spezifischen Gegebenheiten in einem Unternehmen angepasst werden. Pro Material können z. B. die Parameter Vorlaufzeit, Losgrößenheuristik und die Losgrößenmodifikatoren eingestellt werden, welche die Materialbedarfsplanung beeinflussen. Bei der Einstellung der Dispositionsparameter eines ERP-Systems wird zwischen der Parameterinitialeinstellung und der Parameterpflege im laufenden Betrieb unterschieden. Die Parameter sind im laufenden Betrieb nach einer wesentlichen Änderung von Umweltfaktoren oder des Produktionssystems, mindestens jedoch einmal jährlich zu prüfen und ggfs. anzupassen (Jodlbauer 2008).

Die korrekte Einstellung der Dispositionsparameter hat auf die Kennzahlen Terminabweichung, Kapitalbindung und Durchsatz gravierende Auswirkungen. Dies zeigen die von (Dittrich et al. 2009) wiedergegebenen und mit Hilfe von Simulation durchgeführten Untersuchungen. Vor jeder Durchführung der Materialbedarfsplanung sollte somit ein Disponent die Entscheidung treffen, ob die Parameter im Hinblick auf das Zielsystem eines Unternehmens anzupassen sind. Das Treffen einer Entscheidung ist dabei kein punktueller Akt sondern ein Vorgang, der sich im Zeitablauf vollzieht (Schiemenz und Schönert 2005). Der Entscheidungsprozess besteht aus den folgenden fünf Phasen: *Anregung, Suche, Auswahl, Vollzug* und *Kontrolle* (Heinen 1985).

Das Konzept des *s*imulationsbasierten *A*ssistenzsystems zur *E*ntscheidungsunterstützung bei der *P*flege von *P*lanungsparametern (SAEPP) eines ERP-Systems im laufenden Betrieb wurde von Stumvoll et al. (2015) entwickelt. Durch dieses

---
Ulrike Stumvoll
Ostbayerische Technische Hochschule Regensburg, e-mail: ulrike.stumvoll@t-online.de

System wird ein Disponent in allen Phasen des betrieblichen Entscheidungsprozesses bei der Pflege der Planungsparameter im laufenden Betrieb unterstützt. Dabei werden durch die Heuristik Simulated Annealing Handlungsalternativen erzeugt, welche anschließend im Rahmen eines Probebetriebs in einem Simulationsmodell getestet werden. Bei der Bewertung der Simulationsergebnisse werden neben den Kennzahlen Termintreue, Durchlaufzeit, Auslastung und Bestand auch die Kosten, die durch eine Änderung einer Parametereinstellung entstehen, berücksichtigt. In diesem Beitrag werden verschiedene Möglichkeiten zur Berücksichtigung von Kostenaspekten im Rahmen der Simulationsbewertungsfunktion der Optimierung aufgezeigt (siehe Kapitel 7.2). Die im Assistenzsystem SAEPP gewählte Vorgehensweise wird detailliert in Kapitel 7.3 vorgestellt.

7.1.1 Grundsätzlicher Ablauf: Simulation als Bewertungsfunktion der Optimierung

Wird die Simulation durch die Optimierung bzw. ein heuristisches Verfahren gestartet und stellen die Ergebnisdaten der Simulation die Grundlage für eine Bewertung des dynamischen Verhaltens des abgebildeten Produktionssystems dar, so wird diese Kopplung von Simulation und Optimierung mit dem Stichwort *„Simulation als Bewertungsfunktion der Optimierung"* bezeichnet. Durch das Optimierungsverfahren, das die Alternativensuche repräsentiert, wird eine alternative Handlungsmöglichkeit erzeugt (März et al. 2011). Diese Alternative wird in das Simulationsmodell übernommen und ein Simulationslauf durchgeführt, welcher wiederum zu Simulationsergebnissen führt. Damit diese Ergebnisse bewertet werden können, muss vorab eine Güte- bzw. Zielfunktion, welche eine Aussage über das Potenzial der betrachteten Lösung liefert, aufgestellt worden sein (Kühn 2006).

Durch das Optimierungs- bzw. heuristische Suchverfahren werden iterativ neue alternative Handlungsmöglichkeiten erzeugt für die weitere Simulationsläufe durchgeführt werden. Die Ergebnisse werden wiederum anhand der Gütefunktion bewertet. (Kühn 2006) Der beschriebene Ablauf wird so lange fortgesetzt, bis ein Abbruchkriterium des Optimierungsverfahrens erfüllt ist. Ist ein Kriterium erfüllt, so wird die günstigste Handlungsalternative ausgewählt und als Lösungsvorschlag ausgegeben.

Heuristische Verfahren werden häufig angewendet, wenn die Komplexität eines Optimierungsproblems die Lösung mittels exakter Verfahren verhindert (Völker und Schmidt 2010). Eine entsprechende Komplexität liegt im Kontext der Pflege der Planungsparameter eines ERP-Systems vor. So können für die Parameter „Maximale Losgröße", „Minimale Losgröße" und den Rundungswert im SAP-System pro Produkt Werte in einem Bereich von 0–9.999.999.999 festgelegt werden. Der Wert 0 entspricht dabei einer Deaktivierung des jeweiligen Parameters. Für den Parameter Vorlaufzeit eines Produktes ist eine Einstellung von 0–999 Tagen im SAP-System möglich. Zudem kann zwischen vier unterschiedlichen Losgrößenheuristiken gewählt werden. Ohne Betrachtung der Restriktion „Minimale Losgröße $\leq$ Maximale

Losgröße" und „Rundungswert ≤ Maximale Losgröße" ergibt sich ein maximaler Raum von $5 \cdot 10^{33}$ möglichen Alternativen pro Produkt. Die mögliche Anzahl an Alternativen wird zudem durch die Anzahl an Produkten bestimmt. Das Sortiment der Würth-Gruppe umfasst z. B. über 100.000 Artikel (Seebauer 2007). Bei einem solchen Aktionenraum ist es mit Hilfe eines Simulationslaufes, nicht möglich für jede Handlungsalternative, die für die Bewertung erforderlichen Ergebnisse d. h. die zukünftigen Auswirkungen auf das Zielsystem, zu bestimmen.

Für das simulationsbasierte Assistenzsystem SAEPP wurde deshalb ein eigener *A*lgorithmus zur *E*rmittlung *a*lternativer *P*arametereinstellungen (AEAP) konzipiert. Dieser besteht aus zwei Teilen. Im regelbasierten „Teil 1" wird für einen Parameter eine Startlösung, basierend auf bestehenden Erkenntnissen in der Literatur, erzeugt. In „Teil 2" des Algorithmus wird, unter Verwendung der Heuristik Simulated Annealing, der Einstellungsvorschlag für den betrachteten Parameter weiter verbessert. Die Vorgehensweise dieses Algorithmus ist in Stumvoll et al. (2013) beschrieben.

7.1.2 Zielsystem der Produktionsplanung und -steuerung

Bei der Aufstellung einer Bewertungsfunktion ist immer die jeweilige Zielsetzung der Optimierung zu berücksichtigen. Die Zielsetzung bzw. das Zielsystem ist eine zentrale Einflussgröße eines jeden Entscheidungsprozesses (Heinen 1985). Ein im Kontext der Produktionsplanung und -steuerung weit verbreitetes Zielsystem stammt von Wiendahl (2008). Dieses beinhaltet die Größen hohe Termintreue, niedrige Durchlaufzeit, hohe Auslastung und niedrige Bestände sowie im Kern die Wirtschaftlichkeit. In diesem Zusammenhang sind die Kosten, die durch eine Änderung einer Parametereinstellung entstehen, zu berücksichtigen. Diese Kosten können von einem Prozesskostensatz, wie z. B. der Maschinenlaufzeit abhängen, bzw. auch sprungfix sein, wie z. B. die Anzahl an benötigten Transportbehältern.

Die Einstellung der Parameter Vorlaufzeit, „Maximale Losgröße", „Minimale Losgröße", Rundungswert und die Wahl der Losgrößenheuristik haben eine Auswirkung auf den Zeitpunkt, zu dem ein Fertigungsauftrag erzeugt wird bzw. auf die Größe und Anzahl der erzeugten Lose. Diese Aspekte stehen wiederum in einem Wirkungszusammenhang mit dem Zielsystem der Produktionsplanung und -steuerung. In der Literatur wird dieser Zusammenhang auch als „Action Parameters - Performance Indicators Relationship" bezeichnet. (Damand et al. 2013)

Durch den Action Parameter „Minimale Losgröße" wird z. B. ein Los, das die festgelegte Untergrenze unterschreitet, auf den hinterlegten Wert erhöht. Es werden somit zusätzliche Mengeneinheiten produziert, wodurch es sein kann, dass für Bedarfsmengen späterer Perioden dann kein Los mehr gebildet wird. Somit werden weniger Produktionsaufträge erzeugt. Dies bedeutet wiederum weniger Rüstzeiten bei einer Ressource, an der mehrere unterschiedliche Erzeugnisse bearbeitet werden bzw. wenn eine Rüstung nach jedem Los erforderlich ist. D. h. eine positive Auswirkung auf den Performance Indicator Auslastung und die Rüstkosten, jedoch nicht auf die Durchlaufzeit. Zwischen den einzelnen Action Parametern können nichtlineare Effekte, positive Verbund- und schädliche Nebenwirkungen auftreten (Mertens et al. 1991). Deshalb ist die Bewertung einer alternativen Parametereinstellung, auf Basis von Simulationsergebnissen, zielführend.

7.2 Möglichkeiten zur Berücksichtigung von Kostenaspekten in der Bewertungsfunktion

Liegt ein multikriterielles Optimierungsmodell vor, so ist die Einführung einer Meta-Zielfunktion erforderlich. Durch diese Funktion entsteht ein einkriterielles Modell (Domschke und Scholl 2005). Grundsätzlich ist es wichtig, da oft mehrere Personen am Entscheidungsprozess beteiligt sind und komplexe Zielkonflikte beachtet werden müssen, eine verständliche Bewertungsmethode zu definieren (Drews und Hillebrand 2007). Erschwert wird dies, wenn das Zielsystem neben den Kostenaspekten auch nicht-monetäre Aspekte beinhaltet. Verschiedene Möglichkeiten zur Aufstellung einer Bewertungsfunktion werden nachstehend aufgezeigt.

7.2.1 Monetäre Bewertung des Nutzens und der Kosten

Bei der Kosten-Nutzen-Analyse werden sowohl die Kosten als auch die übrigen Kriterien zur Bewertung einer Alternative in monetären Größen ausgedrückt (Schulte-Zurhausen 2014). Unter letzteren werden der wahrscheinliche Nutzen und die möglichen Einnahmen verstanden (Koch 2011). Sind alle Kriterien monetär bewertet worden, so werden die Kosten ins Verhältnis zum Nutzen gesetzt (Schulte-Zurhausen 2014). Als günstigste Lösung ist bei dieser Methode die Handlungsweise mit dem besten Kosten-Nutzen-Verhältnis auszugeben (Koch 2011).

Jedoch können nicht immer alle Nutzenarten klar dargestellt und sinnvoll in Geldeinheiten bewertet werden (Drews und Hillebrand 2007). So werden z. B. Menschenleben und Umweltschutz nicht bzw. nur umstritten monetär beziffert (Koch 2011). Im Kontext der Produktionslogistik ist die Umwandlung der Termintreue in Fehlmengenkosten hoch brisant (Kernler 1994). Neben Konventionalstrafen umfassen die Fehlmengenkosten auch entgangene Erträge aufgrund der Abwendung von Kunden sowie Opportunitätskosten von Goodwill-Verlusten bei Kunden (Steven 2007).

7.2.2 Nicht-monetäre Bewertung des Nutzens und der Kosten

Bei der Methode der Nutzwertanalyse werden alle im Hinblick auf das Zielsystem relevanten Kriterien mit Punkten, d. h. nicht-monetär, bewertet. Das Vorteilhaftigkeitskriterium ist somit eine dimensionslose Ordnungszahl, welche sich aus der Punktbewertung ergibt. Diese Zahl wird als Nutzwert bezeichnet. (Möller 1988)

Sind einzelne Größen z_j des Zielsystems eines Unternehmens wichtiger als andere, so können die Teilurteile über den Nutzen nicht einfach aufaddiert werden, sondern müssen vorher mit Gewichtungsfaktoren g_j multipliziert werden (Möller 1988). Der Nutzwert N_i einer Lösung i ergibt sich dann aus der Summe der Teil-Nutzwerte, welche durch die Multiplikation von Teilurteil n_{ij} und Gewichtungsfaktor g_j entstehen (Möller 1988). Entsprechend dem ermittelten Nutzwert wird eine Rangordnung der verschiedenen Alternativen erstellt (Drews und Hillebrand 2007). Die nachstehende Abbildung 7.1 zeigt ein Beispiel einer Nutzwertanalyse.

Ziele	Gewichtung	Unterlassungsalternative			Lösungsalternativen A_i					
					Alternative A_1			Alternative A_2		
Z_j	g_j	Ergebnis	n_{ij}	$g_i n_{ij}$	Ergebnis	n_{ij}	$g_i n_{ij}$	Ergebnis	n_{ij}	$g_i n_{ij}$
Z_1	60	11 Tag	1	60	8 Tage	10	600	8,5 Tage	8.5	510
Z_2	40	1,7 Tage	1	40	1,4 Tage	7.75	310	1,3 Tage	10	400
	$\sum = 100$	$N_U = 100$			$N_1 = 910$			$N_2 = 910$		

Abbildung 7.1 Beispiel einer Nutzwertanalyse (in Anlehnung an Schulte-Zurhausen 2014)

Bei der Nutzwertanalyse ist darauf zu achten, dass alle Handlungsalternativen nach einheitlichen Maßstäben beurteilt werden (Möller 1988). Als Skalen können u. a. Punkteskalen, Rangskalen oder Notenskalen verwendet werden (Drews und Hillebrand 2007). In dem in Abbildung 7.1 dargestellten Beispiel werden sehr gute Lösungen mit zehn Punkten und gerade noch genügende Lösungen mit einem Punkt bewertet. Es wird demzufolge die Alternative als günstigste Lösung angesehen, bei welcher der höchste Nutzwert erreicht wird (Schulte-Zurhausen 2014). Dies ist im obigen Beispiel bei der Alternative A_1 und A_2 mit jeweils einem Nutzwert von 910 Punkten der Fall.

Bei der Nutzwertanalyse wird der Nutzwert als alleiniges Vorteilhaftigkeitskriterium verwendet. Somit müssen die Kosten auch als ein Teilziel berücksichtigt, d. h. gewichtet und mit Punkten bewertet werden. Dieser Schritt ist sehr problematisch, da eine direkte Beziehung zwischen den Nutzen-Punkten und den Kosten hergestellt wird. (Möller 1988)

7.2.3 Zieldominanz unter Berücksichtigung von Schranken

Bei der Möglichkeit Zieldominanz unter Berücksichtigung von Schranken ist eine einheitliche Einheit der Kriterien des Zielsystems, im Vergleich zu den beiden vorherigen Vorgehensweisen, nicht erforderlich. Es werden somit nicht-monetäre Größen und Kosten gemeinsam in der Bewertungsfunktion berücksichtigt. Damit dies möglich ist, muss eines der zu verfolgenden Ziele zum Hauptziel deklariert werden. In Form von $\leq$ bzw. $\geq$ Nebenbedingungen werden die übrigen Größen in der Zielfunktion berücksichtigt. (Domschke und Drexl 2005) Nur Alternativen, welche die definierten Bedingungen einhalten, sind zulässig und werden bei der Bestimmung der besten Alternative berücksichtigt.

Es wird somit nach der Zielfunktion, die für den Anwender die größte Bedeutung hat, optimiert. Durch die Einbeziehung von Ober- bzw. Untergrenzen für die restlichen Ziele wird jedoch verhindert, dass diese Zielgrößen sehr hohe bzw. niedrige Werte annehmen. (Dinkelbach und Kleine 1996) Die Schranken werden in der Literatur auch als Anspruchsniveaus bezeichnet. Bei der Festlegung dieser ist zu beachten, dass unter Umständen der Zielerreichungsgrad des Hauptziels beschnitten oder die Menge der zulässigen Lösungen sogar leer ist, wenn diese ungünstig gewählt werden. Dies ist zu vermeiden. (Domschke und Drexl 2005)

7.2.4 Kosten-Wirksamkeits-Analyse

Die Kosten-Wirksamkeits-Analyse ist eine Kombination der Kosten-Nutzen-Analyse und der Nutzwertanalyse. Letztere wird dabei nur auf die nicht in Geldeinheiten quantifizierbaren Kriterien angewendet, wodurch eine Aussage über die Wirksamkeit einer Lösung vorliegt (Schulte-Zurhausen 2014). Die monetären Kosten gehen unverändert in die Kosten-Wirksamkeits-Analyse ein. Es werden die Kosten- und Nutzenaspekte somit gemeinsam betrachtet, ohne dass eine problematische Umwandlung von nicht-monetären Größen in monetäre Größen oder umgekehrt erfolgt (Möller 1988).

Die Kostenkriterien und die übrigen Kriterien werden bei der Kosten-Wirksamkeits-Analyse zunächst getrennt voneinander betrachtet (Schulte-Zurhausen 2014). Nicht-monetäre Größen werden unter Verwendung der Nutzwertanalyse qualitativ bewertet, wohingegen Kosten monetär in Geldeinheiten (GE) z. B. über die Kapitalwertmethode oder die Kostenvergleichsrechnung bewertet werden können (Koch 2011). Eine Gewichtung der Kostenkriterien ist dabei nicht erforderlich (Schulte-Zurhausen 2014).

Anschließend werden die Kosten- und Wirtschaftlichkeitszahlen einer Alternative A, wie in Formel 9.1 dargestellt, durch Division zueinander ins Verhältnis gesetzt. Dies führt zu einer Kosten-Wirksamkeits-Kennziffer, welche ausdrückt mit welchen Kosten ein Punkt auf der Wirksamkeitsskala verbunden ist (Schulte-Zurhausen 2014).

$$Kosten - Wirksamkeits - Kennziffer_A = \frac{Kosten_A}{Nutzwert_A} \qquad (7.1)$$

Als günstigste Alternative wird die Handlungsalternative ausgegeben, bei welcher die Kosten-Wirksamkeits-Kennziffer am kleinsten ist (Koch 2011). Das Ergebnis dieser Analysemethode kann grafisch visualisiert werden (Schulte-Zurhausen 2014).

7.3 Anwendungsbeispiel: Berücksichtigung der Kostenaspekte bei der Bewertung unterschiedlicher Einstellungen der Planungsparameter eines ERP-Systems

In diesem Kapitel wird aufgezeigt, wie die Berücksichtigung von Kostenaspekten bei der Bewertung unterschiedlicher Parametereinstellungskombinationen im simulationsbasierten Assistenzsystem SAEPP erfolgt. Zuerst wird beschrieben, wie das Zielsystem in der Administration dieses Systems zu hinterlegen ist (siehe Kapitel 7.3.1). Darauf aufbauend wird in Kapitel 7.3.2 der Ablauf, unter Verwendung eines theoretischen Beispiels, aufgezeigt.

7.3.1 Hinterlegung des Zielsystems

Im Rahmen des Bewertungsschemas des Systems SAEPP wird die Kosten-Wirksamkeits-Analyse eingesetzt, da diese Methode eine fundierte Aussage über die Wirtschaftlichkeit verschiedener Handlungsalternativen ermgölicht (Koch 2011). Demzufolge wird bei der Hinterlegung des Zielsystems in der Administration zwischen monetären und nicht-monetären Größen unterschieden. Die nachstehende Abbildung 7.2 zeigt die Einstellungen im Abschnitt Zielsystem für ein frei gewähltes Fallbeispiel.

Die Auswirkungen auf die Größen Verspätung und Durchlaufzeit werden, aufgrund der problematischen Umwandlung, nicht-monetär bewertet (siehe Kapitel 7.2.1). In diesem Fallbeispiel wird angenommen, dass dem Unternehmen eine hohe Termintreue wichtiger ist als eine geringe Durchlaufzeit. Dies wird bei der Nutzwertanalyse durch unterschiedliche Gewichtungsfaktoren beachtet.

Bei der Bewertung einer Alternative werden zudem die Auswirkungen auf finanzielle Zielgrößen, wie z. B. Bestand, Maschinenlaufzeit und Rüstkosten berücksichtigt. Die durch die Simulation gewonnenen Produktablaufinformationen werden dazu, mit den hinterlegten Kostendaten verknüpft, d. h. es erfolgt eine nachgelagerte Kostensimulation (VDI-Richtlinie 3633, Blatt 7 März 2001). Die benötigten Kostensätze können mit Hilfe der Maschinenstundensatz- bzw. Prozesskostenrechnung bestimmt werden und sind in der Administration in Geldeinheiten zu hinterlegen.

Zur Vermeidung einer Planungsnervosität des Material Requirements Planning (MRP) Algorithmus können in der Administration des Systems SAEPP auch Strafkosten hinterlegt werden. Im Fallbeispiel wurde darüber hinaus definiert, dass z. B. bei einer deutlich gestiegenen Anzahl an Transportvorgängen Kosten für die Beschaffung von weiteren Transporthilfsmitteln anfallen. Diese einmaligen Kosten werden bei der Bewertung einer Alternative im System SAEPP ebenfalls berücksichtigt.

		Gewichtung
Zielgrößen	Verspätung	60
	Durchlaufzeit	40
		∑ = 100
finanzielle Zielgrößen	Bestand	0,10 GE / Stück gelagert für eine Periode
	Maschinenlaufzeit	12,00 GE / Stunde (Laufzeit)
	Rüstkosten	10,00 GE / Rüstvorgang
	Transportkosten	4,00 GE / Transportvorgang
	Dokumentationskosten	6,00 GE / Rüstvorgang
	Kosten für Qualitätsprüfungen	3,00 GE / Rüstvorgang
	Weitere Transporthilfsmittel erforderlich	falls ja, 100 Stück für 2.000,00 GE
	Mitarbeiterinformation bei geänderter Losgröße erforderlich	falls ja, einmalig 400,00 GE
	Lieferanteninformation bei geänderter Vorlaufzeit erforderlich	falls ja, einmalig 300,00 GE
	Strafkosten zur Vermeidung einer Planungsnervosität	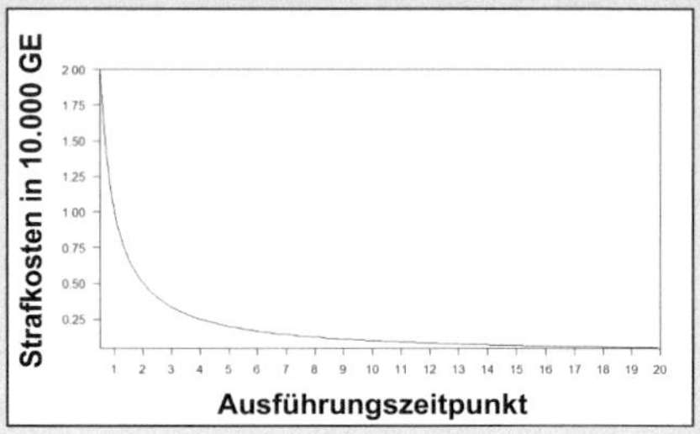 (Diagramm: Strafkosten in 10.000 GE über Ausführungszeitpunkt 1–20)

Abbildung 7.2 Hinterlegung des Zielsystems in der Administration des Systems SAEPP

7.3.2 Beispielhafter Ablauf

Einen Überblick über die einzelnen Bestandteile des Assistenzsystems SAEPP, welches an ein ERP-System angeschlossen wird, gibt die Abbildung 7.3. Nachstehend wird beschrieben, wie ein Disponent in den einzelnen Phasen des Entscheidungsprozesses bei der Pflege der Planungsparameter eines ERP-Systems im laufenden Betrieb unterstützt wird. Dabei wird insbesondere auf die Bewertung einer Handlungsalternative eingegangen.

Ein glaubwürdiges Simulationsmodell, welches in das Systems SAEPP eingebunden wird, ist durch das jeweilige Unternehmen zur Verfügung zu stellen. Im Rahmen der Phase Anregung des Entscheidungsprozesses wird die aktuelle Unternehmenssituation in das Simulationsmodell übernommen. In diesem Modell wird anschließend ein Probebetrieb, unter Verwendung der aktuellen Parametereinstellung, durchgeführt. Dadurch werden die zukünftigen Auswirkungen auf die einzelnen Größen des Zielsystems ermittelt. Daran anschließend werden die Auswirkungen für die Unterlassungsalternative, im sogenannten Bewertungsschema, bewertet. Die Abbildung 7.4 zeigt dieses Schema für ein frei gewähltes Beispiel. Die Grundstruktur ist dabei anlog zur Administration (siehe Abbildung 7.2).

7 Verschiedene Möglichkeiten zur Berücksichtigung von Kostenaspekten 119

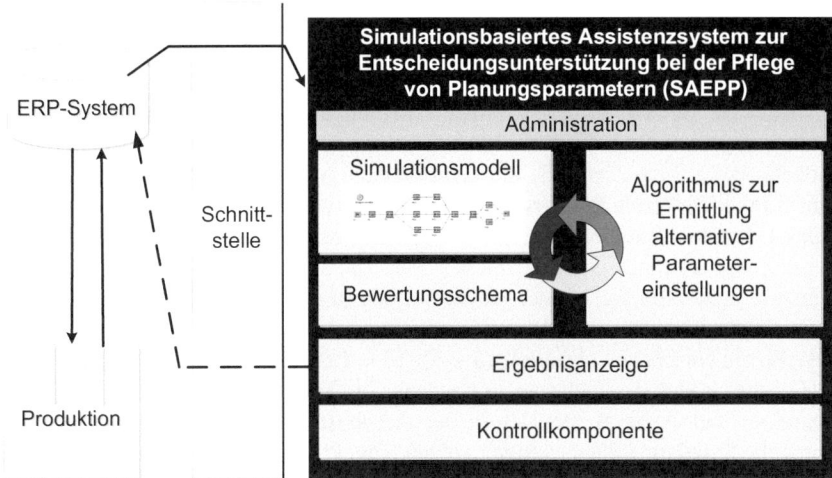

Abbildung 7.3 Überblick über die wesentlichen Bestandteile des simulationsbasierten Assistenzsystems SAEPP

		Eingaben aus der Administration	Unterlassungsalternative		
		Gewichtung	Ergebnis	n_i	$g_i \cdot n_i$
Zielgrößen	Verspätung	60	11 Tage	10	600
	Durchlaufzeit	40	1,7 Tage	10	400
		∑ = 100	Nutzwert = 1.000		
finanzielle Zielgrößen	Bestand	0,10 GE / Stück gelagert für eine Periode	550 Stück		55
	Maschinenlaufzeit	12,00 GE / Stunde (Laufzeit)	70 Stunden		840
	Rüstkosten	10,00 GE / Rüstvorgang	75 Vorgänge		750
	Transportkosten	4,00 GE / Transportvorgang	85 Vorgänge		340
	Dokumentationskosten	6,00 GE / Rüstvorgang	75 Vorgänge		450
	Kosten für Qualitätsprüfungen	3,00 GE / Rüstvorgang	75 Vorgänge		225
	Weitere Transporthilfsmittel erforderlich	falls ja, 100 Stück für 2.000,00 GE	nein		0
	Mitarbeiterinformation bei geänderter Losgröße erforderlich	falls ja, einmalig 400,00 GE	nein		0
	Lieferanteninformation bei geänderter Vorlaufzeit erforderlich	falls ja, einmalig 300,00 GE	nein		0
	Strafkosten zur Vermeidung einer Planungsnervosität	(Diagramm Strafkosten/Ausführungszeitpunkt)	nein		0
			Kosten = 2.660 GE		
	Kosten-Wirksamkeits-Kennziffer		2.66		

Abbildung 7.4 Ergebnis der Bewertung der zukünftigen Auswirkungen der aktuellen Parametereinstellung (Unterlassungsalternative)

Im Rahmen der Simulation hat sich, wie aus Abbildung 7.4 ersichtlich, eine Verspätung von 11 Tagen und eine Durchlaufzeit von 1,7 Tagen für die Unterlassungsalternative ergeben. Damit die Nutzwertanalyse durchgeführt werden kann, ist eine Skala zur Bewertung der einzelnen Alternativen erforderlich. Im Rahmen des Assistenzsystems SAEPP wird die beste bisher gefundene Lösung für eine nicht-monetär bewertbare Zielgröße mit zehn Punkten und die schlechteste Lösung mit einem Punkt bewertet. Für Lösungen dazwischen wird ein anteiliger Punktwert bestimmt. Da aktuell nur eine Alternative vorliegt, werden die nicht-monetär bewertbaren Zielgrößen mit zehn Punkten bewertet. Die Teilurteile über den Nutzen werden, wie in Kapitel 7.2.1 beschrieben, mit den in der Administration festgelegten Gewichtungsfaktoren multipliziert. Es ergibt sich somit, wie in Abbildung 7.4 dargestellt, ein Nutzwert N_u von $60 \cdot 10 + 40 \cdot 10 = 1.000$ Punkten.

Für die Größen des Zielsystems, bei denen ein Maschinenstundensatz bzw. Kostentreiber und Prozesskostensatz in der Administration hinterlegt wurden, wird durch die Simulation die jeweilige Laufzeit bzw. Prozessmenge für die zukünftigen Perioden ermittelt. Diese ist in der Spalte Ergebnis von Abbildung 7.4 dargestellt. Die Laufzeit einer Maschine wird mit dem Stundensatz multipliziert. Die von der Maschinenlaufzeit abhängigen Kosten betragen z. B. 70 Stunden $\cdot$ $12,00 \frac{GE}{Vorgang} =$ 840 GE. Für die anderen Größen wird die Prozessmenge mit dem hinterlegten Prozesskostensatz multipliziert, wodurch sich die zu erwartenden Prozesskosten ergeben. Der Prozesskostensatz beträgt z. B. 4,00 GE pro Transportvorgang. Bei der Unterlassungsalternative ergeben sich, wie in Abbildung 7.4 dargestellt, Transportkosten in Höhe von 85 Vorgängen $\cdot$ $4,00 \frac{GE}{Vorgang} = 340,00$ GE.

Basierend auf den Simulationsergebnissen ist zudem zu prüfen, welche Einmalkosten bei einer Änderung der Parametereinstellung entstehen. Bei der Unterlassungsalternative treten keine einmaligen Kosten auf, da keine Änderung der Parametereinstellung erfolgt. Für die Unterlassungsalternative ergeben sich im Vorhersagezeitraum insgesamt, wie in Abbildung 7.4 dargestellt, Kosten in Höhe von 2.660,00 GE.

In der Phase Suche des Entscheidungsprozesses werden, ausgehend von der aktuellen Parametereinstellung, Handlungsalternativen erzeugt. Dazu wird der in Abbildung 7.3 dargestellte Algorithmus AEAP verwendet. Die initiale Konfiguration dieses Algorithmus sollte vor der ersten Verwendung des Systems SAEPP in der Administration kontrolliert werden. Wird durch den Algorithmus AEAP eine alternative Einstellungskombination erzeugt, so werden mit Hilfe von Simulation wieder die zukünftigen Auswirkungen bestimmt. Die Anzahl der Replikationen sowie die Vorgehensweise bei der Berechnung der einzelnen Kennzahlen werden vom Unternehmen definiert. Nach Durchführung des Simulationslaufes werden für jede Alternative, im Rahmen des Bewertungsschemas, Kosten- und Wirtschaftlichkeitszahlen ermittelt und die zugehörigen Kennziffern berechnet. Die nachstehende Abbildung 7.5 zeigt beispielhaft das Bewertungsschema für die Unterlassungsalternative und eine erzeugte Handlungsalternative.

Im simulationsbasierten Assistenzsystem SAEPP wird, wie bereits erwähnt, die, für eine nicht-monetär bewertbare Zielgröße, beste Lösung mit zehn Punkten bewertet; die schlechteste Lösung mit einem Punkt. Bei der Alternative A_1 ergeben

7 Verschiedene Möglichkeiten zur Berücksichtigung von Kostenaspekten

		Eingaben aus der Administration	Unterlassungsalternative			Alternative A_1		
		Gewichtung	Ergebnis	n_i	$g_i \cdot n_i$	Ergebnis	n_i	$g_i \cdot n_i$
Ziel-größen	Verspätung	60	11 Tage	1.00	60.00	8 Tage	10.00	600.00
	Durchlaufzeit	40	1,7 Tage	1.00	40.00	1,4 Tage	10.00	400.00
		$\sum = 100$	Nutzwert = 100			Nutzwert = 1.000		
finanzielle Zielgrößen	Bestand	0,10 GE / Stück gelagert für eine Periode	550 Stück		55	400 Stück		40
	Maschinenlaufzeit	12,00 GE / Stunde (Laufzeit)	70 Stunden		840	72 Stunden		864
	Rüstkosten	10,00 GE / Rüstvorgang	75 Vorgänge		750	85 Vorgänge		850
	Transportkosten	4,00 GE / Transportvorgang	85 Vorgänge		340	95 Vorgänge		380
	Dokumentationskosten	6,00 GE / Rüstvorgang	75 Vorgänge		450	85 Vorgänge		510
	Kosten für Qualitätsprüfungen	3,00 GE / Rüstvorgang	75 Vorgänge		225	85 Vorgänge		255
	Weitere Transporthilfsmittel erforderlich	falls ja, 100 Stück für 2.000,00 GE	nein		0	nein		0
	Mitarbeiterinformation bei geänderter Losgröße erforderlich	falls ja, einmalig 400,00 GE	nein		0	nein		0
	Lieferanteninformation bei geänderter Vorlaufzeit erforderlich	falls ja, einmalig 300,00 GE	nein		0	ja		300
	Strafkosten zur Vermeidung einer Planungsnervosität		nein		0	Letzte Änderung: vor 4 Ausführungs-zeitpunkten		2'500
			Kosten = 2.660 GE			Kosten = 5.699 GE		
	Kosten-Wirksamkeits-Kennziffer		26.60			5.70		

Abbildung 7.5 Ergebnis der Bewertung der zukünftigen Auswirkungen der aktuellen Parametereinstellung (Unterlassungsalternative)

sich sowohl für die Verspätung als auch für die Durchlaufzeit bessere Werte als bei der Unterlassungsalternative. Daher werden bei der Alternative A_1 für beide Größen zehn Punkte als Teilnutzen festgelegt. Durch die Multiplikation mit den festgelegten Gewichtungsfaktoren ergibt sich ein Nutzwert von 1.000 Punkten. Da in diesem Durchlauf des Algorithmus AEAP eine bessere Lösung für eine nicht-monetär bewertbare Größe des Zielsystems gefunden wurde, ist die Unterlassungsalternative neu zu bewerten. Der Nutzwert dieser beträgt nun, wie in Abbildung 7.5 dargestellt, nur noch $60 \cdot 1 + 40 \cdot 1 = 100$ Punkte. Der Unterschied zwischen den Nutzwerten ist aktuell so groß, da nur zwei Alternativen vorliegen. Mit der Erzeugung weiter Alternativen durch den Algorithmus AEAP wird dieser Abstand immer geringer.

Die Kosten für z. B. Bestand und Auslastung der Alternative A_1 werden analog zur Unterlassungsalternative bestimmt. Bei Alternative A_1 sind aufgrund der Änderung der Vorlaufzeit zudem die Lieferanten zu informieren, wodurch einmalige Kosten von 300,00 GE entstehen. Eine Anschaffung von weiteren Behältern ist bei dieser Alternative nicht erforderlich. Auch fallen bei Alternative A_1, da der Zeitpunkt der letzten Änderung der Parameter erst vier Ausführungszeitpunkte des Systems SAEPP zurück liegt, Strafkosten in Höhe von 2.500,00 GE an. Es ergeben sich somit für Alternative A_1, wie in Abbildung 7.5 dargestellt, Kosten in Höhe von 5.699,00 GE. Die Kosten der Unterlassungsalternative sind unverändert; eine Neubewertung ist nicht erforderlich. Da der Nutzwert der Unterlassungsalternative aktualisiert wurde, ist die Kosten-Wirksamkeits-Kennziffer dieser Alternative neu zu berechnen. Zudem ist die Kennziffer der Alternative A_1 zu bestimmen. Für die Unterlassungsalternative ergibt sich, wie in Abbildung 7.5 dargestellt, eine Kennziffer von und für die Alternative A_1 von $\frac{5699}{1000} = 5,70$. Dies bedeutet, dass die Alternative A_1 besser ist als die Unterlassungsalternative. Diese skizzierte Vorgehensweise wiederholt sich für alle durch den Algorithmus AEAP erzeugten Handlungsalternativen.

Die Phase Suche des Entscheidungsprozesses ist im System SAEPP beendet, wenn eine Abbruchbedingung des Algorithmus AEAP erfüllt ist. Im Rahmen der anschließenden Phase Auswahl wird die Alternative mit der kleinsten Kosten-Wirksamkeits-Kennziffer bestimmt. Hat die Unterlassungsalternative die kleinste Kennziffer, so liegt zum aktuellen Zeitpunkt kein Handlungsbedarf bei der Pflege der Planungsparameter vor. Andernfalls liegt ein Verbesserungspotenzial und damit Handlungsbedarf vor. Dies wird einem Disponenten in der Ergebnisanzeige des simulationsbasierten Assistenzsystems SAEPP angezeigt. Zur Visualisierung des Vorliegens eines Handlungsbedarfs wird eine Ampelgrafik eingesetzt. Die entsprechenden Schwellenwerte sind vorab in der Administration zu hinterlegen.

Auf Basis der in der Ergebnisanzeige dargestellten Informationen trifft ein Disponent die Entscheidung, ob die vorgeschlagene Alternative in das ERP-System übernommen wird. Für ein Assistenzsystem ist es kennzeichnend, dass eine Bestätigung durch einen Anwender erforderlich ist, bevor eine Handlungsalternative automatisch ausgeführt wird (Hauß und Timpe 2002). Liegt diese vor, so wird die vorgeschlagene Alternative im Rahmen der Phase Vollzug des Entscheidungsprozesses in das ERP-System übernommen, wozu die in Abbildung 7.3 dargestellte Schnittstelle genutzt wird.

Das simulationsbasierte Assistenzsystem SAEPP wird eine definierte Zeitspanne vor jeder Ausführung der Planungsverfahren im ERP-System gestartet. Vor der ersten Ausführung des Systems SAEPP sind Informationen über den Zeitpunkt des Planungslaufes des ERP-Systems im jeweiligen Betrieb in der Administration zu hinterlegen. Nach dem Start des Systems SAEPP wird sofort die Zielerreichung der bei der letzten Ausführung getroffenen Entscheidung, überprüft. Dazu wird ein Soll-Ist-Vergleich unter Verwendung der Methode Validierung von Vorhersagen eingesetzt. Wird im Rahmen dieser Kontrollphase eine relevante Abweichung festgestellt, so sind zunächst die Ursachen mit Hilfe einer Abweichungsanalyse zu bestimmen.

Der dargestellte Ablauf des simulationsbasierten Assistenzsystems SAEPP, inklusive der Möglichkeit der Verwendung der Kosten-Wirksamkeits-Analyse als Bewertungsfunktion, wurde bereits exemplarisch für eine Schneckengetriebeproduktion angewendet. Die Ergebnisse sind in Stumvoll et al. (2015) bzw. Stumvoll und Claus (2016) publiziert worden.

Literatur

Damand, David et al. (2013). "Parameterisation of the MRP method: Automatic identification and extraction of properties". In: *International Journal of Production Research* 51.18, S. 5658–5669.

Dinkelbach, Werner und Andreas Kleine (1996). *Elemente einer betriebswirtschaftlichen Entscheidungslehre*. Berlin, Heidelberg: Springer Berlin Heidelberg.

Dittrich, Jörg et al. (2009). *Dispositionsparameter in der Produktionsplanung mit SAP: Einstellhinweise Wirkungen Nebenwirkungen*. 5., aktualisierte Auflage. SpringerLink : Bücher. Wiesbaden: Vieweg+Teubner.

Domschke, Wolfgang und Andreas Drexl (2005). *Einführung in Operations-Research: Mit 63 Tabellen*. 6., überarb. und erw. Aufl. Springer-Lehrbuch. Berlin, Heidelberg und New York: Springer.

Domschke, Wolfgang und Armin Scholl (2005). *Grundlagen der Betriebswirtschaftslehre: Eine Einführung aus entscheidungsorientierter Sicht ; mit 79 Tabellen*. 3., verb. Aufl. Springer-Lehrbuch. Berlin, Heidelberg und New York: Springer.

Drews, Günter und Norbert Hillebrand (2007). *Lexikon der Projektmanagement-Methoden: [die besten Methoden für jede Situation ; der GPM-Werkzeugkasten für effizientes Projektmanagement ; auf CD-ROM: Methodenbeispiele, -vergleiche und Checklisten]*. 1. Auflage. Freiburg, Br., Berlin und München: Haufe-Mediengruppe.

Hauß, Yorck und Klaus-Peter Timpe (2002). "Automatisierung und Unterstützung im Mensch-Maschine-System". In: *Mensch-Maschine-Systemtechnik. Konzepte, Modellierung, Gestaltung, Evaluation* 2, S. 41–62.

Heinen, Edmund (1985). *Einführung in die Betriebswirtschaftslehre*. 9., verb. Aufl. Wiesbaden: Gabler.

Jodlbauer, Herbert (2008). *Produktionsoptimierung: Wertschaffende sowie kundenorientierte Planung und Steuerung*. 2., erw. Aufl. Springers Kurzlehrbücher der Wirtschaftswissenschaften. Wien und New York, NY: Springer.

Kernler, H. (1994). "Programme werden selbstständig". In: *Logistik Heute* 10, S. 101–102.

Koch, Susanne (2011). *Einführung in das Management von Geschäftsprozessen: Six Sigma, Kaizen und TQM*. Berlin und Heidelberg: Springer.

Kühn, Wolfgang (2006). *Digitale Fabrik: Fabriksimulation für Produktionsplaner*. München und Wien: Hanser.

März, Lothar et al. (2011). *Simulation und Optimierung in Produktion und Logistik: Praxisorientierter Leitfaden mit Fallbeispielen*. SpringerLink : Bücher. Berlin, Heidelberg: Springer Berlin Heidelberg.

Mertens, Peter et al. (1991). "Management by parameters?" In: *Zeitschrift für Betriebswirtschaft* 61.5, S. 569–588.

Möller, Dietrich-Alexander (1988). *Planungs- und Bauökonomie: Wirtschaftslehre für Bauherren und Architekten*. München: Oldenbourg.

Schiemenz, Bernd und Olaf Schönert (2005). *Entscheidung und Produktion*. 3., überarb. Aufl. Lehr- und Handbücher der Betriebswirtschaftslehre. München und Wien: Oldenbourg.

Schulte-Zurhausen, Manfred (2014). *Organisation*. Online-Ausg. EBL-Schweitzer. München: Vahlen.

Seebauer, Petra (2007). "Jede Schraube sitzt". In: *Logistik Heute* 6, S. 12–14.

Steven, Marion (2007). *Handbuch Produktion: Theorie - Management - Logistik - Controlling*. Stuttgart: Kohlhammer.

Stumvoll, Ulrike und Thorsten Claus (2016). "Challenges while Updating Planning Parameters of an ERP System and How a Simulation-Based Support System Can Support Material Planners". In: *Systems* 4.1.

Stumvoll, Ulrike et al. (2013). "Ein simulationsbasiertes Assistenzsystem zur Pflege von Dispositionsparametern eines ERP-Systems im laufenden Betrieb". In: *Simulation in Produktion und Logistik; Heinz-Nixdorf-Inst. Univ. Paderborn: Paderborn, Germany*, S. 569–578.

Stumvoll, Ulrike et al. (2015). "Prototyp eines simulationsbasierten Assistenzsystems zur Entscheidungsunterstützung bei der Pflege von Planungsparametern eines ERP-Systems im laufenden Betrieb". In: *Rabe, Markus; Clausen, Uwe (Hrsg.): Simulation in Production and Logistics 2015*, S. 299–308.

VDI-Richtlinie 3633, Blatt 7 (März 2001). *Simulation von Logistik-, Materialfluss- und Produktionssystemen - Kostensimulation.*

Völker, Sven und Peter-Michael Schmidt (2010). "Simulationsbasierte Optimierung von Produktions-und Logistiksystemen mit Tecnomatix Plant Simulation". In: *Integrationsaspekte der Simulation: Technik, Organisation und Personal. Karlsruhe: KIT Scientific Publishing*, S. 93–100.

Wiendahl, Hans-Peter (2008). *Betriebsorganisation für Ingenieure: Mit 2 Tabellen.* 6., aktualisierte Aufl. München und Wien: Hanser.

Kapitel 8
Kostenorientierte Ablaufplanung komplexer Prozesse am Beispiel der Montage

Michael Völker und Mathias Kühn

Abstract

Der weltweite Trend zur Nachfrage individueller Produkte in allen Branchen kann zu einem Anstieg des Produktionsvorbereitungs- und Produktionsdurchführungsaufwandes und somit auch der Kosten führen. Ein prominentes Beispiel dafür stellt die in der heute noch vorwiegend durch manuelle Prozesse geprägten Montage kundenindividueller Großerzeugnisse (z.B. Maschinen, Anlagen und Großfahrzeuge) dar. Um diese Produkte wettbewerbsfähig herzustellen, ist ein effizienter Ressourceneinsatz notwendig. Zudem gilt es bei der primären Erstellung von Montageablaufplänen spezielle Restriktionen zu berücksichtigen, wie z.B. projektspezifisch variierende Zielstellungen. Allgemein kann die daraus resultierende ablauforientierte Ressourcenzuteilungsplanung als „ganzzahliges Entscheidungsproblem" charakterisiert werden. Komplexe Montagesysteme zeichnen sich nicht nur durch komplexe technologische Prozessmodelle aus, sie verfügen auch über heterogene, flexibel einsetzbare Ressourcenpools. Dabei können den Prozesselementen bzw. Vorgängen differenzierte Ressourcenqualifikationen und -mengen in Form von Alternativen zugeteilt werden (Modi). Existieren zudem multikriterielle Projektzielstellungen handelt es sich um ein sogenanntes Multi-Mode Ressource-Constrained Multi-Project Scheduling Problem (MMRCMPSP). Zur Lösung derartiger Probleme liefert die Methode der Simulationsbasierten Optimierung (SBO) vielversprechende Ergebnisse. In diesem Kapitel wird die Vorgehensweise zur Erstellung kostenminimaler Ablaufpläne am Beispiel komplexer Montageprozesse beschrieben. Das Kapitel geht dabei besonders auf die Herausforderungen bei der systematischen Einführung einer prozesskostenoptimierten Montageablaufplanung in Unternehmen ein. Zur Veranschaulichung wird ein Fallbeispiel präsentiert.

Michael Völker
Technische Universität Dresden, e-mail: `michael.voelker@tu-dresden.de`

Mathias Kühn
Technische Universität Dresden, e-mail: `mathias.kuehn@tu-dresden.de`

8.1 Simulationsbasierte Erstellung von Ablaufplänen in Montagesystemen mit komplexen Prozessen

Die Baugruppen- und Endmontage kundenspezifischer Großerzeugnisse in geringen Stückzahlen wird heute noch überwiegend durch manuelle Prozesse realisiert. Ein wesentlicher Grund dafür ist die durch manuelle Arbeit erzielbare und für die Herstellung solcher Produkte notwendige Ressourcenflexibilität. Diese betrifft, bedingt durch die schwankende Nachfrage bezüglich differenzierter Produkte, die Kapazität bzw. das verfügbare Angebot und darüber hinaus auch die spezifischen Qualifikationsanforderungen für konkrete Prozessrealisierungen. Zudem ist die manuelle Montage häufig durch eine hohe Prozessfolgeflexibilität charakterisiert, welche sich in Arbeitsfolgevertauschungsoptionen und alternativen technologischen Prozessvarianten äußert. Ein weiterer Grund für den hohen Anteil manueller Arbeitsverrichtungen in dieser Industriedomäne besteht darin, dass ein Großteil der Fügeprozesse auf Grund komplizierter Operationen, eines geringen Wiederholgrades sowie diverser Störeinflüsse gegenwärtig schlichtweg nicht wirtschaftlich automatisiert werden kann. Neben diesen technisch-technologischen Aspekten ist die Montage von Großprodukten häufig durch eine starke Parallelisierung und Vernetzung charakterisiert. Der Ressourcenpool zur Abwicklung dieser „Montageprojekte" ist aufgrund der vielfältigen Qualifikationsanforderungen mehr oder weniger heterogen und zudem dynamisch hinsichtlich der zeitlichen Verfügbarkeit. Zur Gewährleistung einer kosteneffizienten Produktion ist es somit zwingend notwendig, alle genannten Optionen (Prozessfolgealternativen, Mitarbeiterqualifikationen und –anzahl) zu nutzen und das sich daraus ergebene Potenzial bereits in der Planung zu erschließen. Auf Grund der Produktkomplexität verbunden mit hoher Kundenspezifik werden, wie bereits erwähnt, Produktionsaufträge in der Praxis häufig als „Projekte" bezeichnet, welche in der operativen Produktionsebene häufig um begrenzte Ressourcen konkurrieren. Für die Planungsaufgabe kann somit von einem „Ressourcenbeschränkten Projektplanungsproblem" (engl. Resource-Constrained Project Scheduling Problem, kurz: RCPSP) gesprochen werden, welches ein klassisches Reihenfolgeproblem mit einem beschränkten Ressourcenzuteilungsproblem kombiniert (Abbildung 8.1).

Dabei handelt es sich um ein sog. „Entscheidungsproblem" aus dem Bereich der „Termin- und Kapazitätsplanung", welches hinsichtlich unterschiedlicher Ziele modelliert werden kann. Die üblicherweise verwendeten zeit- und ressourcenorientierten Einzelzielsetzungen können jedoch in eine kostenorientierte Gesamtzielfunktion integriert werden, wodurch mehrere, durchaus konträre Zielstellungen in einem einzigen Modell Berücksichtigung finden. Auf dieser Basis lassen sich letztendlich alternative Montageablaufpläne hinsichtlich ihrer Wirtschaftlichkeit bewerten, wobei die Erreichung der Einzelziele zugleich aber auch ersichtlich wird.

In diesem Kapitel wird die Domäne der „manuellen Montageprojekte" näher spezifiziert und der Modellbildungsprozess (grafische und alphanumerische Notation) erläutert. Die Vorgehensweise zur formalen Modellierung wird an Hand eines an der TU Dresden entwickelten Prozesskostenmodells in Auszügen dargestellt (Carl 2014). Darüber hinaus wird ein Überblick zum Stand der Wissenschaft be-

8 Kostenorientierte Ablaufplanung komplexer Prozesse am Beispiel der Montage

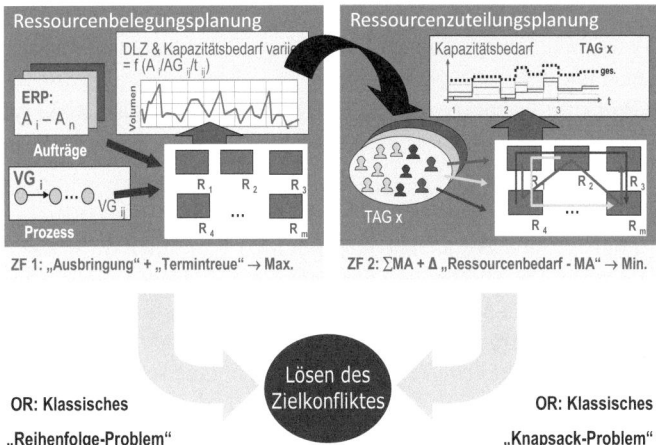

Abbildung 8.1 Überlagernde Optimierungsprobleme der Montage

züglich kostenorientierter Entscheidungsmodelle für die Termin- und Kapazitätsplanung gegeben. Das Prinzip der Ablaufplanung unter Anwendung der simulationsbasierten Optimierung wird im Zusammenhang mit verschiedenen Optimierungsstrategien und -methoden wie bspw. die der Anwendung evolutionärer Algorithmen dargestellt. Zur Demonstration des simulationsgestützten Lösungsansatzes wird die simulationsbasierte Optimierungsplattform SBOP (Simulation-Based Optimization Platform) verwendet, welche an der Professur für Modellbildung und Simulation der Universität der Bundeswehr München entwickelt wurde (Angelidis et al. 2013b; Angelidis et al. 2013c; Angelidis et al. 2011).

8.1.1 Modell komplexer „Montageprojekte"

Die Problemdomäne komplexer Montageprojekte ist durch diverse Einflussgrößen und Parameter charakterisiert, aus der sich implizit Anforderungen an die Modellierung sowie an den Optimierungsprozess ableiten lassen.

Folgende Charakteristika können dabei genannt werden:

- Multiressourcen (Einsatz begrenzt verfügbarer, verschiedenartiger vorwiegend technischer und manueller aber auch energetischer, erneuerbarer oder nicht erneuerbarer Ressourcen),
- Multimodi (alternative Ressourceneinsatzvarianten, bedingt durch Kombinationen von Qualifikationen, Erfahrung von Mitarbeitern, Leistungsgraden, die zu unterschiedlichen Ergebnissen wie bspw. Zeit oder Kosten führen),
- Konvergierende und divergierende Prozesse (parallele Montageprozesse),
- Multiprojektfall (hohe Parallelität von Aufträgen im System),

- Multizielfall (Differenzierung der Aufträge nach verschiedenen Zielen, z.B. Kostenminimum, Zeitminimum, Termintreue, Ressourcenminimum, ggf. Kombinationen und Zielwechsel),
- Große Probleme (Aufträge mit $j > 200$ Montagevorgängen, $k > 30$ Knoten und $i > 10$ parallelen Aufträgen).

In der industriellen Praxis können dieser Problemklasse u.a. die Montage von Großfahrzeugen, wie z.B. Flugzeuge, Schiffe oder Schienenfahrzeuge, sowie Produktions-, Logistik- und Förderanlagen bis hin zu Bau- oder Werkzeugmaschinen zugeordnet werden. Darüber hinaus existieren diese Probleme insbesondere auch in der Bauindustrie. Bei der Modellerstellung müssen alle wesentlichen Eigenschaften des realen Problems berücksichtigt werden. Dabei hat sich die Erstellung zweier Teilmodelle bewährt. Das erste Teilmodell beschreibt die statische Problemcharakteristik. Dazu zählen:

- Prozessdaten: Projektspezifische Gesamtnetzpläne mit Vorgängen, Modi, Vorrangbeziehungen, Verknüpfungsknoten etc.,
- Ressourcendaten: Ressourcenpools mit Nutzungsregeln und -restriktionen etc. sowie
- Betriebsdaten: Bspw. Arbeitszeitmodell.

Das zweite Teilmodell beschreibt die variable auftragsbezogene Leistung mit den Hauptkategorien:

- Mengen,
- Zeiten und
- projektspezifische Zieldaten.

8.1.2 Vorgehensweise zur Modellerstellung

Die **Modellerstellung** beginnt mit der alphanumerischen bzw. grafischen Beschreibung des realen Problems. Dabei ist als erstes der Detaillierungsgrad (Granularität) für die Planung festzulegen. Dieser muss hierarchisch für die Produktstruktur (Baugruppen- und/oder Einzelteile) aber auch für die Prozessebene (Arbeitsgangsequenzen) definiert werden. Grundsätzlich kann auf Basis der im Unternehmen vorhandenen Datengranularität bzw. -qualität modelliert werden. Häufig entspricht diese aber nicht den Ansprüchen der gewünschten Planungsebene, sodass Präzisierungen bzw. Voranalysen erforderlich sind. Nachfolgend wird exemplarisch das Grundmodell des MMRCMPSP auf Arbeitsgangebene formal beschrieben:

In einem Produktionssystem sind mehrere Aufträge (Bsp. Druckmaschinen) mit einer Vielzahl von Arbeitsgängen unter limitierten Ressourcen parallel abzuarbeiten. Jeder Auftrag wird als eigenständiges Projekt mit spezifischen Produkt-, Prozess- und Ressourcendaten sowie einem individuellen Netzplan initiiert. Die Netzpläne sind Vorgangspfeilnetzpläne (engl. activity-on-the-arc) mit definiertem Start- und Endtermin des Projekts. Den einzelnen Aktivitäten im Netzplan wird

8 Kostenorientierte Ablaufplanung komplexer Prozesse am Beispiel der Montage

eine mögliche Auswahl an Ressourcen-Zuordnungsvarianten (Kombinationen von Mitarbeiter-Anzahl und -Qualifikation aus der Qualifikationsmatrix) zugeordnet, woraus u.a. differenzierte Aktivitätsdauern resultieren (Abbildung 8.2).

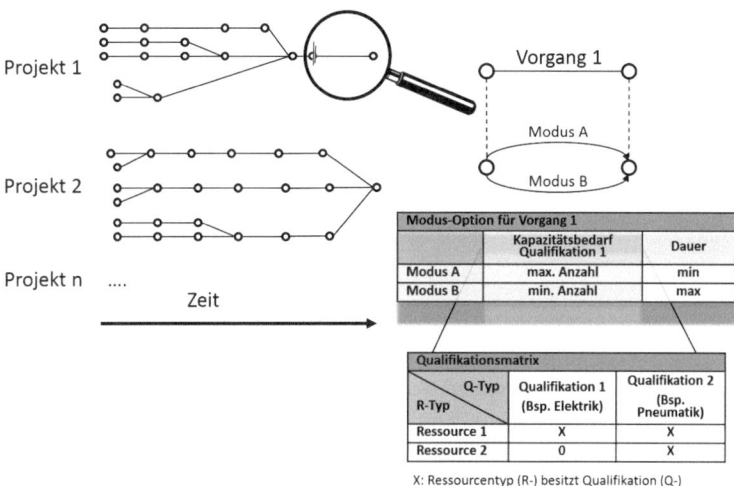

Abbildung 8.2 Grafische Darstellung des MMRCMPSP

Ein vereinfachtes Montageprojektmodell mit bereits gewählten Modi ist in Abbildung 8.3 dargestellt. Die Arbeitsvorgänge sind hier durch Verbindungslinien zwischen 2 Knoten (dargestellt als Kreis) abgebildet. Durch den Knoten wird bestimmt, welcher Arbeitsvorgang als nächstes abgearbeitet wird. Handelt es sich um einen Knoten mit paralleler Abarbeitung, werden alle nachfolgenden Arbeitsvorgänge bearbeitet. Bei einem alternativen Knoten wird nur ein bestimmter Arbeitsvorgang in Abhängigkeit des Auswahlkriteriums (Bsp. Verfügbarkeit Ressource) durchgeführt. Die dem Arbeitsvorgang zugeordneten Ressourcen sind durch Quadrate unterhalb des Vorgangs abgebildet.

Die praxisgerechte Erstellung von Ablaufplänen erfordert eine fehlerfreie und vollständige Modellierung des „Montageprojektes". So sind also auch Organisationsdaten (Schichtmodelle) und ggf. auch Leistungsfaktoren zu ergänzen. Nur so kann gewährleistet werden, dass die erstellten Produktionspläne in der realen Produktionspraxis umsetzbar sind bzw. akzeptiert werden.

Über die formale Modellbeschreibung hinaus ist das mathematische Modell zu spezifizieren. Dieses umfasst die Zielfunktionen, Restriktionen sowie weitere Modellannahmen. Die Zielfunktionen dienen der Ergebnisbewertung. Beispiele für die Ausrichtung der Zielfunktionen sind die Maximierung der Ressourcenauslastung oder der Termintreue oder aber die Minimierung der Durchlaufzeit. Zielfunktionen können grundlegend auf differenzierte Einzelziele ausgerichtet sein oder als aggre-

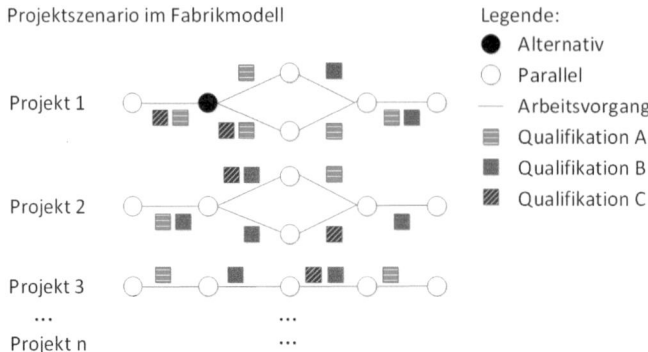

Abbildung 8.3 Vereinfachtes Fabrikmodell in Anlehnung an Bohn et al. 2013

gierte Gesamtzielfunktion mehrere normierte Einzelziele berücksichtigen. Die Normierung kann beispielsweise durch Transformation der differenzierten Einzelziele auf ein gemeinsames Gesamtziel, wie z.B. die Kosten erfolgen. Eine andere Möglichkeit besteht in der Normierung der Einzelziele mittels „Verfahren der gewichteten Summe". Sollen in der Optimierung grundsätzlich mehrere Zielparameter berücksichtig werden, bietet sich das Bewertungskonzept der „Pareto-Dominanz" an. Dies ermöglicht ein z.B. Monitoring der jeweiligen Einzelzielerfüllung. Weiterhin können Ziele hinsichtlich Produktions- und Produktspezifik unterschieden werden. Weiterhin ist das Modell durch Restriktionen, den sog. Nebenbedingungen, zu ergänzen. Eine Nebenbedingung kann beispielsweise sein, dass eine Aktivität nur einmal ausgeführt werden kann. Nachfolgend wird exemplarisch die alphanumerische Notation für das MMRCMPSP-Grundmodell mit Zielausrichtung auf die Minimierung der Aktivitätskosten erläutert:

- Eine Menge J_i von Aktivitäten j und eine Menge I von Aufträgen i ist gegeben.
- Zu Beginn des Planungshorizonts gilt $t_0=0$. Bei fortlaufender Planung erfolgt eine Neuplanung ebenfalls bei $t_0=0$ der noch verbleibenden Aktivitäten begonnener Aufträge sowie der nicht begonnenen Aufträge.
- Die Zeiteinheit t wird in sogenannten Time-Units (TU) angegeben. Diese sind in gebräuchlichen Zeiteinheiten wie Tage, Stunden oder Minuten frei konfigurierbar.
- Die Zeiteinheit t wird fortlaufend gezählt. Eine Zuordnung erfolgt im Abgleich mit einem Betriebskalender.
- Die Aktivitätsdauer D_{ijm} und der Ressourcenbedarf r_{ijmk} sind für alle Aktivitäten j und Modi M_{ij} gegeben.
- Die Aktivitätsdauer D_{ijm} und Vorrangbeziehungen sind deterministisch. Eine Aktivität kann nicht unterbrochen werden. Dabei bleibt der ausgewählte Durchführungsmodus m stets unverändert.
- Die Ressourcennachfrage r_{ijmk} ist während der Ausführung einer Aktivität j konstant.

8 Kostenorientierte Ablaufplanung komplexer Prozesse am Beispiel der Montage

- Für alle Aufträge i ist aus der Produktionsprogrammplanung oder vom Planer der früheste Start-(FST_i) und späteste Endtermin (SET_i) vorgegeben. Der SET_i ist mit dem vom Kunden vereinbarten Liefertermin LT_i identisch.
- Unerwartete Ausfälle und Unterbrechungen werden nicht betrachtet. Daher sind keine Nacharbeiten einzuplanen.
- Es wird grundsätzlich die Verfügbarkeit von Materialien, Roh-, Hilfs-und Betriebsstoffen sowie prozessunkritischen Hilfsmitteln (z. B. Schraubenschlüssel) entsprechend resultierender Bedarfstermine aus den Montageablaufplänen unterstellt.
- Die Kapazität der erneuerbaren Ressourcen ist begrenzt. Zu Beginn jeder Periode steht sie wieder in vollem Umfang zur Verfügung. Nicht verwendete Ressourcen können nach Ablauf der Zeiteinheit in einer späteren Zeiteinheit nicht mehr genutzt werden.

Zur alternativen Auswahl von Wegen durch den Prozessgraph wird die binäre Entscheidungsvariable x_{ijm} eingeführt. Diese nimmt den Wert 1 an, sobald eine Aktivität j des Auftrags i im Modus m ausgeführt wird, sonst 0. Damit einhergehend wird somit auch die Terminierung festgelegt, da durch die bekannte Aktivitätsdauer D_{ijm} der Fertigstellungszeitpunkt in einer Periode t bekannt ist (Abbildung 8.4).

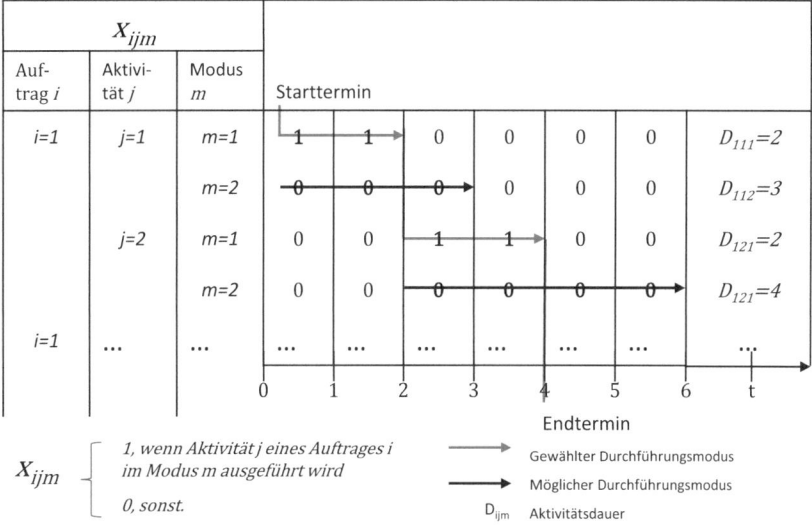

Abbildung 8.4 Beispiel Anwendung der binären Entscheidungsvariable in Anlehnung an Majohr 2008

Der nächste Schritt ist die Definition des Terms in der Zielfunktion, welcher zur Bewertung der Lösung verwendet werden soll. Hier im Beispiel werden die Aktivitätskosten zur Bewertung einer Lösung herangezogen. Die Kostenhöhe ist dabei zunächst abhängig von der eingesetzten Menge und Qualifikation der Ressourcen sowie der daraus resultierende Durchführungsdauer der Aktivitäten. Der Durchführungsmodus determiniert dabei die Ressourcenauswahl und -anzahl. Für unterschiedliche Ressourcentypen werden unterschiedliche Kosten angesetzt. Die Kosten werden durch die Nutzung verschiedener Ressourcentypen k mit einer Durchführungsdauer D_{ijm} und dem entsprechenden Kostensatz c_k berechnet. Die Variable r_{ijmk} beschreibt die Anzahl der Ressourcen zur Durchführung der Montageaktivität. Die Kosten für die Ausführung von Aktivitäten fließen in die Kostenberechnung ein, wenn die Aktivität j eines Auftrages i im Modus m ausgeführt wird und somit die Entscheidungsvariable x_{ijm} gleich 1 ist. Um den Gesamtablaufplan eines Planungshorizontes zu bewerten, erfolgen Aufsummierungen über alle Aufträge, Aktivitäten, Ressourcentypen und Durchführungsmodi.

Zusammenfassend ergibt sich folgende Zielfunktion mit dem Term zur Berechnung der Kosten:

$$Min\ GK(x) = \sum_{i=1}^{I} \sum_{j=1}^{J_i} \sum_{k=1}^{K} \sum_{m=1}^{M_{ij}} x_{ijm} \left[(c_k \times D_{ijm}) \times r_{ijmk} \right] \quad (8.1)$$

Entsprechend der definierten Annahmen ist die Definition von Nebenbedingungen notwendig. Eine Auswahl wird nachfolgend aufgeführt:

- Start der Bearbeitung von Montageaufträgen
  Der früheste Starttermin der ersten Aktivität eines Auftrages i darf nicht vor dem vorgegebenen frühesten Starttermin des Auftrages i liegen.

$$f_{i1} - D_{i1m} \leq FST_i\ mit\ \forall i \in I \quad (8.2)$$

- Länge des Planungshorizontes
  Der tatsächliche Endtermin des letzten Auftrages $Max(U)$ definiert die Gesamtlänge des Planungshorizontes T.

$$T \equiv Max(U_i)\ mit\ \forall i \in I \quad (8.3)$$

- Begrenzung des Ressourcenangebotes
  Die benötigte Menge r_{ijmk} an verwendeten Ressourcen $k \in K$ darf über alle Aufträge i und Aktivitäten j das Gesamtressourcenangebot R_{kt}^G nicht überschreiten.

$$\sum_{i=1}^{I} \sum_{j=1}^{J_i} \sum_{m=1}^{M_{ij}} x_{ijm} \times r_{ijmk} \leq R_{kt}^G\ mit\ \forall i \in I, \forall j \in J_i; \forall m \in M_{ij}; \forall k \in K \quad (8.4)$$

Weitere zu formulierende Nebenbedingungen betreffen die einmalige Ausführung von Aktivitäten und die Einhaltung die Reihenfolgebeziehung der Aktivitäten.

8.1.3 Kostenorientierte Entscheidungsmodelle

Die Mehrzahl der Ansätze für Entscheidungsmodelle der Termin- und Kapazitätsplanung hat eine minimale Projektdauer unter Einhaltung der Randbedingungen zum Ziel. Kostenfaktoren werden bei der Optimierung in Forschung und Praxis in unterschiedlichen Dimensionen berücksichtigt. Oftmals erfolgt eine Fokussierung auf eine bestimmte Projekteigenschaft, womit eine Vereinfachung des mathematischen Problems einhergeht. Nachfolgend wird in Tabelle 8.1 eine Übersicht zum Stand der Forschung bei der Verwendung von Kostensätzen für die Problemklasse der RCPSP und Generalisierungen gegeben:

Tabelle 8.1 Stand der Forschung zur Modellierung der Zielgröße Kosten für die betrachtete Problemklasse (in Anlehnung an Carl und Angelidis (2015))

Autor	Jahr	Instandhaltung	Vorgangsspezifische Kosten – Aktivitäten*	Vorgangsspezifische Kosten – Projektlaufzeit	Strafkosten für Verspätung	Boni für frühzeitige Fertigstellung	Kosten ungenutzte Ressourcen	Zeitabhängige Gemeinkosten	Zeitunabhängige Gemeinkosten	Kosten externer Ressourcen	Betriebsmittelkosten	Bestandskosten	Rüstkosten	Konsolidierungskosten	Mietkosten
Chen	1994	x													
Ahn und Erenguc	1998		x		x										
Salewski	1999		x												
Rummel et al.	2005			x										x	
Ke und Liu	2005		x												
Varma et al.	2007		x												
Voß und Witt	2007												x		
Tseng	2008				x	x									
Liu und Zheng	2008		x												
Carl**	2015		x		x	x	x	x	x	x					

*Aktivitätskosten pauschal pro Aktivität oder abhängig von der Ressource
** Alle Kosten werden pro Vorgang berechnet

Das detaillierteste Modell zur Berücksichtigung von planungs- und steuerungsrelevanten Kosten wurde von Carl (2014) entwickelt und ist speziell für die manuelle Montage geeignet. Das Modell basiert auf der Prozesskostenrechnung (engl. Activity Based Costing) und berücksichtigt 6 verschiedene Kostenarten, die bei der Ausführung einer Aktivität anfallen. Tabelle 8.2 listet die einzelnen Prozesskostensätze auf.

Tabelle 8.2 Übersicht Prozesskosten der Zielfunktion

Kostenparameter	Beschreibung
Strafkosten v_i Bonuskosten b_i	Kosten für die zeitliche Differenz zwischen Soll- Liefertermin und Ist-Liefertermin multipliziert mit dem spezifischen Kostenfaktor.
Zeitunabhängige Gemeinkosten c_h	Kosten, die über den gesamten Planungshorizont anfallen und unabhängig von der Aktivitätendurchführung sind (Bsp. Verwaltungskosten).
Zeitabhängige Gemeinkosten c_a	Kosten, die über die Gesamtheit der Dauer aller Aktivitäten anfallen (Bsp. Heizkosten).
Ressourcenkosten regulär c_k^r Ressourcenkosten Überstunden c_k^o Ressourcenkosten Sonderschichten c_k^s	Kosten, die bei der Durchführung von Aktivitäten anfallen. Abhängig vom jeweiligen Zeitabschnitt in dem diese anfallen (reguläre Arbeitszeit, Überstunde, Sonderschichten) erfolgt die Verrechnung mit dem spezifischen Kostenfaktor.
Ungenutzte Ressourcenkosten c_o^k	Kosten, die anfallen wenn interne Ressourcen nicht ausgelastet sind.
Externe Ressourcenkosten c_e^k	Kosten, die bei der Durchführung von Aktivitäten mit externem Personal anfallen.

Durch die Transformation verschiedener produktionslogistischer Ziele (Tabelle 8.3) in Kosten werden diese bewert- und vergleichbar. Im betrachteten Modell sind folgende Zielstellungen zur Minimierung der Kosten äquivalent mit produktionslogistischen Zielen:

Tabelle 8.3 Transformation produktionslogistischer Zielstellungen in Kostenzielstellungen

Produktionslogistische Zielstellung	Kostenzielstellung
Maximierung Termintreue	Minimierung Strafzahlung v_i, Maximierung Bonuszahlungen b_i, Maximierung Ressourcenkosten c_k, Maximierung Mietkosten c_e
Maximierung Ressourcenauslastung	Minimierung Kosten ungenutzte Ressourcen c_o^k, Minimierung Mietkosten c_e^k
Minimierung Durchlaufzeit	Maximierung Ressorcenkosten c_k, Maximierung Externe Ressourcenkosten c_e

Die Reduzierung von Gemeinkosten begünstigt alle produktionslogistischen Zielstellungen. Dieses Kostenmodell berücksichtigt somit eine Vielzahl von kostenverursachenden Einflussfaktoren. Unberücksichtigt bleiben Investitionskosten, Kosten zur Vorbereitung der Montage sowie Bestandskosten. Das Produktionsmodell und damit die erfassbaren Produktionsparameter können jedoch beliebig erweitert werden.

8.1.4 Simulationsbasierte Optimierung

Für die Optimierung von Montageprojekten bedarf es neuer Lösungsstrategien, um in großen Suchräumen innerhalb kurzer Laufzeiten optimierte Ablaufpläne zu finden. Die Theorie der simulationsbasierten Optimierung liefert diesen Anforderungen entsprechend gute Ergebnisse. Der Optimierungszyklus zur Ablaufplanerstellung wird nachfolgend am Beispiel eines Genetischen Algorithmus (GA) zur optimierten Modi-Auswahl in Verbindung mit der Auswahl von Prioritätsregeln zur Auftragseinplanung detailliert beschrieben. Als Zielfunktion wird die im vorangegangenen Abschnitt vorgestellte Kostenzielfunktion projektspezifisch angewendet. Die Stellparameter des Genetischen Algorithmus werden bei der Verfahrensbeschreibung näher erläutert. Abbildung 8.5 gibt einen Überblick zu den Parametern und Zielgrößen.

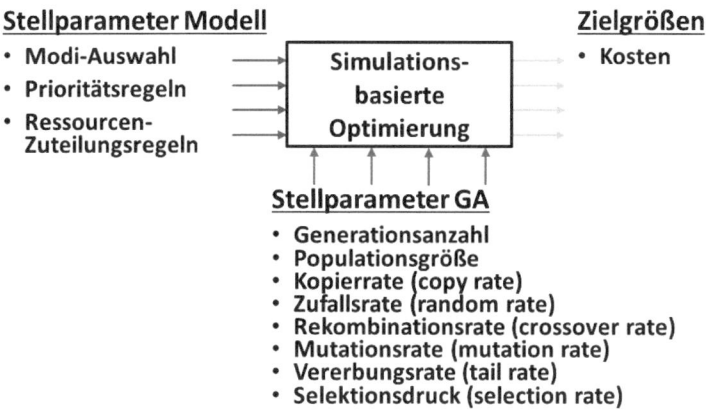

Abbildung 8.5 Einflussgrößen auf die Erstellung von Ablaufplänen

Vor Beginn des eigentlichen Optimierungszyklus ist zunächst die „Codierung" festzulegen (Abbildung 8.6). Mit der Codierung werden die Stellparameter festgelegt, die Einfluss auf die Erzeugung von Ablaufplänen haben. Zur Repräsentation eines Simulationsmodells werden im Beispiel die Modi-Auswahl und die Prioritätsregel-Auswahl in einem sogenannten „Chromosom" dargestellt. Das Chromosom besteht aus $j+n,m$ Genen, wobei j eine einzelne Aktivität und $j+n$ die Summe aller Aktivitäten ist und m der gewählte Modus. Die Prioritätsregel-Auswahl wird durch das Gen mit $t+n,p$ codiert, wobei t ein Zeitintervall und $t+n$ die Summe aller Zeitintervalle darstellt. Die gewählte Prioritätsregel im Zeitintervall t wird durch p dargestellt.

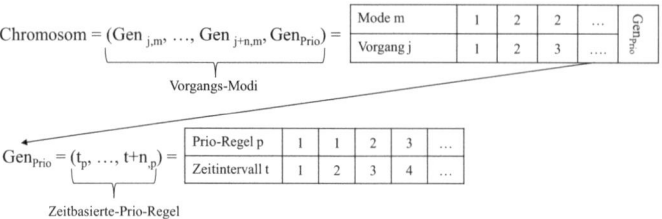

Abbildung 8.6 Chromosom Repräsentsation

Der Ablauf der simulationsbasierten Optimierung mit dem Zusammenspiel der einzelnen Komponenten Experimentdesign (Variation der Stellparameter des GA), Simulator (Erzeugung gültiger Ablaufplan), Optimierer (Variation Stellparameter Modell) und Visualisierer (Planausgabe) wird schematisch in der nachfolgenden Abbildung dargestellt (Abbildung 8.7):

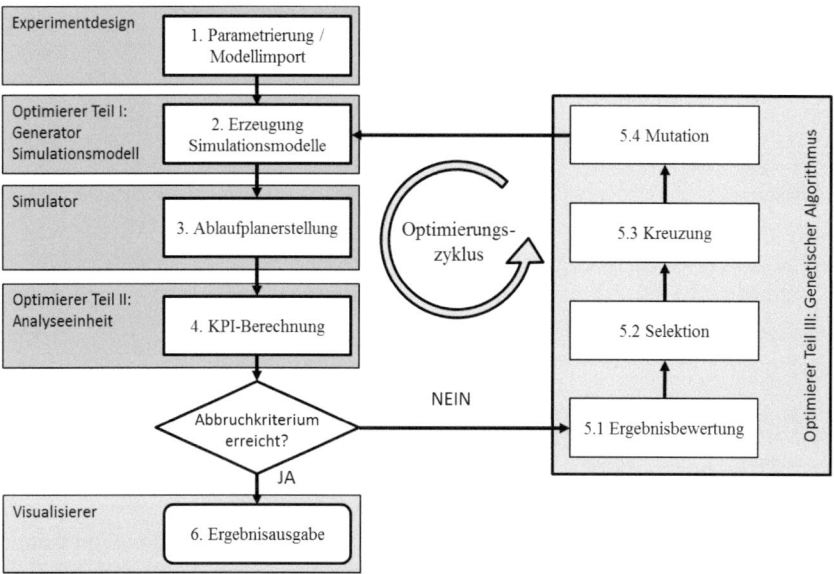

Abbildung 8.7 Ablauf Simulationsbasierte Optimierung mit GA

1. Parametrierung des GA und Modellimport

Die Parametrierung des GA kann nicht allgemeingültig festgelegt werden, da die Wirkweise einzelner Parameter stark vom konkreten Modell und der spezifischen Zielfunktion abhängig sind. Für die Generationsanzahl und Populationsgröße kann die Aussage getroffen werden, dass mit steigendem Parameterwert bessere

8 Kostenorientierte Ablaufplanung komplexer Prozesse am Beispiel der Montage

Ergebnisse erzielt werden. Als Mindestgröße sollten 30 Generationen und eine Populationsgröße von 30 Individuen verwendet werden. Die modellabhängige Parametrierung kann beispielsweise durch eine Sensitivitätsanalyse oder experimentell im Rahmen einer statistischen Versuchsplanung bestimmt werden. Das Fabrikmodell mit den statischen und dynamischen Daten wird entsprechend des festgelegten Formates der Simulationsplattform importiert. Dabei wird das Modell zunächst auf grundlegende Fehler überprüft.

2. Erzeugung Simulationsmodelle

Bei der initialen Erzeugung einer Population werden auszuführende Simulationsmodelle entsprechend der gewählten Anzahl von Individuen auf Basis des importierten Modells erstellt. Dabei können unterschiedliche Strategien zur Erzeugung dieser Population gewählt werden. Die Modi-Auswahl kann bspw. zufällig mit den schnellsten oder aber mit den langsamsten Modi bzgl. Durchführungszeit getroffen werden. Auch Regeln, wie bspw. *ordne jeder 5 Aktivität einen zufälligen Modi zu und den restlichen Aktivitäten jeweils den schnellsten Modus,* sind möglich. Für die Zuordnung der Prioritätsregeln wird im Vorfeld eine Liste aus *p* Prioritätsregeln festgelegt. Die Zuordnung zu den Zeitabschnitten kann dann in einer definierten Reihenfolge oder zufällig (Abbildung 8.8) erfolgen.

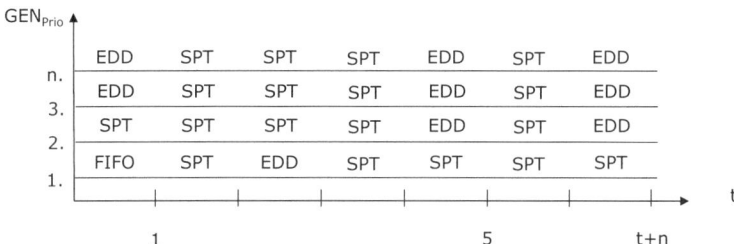

Abbildung 8.8 Startpopulation mit zufälliger Prioritätsregelzuteilung

3. Ablaufplanerstellung

Der Simulator, oder im Fall der ressourcenbeschränkten Ablaufplanung auch Scheduler genannt, hat die Aufgabe unter Einhaltung aller Restriktionen des Modells (Abschnitt 8.1.2) einen gültigen Ablaufplan zu erstellen. Das heißt vereinfacht, im Simulator ist die Entscheidung zur Auftragsreihenfolgebildung und Ressourcenzuteilung unter Berücksichtigung der vorhandenen Kapazitäten zu treffen (Abbildung 8.9). Zunächst ist eine Liste mit einzuplanenden Aktivitäten zu erstellen (1). Aktivitäten können eingeplant werden, wenn zum Planungszeitpunkt alle Vorgängeraktivitäten abgeschlossen sind und der Planungszeitpunkt größer gleich dem frühesten Starttermin der Aktivität entspricht. Die Abarbeitungsreihenfolge der

Aktivitäten wird mit Hilfe von Prioritätsregeln festgelegt (2). Für den Auftrag mit der höchsten Priorität wird entsprechend des benötigten Qualifikationstyps und der erforderlichen Qualifikationsanzahl das verfügbare Ressourcenangebot geprüft (3). Stehen keine Ressourcen zur Ausführung des Vorgangs mit der geforderten Qualifikation zur Verfügung, wird der Vorgang mit der nächst höheren Priorität aus der Liste ausgewählt (4). Entspricht die Anzahl der verfügbaren Ressourcen mit der entsprechenden Qualifikation gleich der Anzahl der nachgefragten Qualifikationen, erfolgt die Auftragseinplanung (6). Bei entsprechend höherer Ressourcenverfügbarkeit werden zur Ressourcenauswahl Zuteilungsregeln verwendet (5), um die nachgefragten Qualifikationsanforderungen primär zu erfüllen. Eine Auswahl für derartige Regeln ist nachfolgend aufgeführt:

1. First Low Cost Resource (FLCR): Auswahl der Ressource mit geringstem Kostensatz
2. First Internal Resource (FIR): Auswahl interner Ressourcen zuerst
3. Random: Zufällige Auswahl

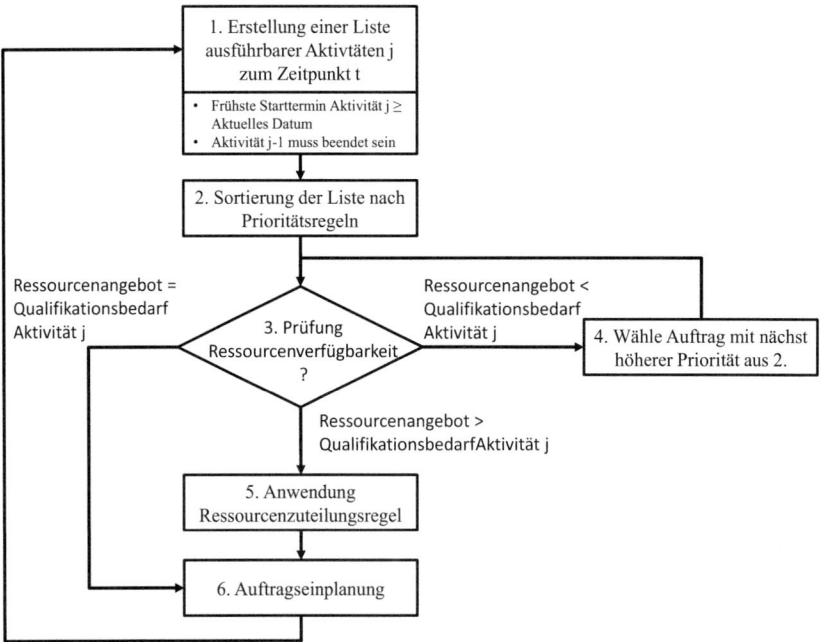

Abbildung 8.9 Funktionsweise Simulator

Zur Veranschaulichung des Algorithmus zur Auftragseinplanung sind in der nachfolgenden Abbildung die einzelnen Schritte beispielhaft dargestellt (Abbildung 8.10, ohne Schritt 4):

8 Kostenorientierte Ablaufplanung komplexer Prozesse am Beispiel der Montage 139

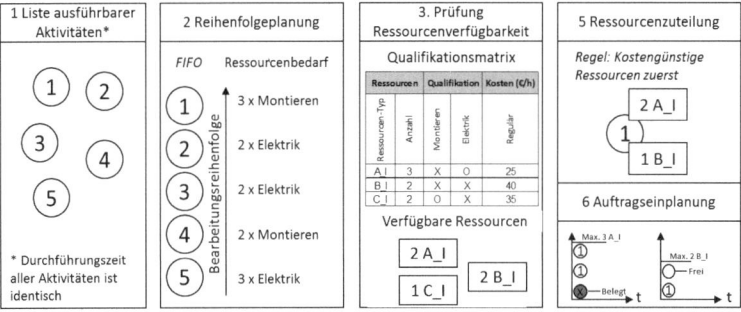

Abbildung 8.10 Beispiel Auftragseinplanung

4. KPI-Berechnung

Aus der Vielzahl der im Simulationslog aufgenommenen Werte werden verschiedene Key-Performance-Indicator (KPI) berechnet, u.a. die für den Optimierer relevanten Kenngrößen der Gesamtprozesskosten für jedes einzelne Projekt. Weitere KPI bzgl. Durchlaufzeit oder Ressourcenauslastung werden ebenfalls erfasst, um dem Entscheider neben den Zielfunktionswerten zusätzliche Entscheidungskriterien für die Auswahl einer Planungsvariante zur Verfügung zustellen.

5. Optimierung

5.1 Ergebnisbewertung

Im nächsten Schritt erfolgt die individuelle Bewertung aller Startlösungen. Eine Lösung, auch Individuum genannt, entspricht dabei einem nach den Kriterien der Zielfunktion bewerteten Montageablaufplan. Die Lösungen werden dazu nach dem Pareto-Dominanz-Konzept entsprechend ihrer Zielfunktionswerte sortiert (Goldberg 1989). Dieses Konzept ermöglicht eine Bewertung unterschiedlicher Zielgrößen ohne diese explizit zu normieren. Basierend auf diesem Konzept können somit alle Individuen in einer Population verglichen werden. Die Anzahl sich „nicht dominierender Lösungen" bildet dabei eine „Lösungsfront" mit der Bezeichnung *rang (rang=1...n)*. Bei der Bewertung werden im Algorithmus zuerst alle nicht dominierenden Lösungen zusammengefasst und dem Rang 1 *(rang=1)* zugewiesen und anschließend von der Liste zu bewertender Lösungen gestrichen. Dieser Vorgang wird wiederholt bis alle Lösungen in Fronten *(rang=n)* einsortiert sind. Die nicht-dominierten Lösungen werden in jeder Generation durch Anwendung des „Nondominated Sorting Genetic Algorithm II " (NSGA-II) aktualisiert (Deb et al. 2002). Dabei wird das Konzept der Dichteschätzung angewendet, um die Lösungen innerhalb eines Ranges weiter zu differenzieren. Fitnesswerte von Lösungen, welche größere Abstände zu anderen Lösungen aufweisen, werden bei diesem Konzept stärker positiv korrigiert, als Lösungen, die eng beieinander liegen. Dieser Schritt soll eine Clusterbildung und somit ein enges beisammen liegen der Lösungen minimieren, um eine Vielzahl differenzierter Individuen innerhalb einer Populationen zu ermöglichen.

Erzeugung einer neuen Population (5.2-5.4)

Im vorgeschlagenen Algorithmus setzt sich eine Population aus folgenen 3 Teilen zusammen (Abbildung 8.11):

- (Teil A): Die besten Lösungen aus der aktuellen Population werden ohne Änderungen in die neue Population übernommen.
  → *Kopierrate* (*copy rate*)
- (Teil B): Durch Selektion und Kreuzung werden neue Individuen erzeugt.
  → *Rekombinationsrate* (*recombination rate*)
- (Teil C): Der dritte Teil der neuen Population besteht aus zufällig generierten Individuen.
  → *Zufallsrate* (*random rate*)

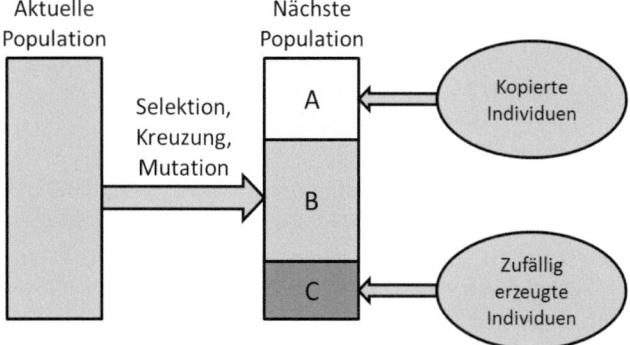

Abbildung 8.11 Bildung einer Population

Der Parameter *Kopierrate* gibt dabei an, wieviele Lösungen ohne Änderung übernommen werden sollen. Dazu werden 2 zufällig ausgewählte Lösungen miteinander verglichen. Haben zwei Lösungen unterschiedliche Pareto-Ränge, wird die Lösung mit dem kleineren Rang ausgewählt. Anderenfalls wird bei identischem Rang die Lösung mit der größten Gesamtdistanz ausgewählt. Der Parameter *Zufallsrate* gibt an, wieviele Individuen zufällig analog zur Erzeugung der Startpopulation generiert werden sollen. Mit dem Parameter *Rekombinationsrate* wird festgelegt, wieviele Individuen aus der aktuellen Population durch die genetischen Operatoren *Selektion*, *Rekombination*, *Vererbungsrate* und *Mutation* erzeugt werden sollen. Die Summe der Parameterwerte muss dabei *1* entsprechen.

5.2 Selektion

Die Selektion der Elternpaare zur Erzeugung von Kindern erfolgt mit der „rangbasierten Roulette-Auswahl " (Kumar und Jyotishree 2012) entsprechend der sortierten Population (Pareto-Rang aufsteigend sortiert, Gesamtdistanz absteigend sortiert). Die Selektionswahrscheinlichkeit wird dabei wie folgt berechnet:

$$g(pos) = 2 - 2*(SP-1)*\frac{pos-1}{n-1} \tag{8.5}$$

SP ist der Selektionsdruck ($1 < SP \leq 2$), *pos* ist die Position der sortierten Individuen in einer Population auf Basis der Dichteschätzung, wobei *pos=1* der besten Lösung entspricht, *pos=n* der schlechtesten Lösungen, *n* ist die Anzahl der Individuen in einer Population.

5.3 Kreuzung

Als Kreuzungsmethode wird die *Uniform Crossover Methode* verwendet (Al Jaddan et al. 2012). Nach Selektion von 2 Elternpaaren wird zur Bestimmung des Elternteils welches seine Gene bei der Kreuzung vererbt ein Münzwurf durchgeführt. Bei Kopf wird das Gen von Elternteil A weiter vererbt, bei Zahl das Gen von Elternteil B. Um die Wahrscheinlichkeit für die Vererbungsentscheidung des Gens eines Elternteils zu beeinflussen, wird der Parameter *Vererbungsrate* verwendet. Dieser gibt die Wahrscheinlichkeit zur Wahl des Elternteils B an. Die nachfolgende Abbildung stellt die Kreuzungsmethode bei einer gewählten Vererbungsrate 0,3 für die Modi dar. Das heißt, bei einem Wurf mit Ergebnis 0,1-0,3 wird Elternteil B ausgewählt und bei einem Wurf mit Ergebnis 0,4-1,0 Elternteil A (Abbildung 8.12).

Modus Kind	Modus 2	Modus 2	Modus 2	Modus 1	Modus 1	...	Gen$_{PrioA}$
Modus Elternteil B (Zahl)	Modus 2	Modus 2	Modus 2	Modus 1	Modus 1	...	Gen$_{PrioB}$
Modus Elternteil A (Kopf)	Modus 1	Modus 1	Modus 2	Modus 2	Modus 1	...	Gen$_{PrioA}$
Ergebnis Münzwurf	0,1	0,7	1,0	0,3	0,5	...	0,8
Vogang j	1	2	3	4	5	...	Gen$_{Prio}$

Abbildung 8.12 Kreuzung

5.4 Mutation

Das Ergebnis der bisherigen Rekombination wird zur Erhöhung der Diversität der Kinder durch Mutation weiter verändert. Im vorgestellten Algorithmus wurde eine Mutationsrate von 0,05 festgelegt, was bedeutet, das 5 % der Gene zufällig verändert werden.

6. Ergebnisausgabe

Ein optimiertes Ergebnis der Simulationsbasierten Optimierung bilden alle Ablaufpläne der 1. Front (Abbildung 8.13). Damit kann der Entscheider zwischen verschiedenen gleichwertigen Ablaufplänen auswählen. Im Ablaufplan ist bestimmt, wann und auf welcher Ressource eine Aktivität durchzuführen ist. Die Visualisierung erfolgt in Form eines Gantt-Charts (Abbildung 8.14). Zusätzlich werden die Zielfunktionswerte und weitere KPIs wie bspw. zur Durchlaufzeit oder die Ergebnisse der einzelnen Kostenterme ausgegeben.

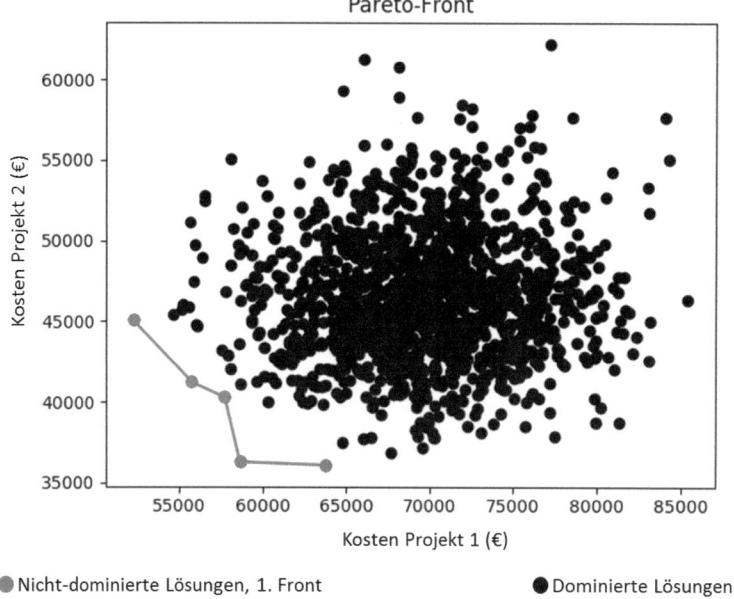

Abbildung 8.13 Ergebnisdarstellung als Pareto-Front

8 Kostenorientierte Ablaufplanung komplexer Prozesse am Beispiel der Montage 143

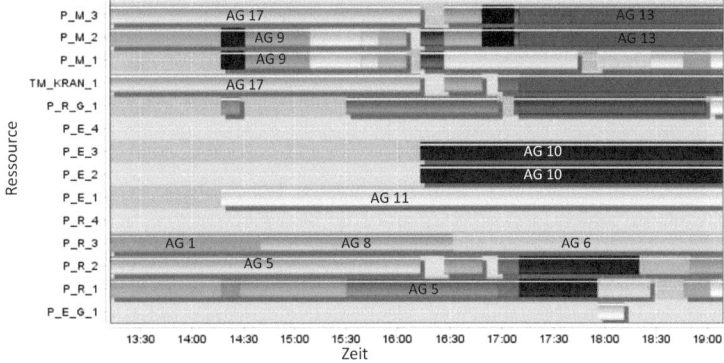

Abbildung 8.14 Gantt-Chart als Ergebnis der Planung (Erstellt mit Visualisierungs-Tool der SBOP, Carl und Angelidis 2015)

8.2 Fallbeispiel

Ein Fallbeispiel dient zur Wissensveranschaulichung und Erläuterung der Vorgehensweise der simulationsgestützten Erstellung von Ablaufplänen. Dazu wird das Montagesystem eines Druckmaschinenherstellers betrachtet. Bei Druckmaschinen handelt es sich um komplexe Anlagen, die aus mehreren variantenreichen, kundenindividuellen Großbaugruppen bestehen. Die Montage solcher Baugruppen erfolgt üblicherweise in einer Standplatzmontage mit flexibler Ressourcenzuordnung. Dabei werden zur Flexibilisierung des Ressourcenangebotes unterschiedliche Schichtmodelle angewendet sowie die Zusatzkapazität von Leiharbeitern berücksichtigt. Neben der Produktqualität ist vor allem eine hohe Termintreue wettbewerbsentscheidend. Um die Bedeutung der Termintreue hervorzuheben, wird deshalb oftmals vertraglich eine Pönale, oder aber auch eine Bonuszahlung festgelegt.

Das nachfolgend beschriebene Auftragsszenario orientiert sich an dem Datenmodell aus Abschnitt 8.1.2, die Vorgehensweise zur Ablaufplanerstellung und Optimierung an Abschnitt 8.1.4.

8.2.1 Auftragsszenario

Die Planungsaufgabe besteht in der Erstellung kostenminimaler Ablaufpläne für eine gegebene Anzahl von Projekten (Aufträgen) unter Einsatz limitierter Ressourcen. Das Ziel der Kostenminimierung bezieht sich dabei auf differenzierte, auftragsspezifische Einzelzielkosten. Der Vorteil der differenzierten, auftragsspezifischen Zielbewertung liegt darin, dass die Abweichungen für auftragsspezifische Zielwerte der Lösungen geringer sind als bei einer Gesamtzieloptimierung (auftragsneutrale Optimierung). Der Grundbesteht darin, dass bei der auftragsspezifischen Optimierung

Einzelergebnisse berücksichtigt werden, während bei der auftragsneutralen Optimierung nur das Gesamtergebnis bewertet wird. Nachfolgend wird das Auftragsszenario detailliert beschrieben.

Auftrags- und Prozesshierarchie:

Die Auftragsstruktur im Fallbeispiel besteht aus 4 Ebenen (Abbildung 8.15): Die erste Ebene bildet die Auftragsebene, die dem Kunden gleichzusetzen ist. Aufträge teilen sich in der 2. Ebene in ein oder mehrere Produkte, die untereinander keine Vorgänger-Nachfolger-Beziehungen haben. Produkte wiederum bestehen aus einer oder mehreren Baugruppen (3. Ebene), ebenfalls ohne Vorgänger-Nachfolger-Beziehungen. Zur Herstellung der Baugruppen sind verschiedene Vorgänge notwendig, die durch Vorgänger-Nachfolger-Beziehungen miteinander verknüpft sind. Im Fallbeispiel gibt es 2 Aufträge mit insgesamt 5 Produkten, wobei pro Auftrag 2 bzw. 3 Produkte zu fertigen sind. Des Weiteren sind in Summe 36 Baugruppen zu fertigen. Ein Produkt kann dabei aus 5-8 Baugruppen bestehen. Für das Zusammensetzen der Baugruppen sind 21-38 Vorgänge notwendig. Insgesamt sind 1070 Vorgänge zur Erfüllung der Kundenaufträge auszuführen.

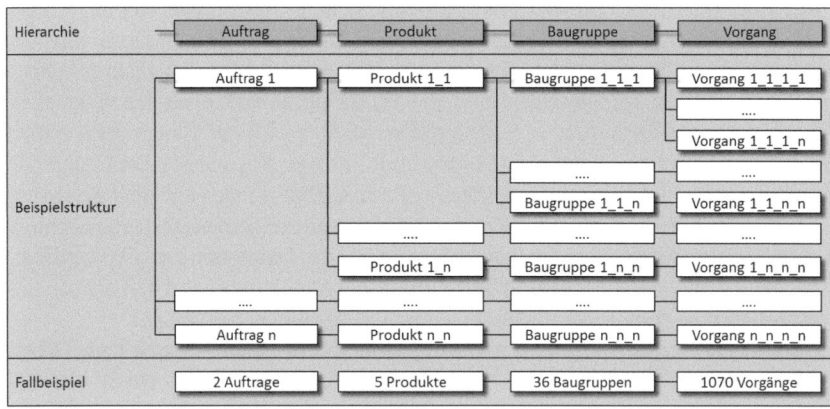

Abbildung 8.15 Auftragshierarchie im Fallbeispiel

Auftragsszenario:

Zur Bestimmung des Einplanungszeitpunktes ist für die Demonstration der Ablaufplanerstellung die Berechnung des frühesten Anfangszeitpunktes (FAZ) notwendig. Der FAZ kann beispielsweise ausgehend vom spätesten Endzeitpunkt (SEZ), äquivalent zum Liefertermin mit der Methode zur Berechnung des kritischen Pfades ermittelt werden. In der Praxis ist in der Regel kein FAZ gegeben und notwendig, da die Planung rollierend erfolgt. Im Fallbeispiel (Abbildung 8.16) beträgt der Zeitraum zur Montage der Aufträge zwischen 14 und 16 Tagen. Für die einzelnen

8 Kostenorientierte Ablaufplanung komplexer Prozesse am Beispiel der Montage 145

Produkte stehen zwischen 6 und 15 Tagen zur Verfügung. Für jedes Produkt existieren Straf- und Bonuskosten, wobei die Bonuskosten für eine verfrühte Herstellung vertraglich niedriger als die Pönale festgelegt sind. Die Kosten sind dabei von der üblichen Bezugsgröße Tage auf die in der Ablaufplanung kleinste Bezugsgröße Stunden umgerechnet.

Auftrag			Produkt			Kosten	
ID	FAZ	SEZ	ID	FAZ	SEZ	Strafe €/h	Bonus €/h
Auftrag1	15.07.2016 06:00	29.07.2016 06:00					
			Produkt1_1	15.07.2016 06:00	21.07.2016 06:00	10,00	2,00
			Produkt1_2	15.07.2016 06:00	22.07.2016 06:00	32,00	4,00
			Produkt1_3	16.07.2016 06:00	23.07.2016 06:00	24,00	3,00
Auftrag2	18.07.2016 06:00	04.08.2016 06:00					
			Produkt2_4	18.07.2016 06:00	03.08.2016 06:00	19,00	1,00
			Produkt2_5	16.07.2016 06:00	25.07.2016 06:00	10,00	4,00

Abbildung 8.16 Auftragsszenario mit Kostenbewertung der Liefertreue

Arbeitsplan:

Aus der technologischen Verknüpfung der Montagevorgänge resultieren Prozessketten bzw. -netze, die mehr oder weniger die Baugruppenstruktur repräsentieren. Die Komplexität einer Baugruppe wird u.a. durch den Verzweigungsgrad der Prozessketten bzw. des -netzes beschrieben. Dieser ist im gegebenen Fallbeispiel (Abbildung 8.17) gering, sodass das Auftragsnetz seriellen Charakter mit vielen parallelen Prozessketten hat. Der FAZ und der SEZ entspricht für die einzelnen Vorgänge dem FAZ und SEZ der Baugruppe. Zur Durchführung der einzelnen Vorgänge sind der Qualifikationsbedarf sowie die dazugehörige Durchführungsdauer hinterlegt. Kann ein Vorgang mit alternativen Ressourcenmengen durchgeführt werden (Modi), variiert auch die Durchführungsdauer. Im Fallbeispiel gibt es maximal 2 Modi.

Auftrag	Produkt	Baugruppe	Einzelteil / Vorgang	Nachfolger	FAZ	SEZ	Qualifikationsbedarf	Dauer
1	1	Start	Start	1	15.07.2012 06:00	21.07.2012 06:00	Dummy	0;0
1	1	1	1	2	15.07.2012 06:00	21.07.2012 06:00	(QA1,3,3);(QB2,1,1)	11;11
1	1	1	2	3	15.07.2012 06:00	21.07.2012 06:00	(QA1,1,2)	62;123
1	1	1	3	4	15.07.2012 06:00	21.07.2012 06:00	(QA1,2,3);(QB2,1,1)	88;133
1	1	1	4	5	15.07.2012 06:00	21.07.2012 06:00	(QA1,2,3);(QB2,1,1)	12;18
1	1	1	5	6,11	15.07.2012 06:00	21.07.2012 06:00	(QA1,2,3);(QB2,1,1)	242;363
1	1	1	6	7	15.07.2012 06:00	21.07.2012 06:00	(QA1,2,2)	57;57
1	1	1	7	8	15.07.2012 06:00	21.07.2012 06:00	(QA1,1,2)	14;28
1	1	1	8	9	15.07.2012 06:00	21.07.2012 06:00	(QA1,1,2)	38;77
1	1	1	9	10	15.07.2012 06:00	21.07.2012 06:00	(QA1,1,2)	10;20
1	1	1	10	12	15.07.2012 06:00	21.07.2012 06:00	(QA1,1,2)	16;32
1	1	1	11	12	15.07.2012 06:00	21.07.2012 06:00	(QA1,1,2)	244;488

Abbildung 8.17 Ausschnitt Arbeitsplan im Fallbeispiel

Ressourcenstruktur:

Zur Vorgangsdurchführung sind 4 Qualifikationstypen erforderlich: Monteure, Elektriker, Pneumatiker und Logistiker. Den Qualifikationen sind 7 interne Ressourcentypen zugeordnet. Welche Ressource welche Qualifikation besitzt, ist in der nachfolgenden Abbildung dargestellt (Abbildung 8.18). Ein „X" bedeutet dabei, dass die Ressource die Qualifikation besitzt. Des Weiteren gibt es bis auf die Ressource G_I, welche die Qualifikation Logistik abdeckt, zu jeder internen Ressource eine externe Ressource. Die Kostensätze für interne Ressourcen unterteilen sich in 4 Typen: Reguläre Kosten, Kosten für Überstunden, Kosten für Sonderschichten und ungenutzte Kosten (Stillstandskosten). Für externe Mitarbeiter wird ein pauschaler Kostensatz festgelegt, der unabhängig von der Schichtzeit ist. Die Ressourcenkosten gelten pro Stunde, wobei eine minutengenaue Abrechnung möglich ist.

	Ressourcen-Typ	Anzahl	Ressourcen				Kostensatz (€/h)				
			Montieren	Elektrik	Pneumatik	Logistik	Regulär	Überstunden	Sonderschicht	Ungenutzt	Extern
Interne Ressourcen	A_I	3	X	O	O	O	25	30	35	13	0
	B_I	2	X	X	O	O	40	45	50	20	0
	C_I	2	O	X	O	O	35	40	45	15	0
	D_I	2	O	X	X	O	40	50	55	25	0
	E_I	3	X	O	X	O	30	35	40	15	0
	F_I	1	X	X	X	O	50	60	70	40	0
	G_I	1	O	O	O	X	40	40	40	13	0
Externe Ressourcen	A_E	1	X	O	O	O	0	0	0	0	45
	B_E	1	X	X	O	O	0	0	0	0	50
	C_E	1	O	X	O	O	0	0	0	0	55
	D_E	1	O	X	X	O	0	0	0	0	60
	E_E	1	X	O	X	O	0	0	0	0	50
	F_E	1	X	X	X	O	0	0	0	0	80

Abbildung 8.18 Ressourcenstruktur und Kostensätze im Fallbeispiel

Schichtmodell:

Im Fallbeispiel existiert ein 3-Schicht-Regime (Abbildung 8.19). Schichtbeginn ist 06:00 Uhr. Eine Schicht dauert 8 Stunden und kann um 1 Überstunde erweitert werden. Pausen werden im Fallbeispiel nicht berücksichtigt, können jedoch grundsätzlich deterministisch oder durch Regeln festgelegt werden, z.B. indem die Ressourcenauslastung begrenzt wird.

Das Ressourcenangebot je Schicht wird im Fallbeispiel mit 100 % festgelegt, ebenso die Verfügbarkeit bei Überstunden (Abbildung 8.20). Die Wochenschichten (Montag bis Freitag) sind reguläre Schichten (Typ R), die Wochenendschichten sind

8 Kostenorientierte Ablaufplanung komplexer Prozesse am Beispiel der Montage 147

Schichtplan						
Schichtplan-variante	Start 1. Schicht	zul. Überstunden 1. Schicht	Ende 1. Schicht / Start 2. Schicht	zul. Überstunden 2. Schicht	Ende 2. Schicht / Start 3. Schicht	zul. Überstunden 3. Schicht
1	06:00:00	01:00:00	14:00:00	01:00:00	22:00:00	01:00:00

Abbildung 8.19 Schichtplan

Sonderschichten (Typ S). In der praktischen Anwendung können die den jeweiligen Ressourcen zugeordneten Schichtplanvarianten durch den Algorithmus ebenfalls festegelgt werden.

Schichtplan-variante	Montag			Schicht n			.... Schicht n		
	Schicht 1								
	Rsseourcenangebot		Typ	Rsseourcenangebot		Typ	Rsseourcenangebot		Typ
	% regulär	Überstunde %	{R|S}	% regulär	Überstunde %	{R|S}	% regulär	Überstunde %	{R|S}
1	50,00%	50,00%	R	...	...	...	...	...	...
2	33,00%	33,00%	R	...	...	...	...	...	...
3	60,00%	60,00%	R	...	...	...	...	...	...
4	100,00%	100,00%	R	...	...	...	...	...	...

Abbildung 8.20 Varianten Ressourcenangebot pro Schicht

8.2.2 Ablaufplanerstellung, Evaluation und KVP

Ablaufplanerstellung

Die Ablaufplanerstellung erfolgt mit der Softwareplattform SBOP. Zunächst erfolgt die Parametrierung des Algorithmus. Die Parameter des genetischen Algorithmus werden für die Demonstration erfahrungsbasiert festgelegt. Grundsätzlich kann die Aussage getroffen werden, dass sich eine hohe Generationsanzahl und Populationsgröße positiv auf das Ergebnis auswirkt auf Grund der größeren Lösungsanzahl. Des Weiteren gilt, dass sich eine kleinere *Zufallsrate* ebenfalls positiv auf das Ergebnis auswirkt. Für die *Kopierrate*, *Rekombinationsrate*, *Vererbungsrate* und für den *Selektionsdruck* können keine pauschalen Aussagen getroffen werden. Die Einstellungen für diese Parameter sind stark vom Auftragsszenario abhängig (Tabelle 8.4).

Zur Auftragseinplanung werden die Prioritätsregeln *First in First out (FIFO)*, *Kürzeste Operationszeit (KOZ, engl. Shortest Processing Time SPT)* und *Dringlichster Liefertermin (engl. Earliest Due Date, EDD)* verwendet. Dabei gibt es die Szenarien, dass eine Regel für die gesamte Ablaufplanung gilt oder aber nur für bestimmte Zeitintervalle (*zeitbasierte Regeln, TB*). Letzteres Szenario wird auf eine Intervalldauer von 8 Stunden festgelegt. Als Ressourcenzuteilungsregel gilt, dass primär interne Ressourcen und Ressourcen mit niedrigen Stundensätzen verwen-

Tabelle 8.4 Parametrierung Genetischer Algorithmus im Fallbeispiel

Parameter	Parameterwert	Parametergrenzen
Generationsanzahl	30	$1-\infty$
Populationsgröße	30	$1-\infty$
Kopierrate	0,4	0,1-1,0*
Zufallsrate	0,1	0,1-1,0*
Rekombinationsrate	0,5	0,1-1,0*
Vererbungsrate	0,5	0,1-1,0
Selektionsdruck	1,5	1,0-2,0

* Summe aus Kopierrate, Zufallsrate und Rekombinationsrate muss in Summe 1 ergeben!

det werden. Die Modi-Auswahl zur Erzeugung der Startpopulation erfolgt zufällig. Gewählt wird die Zielfunktion für projektspezifische Einzelkosten.

Evaluation

Die Zahl der zu simulierenden Szenarien beträgt je Prioritätsregel bei den gewählten Einstellungen ca. 900. Zur Erstellung der Ablaufpläne wurde dabei ein Zeitvolumen von ca. 1 h mit Hardware aus dem Endanwenderbereich benötigt. Die Ergebnisse sind in der Tabelle 8.5 zusammengefasst.

Tabelle 8.5 Ergebnisse der simulationsbasierten Optimierung

		Gesamt (€)	Auftrag 1 (€)	Auftrag 2 (€)
FIFO	Ø	103580	62113	41467
	MIN		53220	36600
	MAX		73184	46707
	1st	7		
SPT	Ø	100504	55372	45132
	MIN		50225	35206
	MAX		62341	53509
	1st	10		
EDD	Ø	99605	58696	40909
	MIN		54215	37240
	MAX		64357	47584
	1st	4		
TB	Ø	99493	56967	42526
	MIN		49422	34294
	MAX		72268	53249
	1st	13		

Ø = Durchschnittliche Kosten, MIN=minimale Kosten, MAX=maximale Kosten, 1 st = Anzahl Ergebnisse in der ersten Front

Die durchschnittlichen Gesamtkosten sind unabhängig von der Prioritätsregel nahezu identisch. Unterschiede werden vor allem in der Anzahl der Lösungen der ersten Front deutlich. Dabei werden die meisten Lösungen mittels Anwendung *zeitbasierter Prioritätsregeln (TB)* erzielt (13). Dem Planer wird somit eine Vielzahl von Auswahlmöglichkeiten gegeben. Ebenfalls deutliche Unterschiede gibt es bei den durchschnittlichen Prozesskosten die für die Bearbeitung eines Auftrages notwendig sind. Bspw. liegen die durchschnittlich höchsten Kosten für Auftrag 1 bei Anwendung der Prioritätsregel *FIFO* bei 62.113 €, während die durchschnittlich niedrigsten Kosten von 55.372 € bei Anwendung der Prioritätsregel *EDD* erzielt werden. Des Weiteren kann die Aussage getroffen werden, dass keine einzelne Prioritätsregel beste Ergebnisse in Bezug auf die projektspezifischen Zielgrößen für alle Aufträge erzielt. Durch Anwendung der *FIFO*-Regel werden beispielsweise für Auftrag 2 niedrige durchschnittlichen Kosten erzielt, während für Auftrag 1 die durchschnittlich höchsten Kosten erzielt werden. Bei Anwendung der *zeitbasierten Regeln* sind die durchschnittlichen Auftragskosten geglättet. Die Minimal- und Maximalwerte decken zudem bei Anwendung dieser Regel das mit den anderen einzelnen Regeln erzielte Wertespektrum ähnlich ab. Dem Entscheider liegen somit viele heterogene gleichrangige Lösungen vor.

Die Lösungen für die untersuchten Prioritätsregeln sind in der nachfolgenden Abbildungen dargestellt (Abbildung 8.21).

Für die einzelnen Lösungen können weitere KPIs wie beispielsweise Durchlaufzeit oder Termintreue ermittelt werden, die den Entscheider bei der Auswahl eines Ablaufplanes zur Umsetzung unterstützen.

Kontinuierlicher Verbesserungsprozess (KVP)

Für die Parametrierung des Algorithmus für eine spezifische Industriedomäne wird eine Sensitivitätsanalyse empfohlen. Dabei eignet sich zur Handhabung des Parameterraumes ein vollständig randomisierter Versuchsplan oder ein 3-Level-Plan. Neben den Parametern des Algorithmus ist zudem der Einfluss einzelner Kostenfaktoren auf die Gesamtkosten zu prüfen. Gegebenenfalls sind weitere Kostenterme aufzunehmen, wie beispielsweise Bestandskosten.

Weiterhin können zusätzliche Stellgrößen als Gen dargestellt werden. Beispielhaft können hier die Zuordnung der Ressourcen zu den Schichtplänen oder aber die Ressourcenzuteilungsregeln genannt werden.

Zusammenfassung und Förderhinweis:

Der Beitrag führt den Praktiker systematisch an die Herangehensweise zur prozesskostenorientierten Ablaufplanung mit einem simulationsgestützten Lösungsansatz heran. Dabei werden die Potentiale und die Praktikabilität durch die Vorstellung eines Anwendungsbeispiels unterstrichen. Nach der erfolgreichen prototypischen Implementierung in zwei Unternehmen soll ein kommerzielles Tool auf Basis des Ansatzes entstehen. Die zukünftige Forschung fokussiert die Lösung des Reihenfolgeproblems durch Berechnung projektspezifischer Auftragsprioritäten, die sich aus

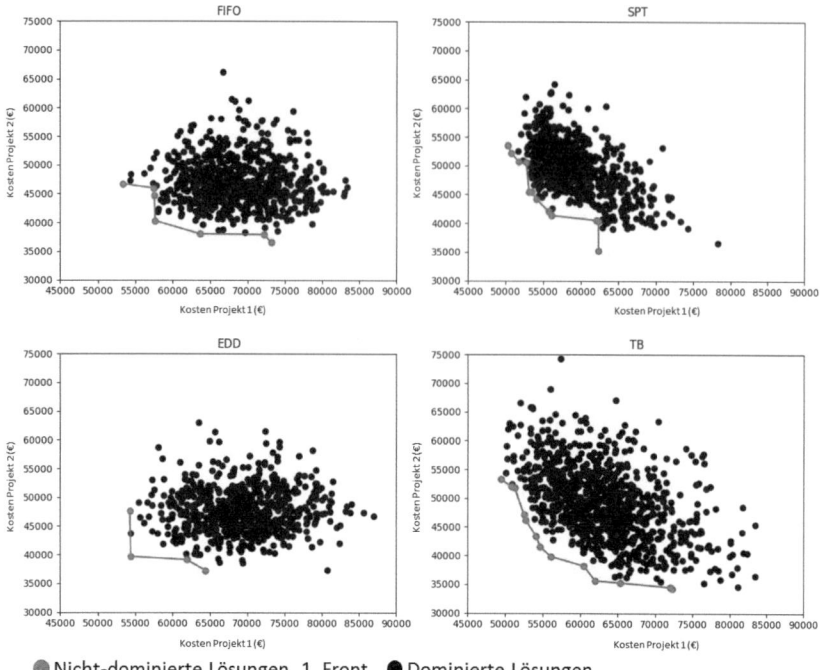

● Nicht-dominierte Lösungen, 1. Front ● Dominierte Lösungen

Abbildung 8.21 Pareto-Front unterschiedlicher Prioritätsregeln

Kennzahlen des Auftragsnetztes und der aktuellen Produktionssituation zusammensetzen. Damit sollen Störungen effizienter kompensiert und die logistische Zielerfüllung verbessert werden.

Die Inhalte und Ergebnisse sind Teil des Forschungsprojektes „Simulationsbasierte dynamische Heuristik zur verteilten Optimierung komplexer Mehrziel-Multiprojekt-Multiressourcen-Produktionsprozesse" der Deutschen Forschungsgemeinschaft (DFG), Zeichen: SCHM 2689/5-1 und RO 2126/3-1 sowie des von der IGF geförderten Projektes „Simulationsbasierte Prozesskostenrechnung zur Bestimmung kostenminimaler Ablaufalternativen in der Montageplanung bei KMU", Zeichen 393 ZBR. Besonderen Dank gilt Evangelos Angelidis und Daniel Bohn für die Bereitstellung der Simulationsplattform SBOP für Forschungszwecke.

Literatur

Al Jaddan, O. et al. (2012). "Improved Selection Operator for GA". In: *International Journal of Machine Learning and Computing*. Hrsg. von Lin Huang. Bd. 4, S. 365–370.

Angelidis, Evangelos et al. (2011). "A prototype simulation tool for a framework for simulation-based optimization of assembly lines". In: *2011 Winter Simulation Conference - (WSC 2011)*. Hrsg. von S. Jain et al., S. 2383–2394.

Angelidis, Evangelos et al. (2013b). "A simulation tool for complex assembly lines with multi-skilled resources". In: *2013 Winter Simulation Conference - (WSC 2013)*. Hrsg. von R. Pasupathy et al., S. 2577–2586.

Angelidis, Evangelos et al. (2013c). "Simulation-based Optimization for Complex Assembly Lines with Workforce Constraints: Simulationsbasierte Optimierung für komplexe Montagesysteme zur personalorientierten Ablaufplanung". In: *Simulation in Produktion und Logistik 2013*. Hrsg. von Wilhelm Dangelmaier et al. Bd. 147. ASIM-Mitteilung. Paderborn: Heinz-Nixdorf-Inst. Univ. Paderborn, S. 337–348.

Bohn, Daniel et al. (2013). "Grafisches Werkzeug zur Erstellung von Optimierungsalgorithmen für komplexe Montagesysteme: Graphical tool to create optimisation algorithm for complex assembly lines". In: *Simulation in Produktion und Logistik 2013*. Hrsg. von Wilhelm Dangelmaier et al. Bd. 147. ASIM-Mitteilung. Paderborn: Heinz-Nixdorf-Inst. Univ. Paderborn.

Carl, Sebastian (2014). "Modell und Lösungsansatz zur Bestimmung kostenminimierter Ablaufpläne in Multiressourcen-Montagen". Diss. Dresden: Technische Universität Dresden.

Carl, Sebastian und Evangelos Angelidis (2015). *Simulationsbasierte Prozesskostenrechnung zur Bestimmung kostenminimaler Ablaufalternativen in der Montageplanung bei KMU: . Abschlussbericht zum IGF-Vorhaben 393 ZBR*. Dresden und München.

Deb, K. et al. (2002). "A fast and elitist multiobjective genetic algorithm: NSGA-II". In: *IEEE Transactions on Evolutionary Computation* 6.2, S. 182–197.

Goldberg, David E. (1989). *Genetic algorithms in search, optimization, and machine learning*. Reading, Mass.: Addison-Wesley Publishing Company.

Kumar, Rakesh und Jyotishree (2012). "Blending Roulette Wheel Selection & Rank Selection in Genetic Algorithms". In: *International Journal of Machine Learning and Computing*, S. 365–370.

Majohr, Martin Falk (2008). "Heuristik zur personalorientierten Steuerung von komplexen Montagesystemen". Diss. Dresden: Technischen Universität Dresden.

Kapitel 9
Anwendungsbeispiel für die Kostensimulation der Bestellmengenplanung für verderbliche Güter in Lebensmittelfilialen

Larissa Janssen, Jürgen Sauer und Harald Schallner

9.1 Einführung

In diesem Beitrag wird eine Umsetzungsmöglichkeit einer diskreten Kostensimulation anhand eines Beispiels aus dem Bereich des Lebensmitteleinzelhandels (LEH) gezeigt. In dem Anwendungsbeispiel geht es um die folgende Problemstellung: Ein LEH-Unternehmen möchte analysieren, welche Auswirkung unterschiedliche Bestellmengenmodelle auf Kosten und Abfallmengen in den Filialen haben können. Um die Ursache-Wirkungs-Beziehungen zu untersuchen, wird seitens des LEH-Unternehmens eine Kostensimulation durchgeführt. Die Kostensimulation wird also in diesem Fall zur Unterstützung einer taktischen Entscheidung verwendet.

Der Entscheidungsträger aus dem LEH-Unternehmen ist ausschließlich an den Ergebnissen und der Nachvollziehbarkeit der vorher durchgeführten Kostensimulation interessiert. Dagegen beschäftigt sich der Entwickler dieser Kostensimulation mit anderen Aspekten, wie dem inneren Aufbau des Simulationsmodells, der Umsetzung der filiallogistischen Kernprozesse, dem Generieren von Testdaten, der Nutzung einer Optimierungssoftware zwecks Lösung des Bestellmengenproblems und andere. Im Folgenden wird gezeigt, wie ein Kostensimulationsmodell konzeptionell von einem Simulationsmodellentwickler aufgebaut und von einem Entscheidungsträger genutzt werden kann.

In Abschnitt 9.2 werden Anforderungen an das zu entwickelnde Simulationsmodell beschrieben. Abschnitt 9.3 beleuchtet die Abbildung der Kernprozesse in Lebensmittelfilialen in dem Simulationsmodell. Die Architektur des Simulationsmodells und das Prinzip der Auswertung von Ergebnissen der Kostensimulation

---

Larissa Janssen
Jade Hochschule Wilhelmshaven, e-mail: `larissa.janssen@jade-hs.de`

Jürgen Sauer
Carl von Ossietzky Universität Oldenburg, e-mail: `sauer@uni-oldenburg.de`

Harald Schallner
Jade Hochschule Wilhelmshaven, e-mail: `harald.schallner@jade-hs.de`

wird in Abschnitt 9.4 erklärt. Die abschließende Zusammenfassung dieses Beitrags findet in Abschnitt 9.5 statt.

9.2 Anforderungen an das Kostensimulationsmodell

Für das Kostensimulationsmodell werden zunächst wichtige Anforderungen aufgestellt. Es soll eine Kostenrechnung mit dynamischen und statischen Kostensätzen für das Bestandsmanagement von verderblichen Gütern unterstützen. Die meisten Parameter des Modells (bis auf die Nachfrage) sind deterministisch. Sie können aber von Periode zu Periode variieren.

Das Kostensimulationsmodell muss die unbekannte (stochastische) Nachfrage berücksichtigen. Die stochastische Nachfrage soll in dem Simulationsmodell entweder durch eine Verteilungsfunktion (mit einem Erwartungswert und einer Standardabweichung) oder durch Szenariobäume dargestellt werden. Die Darstellung der stochastischen Nachfrage hängt mit dem jeweils verwendeten Optimierungsmodell zusammen (Erwartungswertmodell oder ein szenario-basiertes Optimierungsmodell (vgl. Klein und Scholl 2011).

Der Entscheidungsträger aus dem LEH-Unternehmen soll die Simulationsergebnisse der untersuchten Bestellmengenmodelle leicht vergleichen können. Daher sollten die wichtigsten Kennzahlen in einer Übersicht nebeneinander dargestellt werden. Ein Beispiel dieser Darstellung ist in Abbildung 9.1 gezeigt. Die Diagramme beinhalten Abfall- und Kostenstatistiken der vier unterschiedlichen Optimierungsmodelle: klassisches Bestellmengenmodell (Erwartungswertmodell), FAT-Modell, Wait-and-see-Modell und Kompensationsmodell (Die Modelarten sind beschrieben in Klein und Scholl 2011). Pro Optimierungsmodell wird in dem Diagramm die Abfall- und Kostenentwicklung im Zeitraum von 15 Monaten gezeigt. Pfeile in Abbildung 9.1 verdeutlichen die automatischen Datenbezugsquellen aus den Experimentordnern (*1m*, *1f*, *1w*, *1f* usw.), die in die beiden Diagramme geladen werden. Diese Ordner enthalten Experimente, die sich in Parametereinstellungen unterscheiden. Jedes Experiment wird identifiziert anhand einer eindeutigen Nummer und eines Zeichens hinter der Zahl, welches das Kürzel für das verwendete Bestellmengenmodell angibt (z.B. Experimentnummer *1m*, *1f*, *1w* oder *1k*).

Die meisten Simulationsmodelle visualisieren bewegliche Objekte, damit der Ablauf eines komplexen Prozesses oder Systemverhaltens sichtbar wird (vgl. Eley 2012; Bangsow 2010). Ein Simulationsmodell kann aber auch ohne eine Visualisierung auskommen, wenn der Visualisierungsaspekt keine Vorteile bringt oder aus Performancegründen ausgeschaltet wird. Die Realisierung von Prozessen, Abläufen oder Systemzuständen erfolgt dann in der Regel mittels Variablen, Methoden und Tabellen. In diesem Anwendungsbeispiel soll ebenfalls auf die Visualisierung der filiallogistischen Kernprozesse (vgl. Hofer 2009; Hertel et al. 2011) verzichtet werden, weil sie keinen wirklichen Erkenntnisgewinn bringt. Außerdem soll der Entscheidungsträger eines LEH-Unternehmens die Kernprozesse ohne das Starten der Simulationssoftware mithilfe von Exceldateien nachvollziehen können. Das

9 Anwendungsbeispiel für die Kostensimulation 155

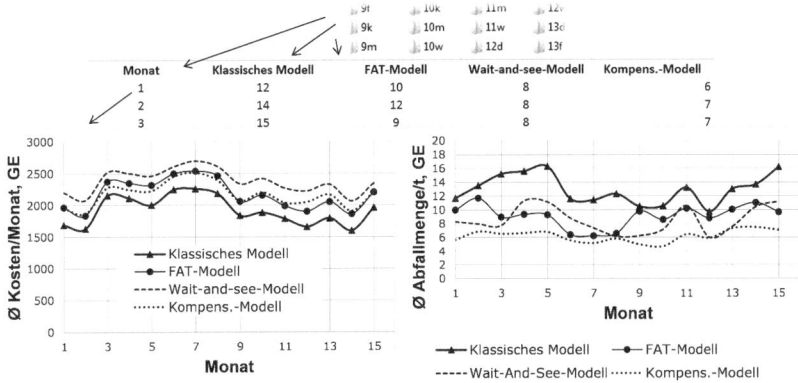

Abbildung 9.1 Übersicht der Optimierungsergebnisse (Abfallmengen und mittlere Kosten) von vier Bestellmengenmodellen (Klassisches Modell, FAT-Modell, Wait-and-see-Modell, Kompensationsmodell).

Konzept zur Transparenz der Simulationsergebnisse darf bei einem Simulationsmodell nicht fehlen. Nur wenn die Ergebnisse einer Kostensimulation nachvollziehbar (transparent) sind, gewinnt die Kostensimulation an Vertrauen und Gewicht bei Entscheidungsträgern.

9.3 Abbildung der filiallogistischen Kernprozesse

Die typischen filiallogistischen *Kernprozesse* des Lebensmitteleinzelhandels teilen sich in „Disposition", „Warenannahme und Backstore"sowie „Frontstore und Check-out"auf (vgl. Hofer 2009, S. 77). Die filiallogistischen Kernprozesse sind in der Regel deterministisch. Sie sind von vornherein bekannt und ihre Abfolge wird als immer gleich angenommen.

Im Kontext der Abfallreduktion und der Analyse von vier Bestellmengenmodellen werden in dem Simulationsmodell nicht alle Kernprozesse im Detail dargestellt. Zusätzlich wird der Warenverderb berücksichtigt. Abb. 9.2 zeigt Prozesse, die das Simulationsmodell abbildet. Dazu gehören die sechs folgenden Prozesse: (1) Verderb, (2) Lagerbestandsbereinigung von abgelaufener Frischware, (3) Empfang einer Lieferung, (4) Bestellentscheidung (mit Hilfe von IBM ILOG Solver), (5) Bestellung und (6) die Beantwortung der stochastischen Nachfrage. Diese Prozesse werden im Folgenden näher beschrieben:

1. Mit dem Anbruch eines neuen Tages (siehe Tag Beginn) reduziert sich die Haltbarkeit der Frischware um einen Tag, d.h. die Frischware wird um einen Tag älter. Die Alterung der Frischware ist in diesem Kontext sehr wichtig, weshalb sie als ein Prozess angegeben ist.

2. Die Kontrolle der Haltbarkeit der Frischware ist im Lebensmittelhandel vorgeschrieben. An jedem Tag wird deshalb der Ablauf der Haltbarkeit kontrolliert und die abgelaufene Ware aus den Verkaufsregalen (oder dem Lager) entfernt. Die entsorgte Ware zählt zum Abfall.
3. Die Frischware kann einmal täglich geliefert werden.
4. Nach dem Warenempfang wird im Zyklus der Bestandskontrolle geprüft, ob Frischware bestellt werden muss. Die Bestimmung der Bestellmenge erfolgt mithilfe einer der vier Bestellmengenmodelle. Die Optimierung der Bestellmenge geschieht außerhalb des Simulationsmodells und wird von dem IBM ILOG Solver übernommen. Nach diesem Schritt steht die Bestellmenge fest.
5. Falls die Bestellmenge größer Null ist, wird die Frischware bestellt. Die bestellte Ware wird nicht sofort geliefert, sondern nach der Lieferzeit, die vertraglich zwischen dem Regionallager und der Lebensmittelfiliale vereinbart ist.
6. Die stochastische Nachfrage einer Periode wird anschließend gedeckt (realisierte Nachfrage).

Die Prozesse aus Abb. 9.2 wiederholen sich einmal oder mehrmals pro Tag (je nach Planungsmethode). In der Abbildung entspricht eine Periode einem Tag. Bei einer mehrmals täglichen Bestellmengenplanung wird ein Tag in mehrere Tageszeiten (Morgen, Mittag, Nachmittag, Abend) aufgeteilt. die Planung kann sich bis zu vier Mal pro Tag (je nach Bestandskontrollzyklus) wiederholen.

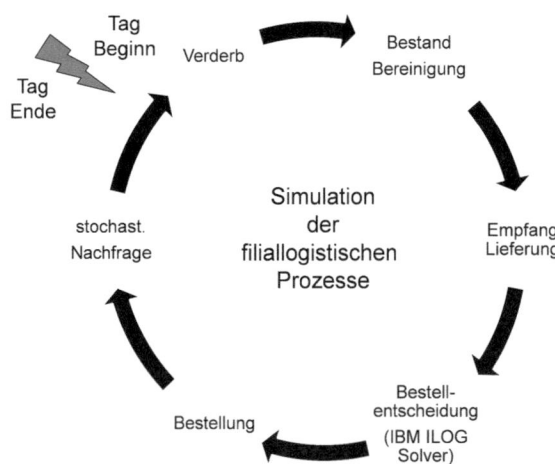

Abbildung 9.2 Simulierte logistische Prozesse in Lebensmittelfilialen

9.4 Konzeption und Realisierung des Simulationsmodells

Zum Aufbau des Simulationsmodells wird das Simulationstool Tecnomatix Plant Simulation Version 11.0.0 der Firma Siemens eingesetzt. Das mathematische Optimierungsmodell wird vom IBM ILOG Solver Version 12.6 gelöst.

Um den Anforderungen (Abschnitt 9.2) an die Kostensimulation gerecht zu werden, wird das Simulationsmodell in mehrere logische Einheiten (*Schichten*) aufgeteilt. Ein *Schichtenmodell* (*Schichtenarchitektur*) verdeutlicht grundsätzliche Zusammenhänge und Aufgaben der Schichten. Die Schichtenmodelle dienen in erster Linie zur Vereinfachung der Entwicklung von Softwaresystemen (vgl. Dunkel und Holitschke 2013). Sie sind im IT-Bereich stark verbreitet und werden bei der Entwicklung von Softwaresystemen eingesetzt. Zu den bekanntesten Schichtenarchitekturen zählen beispielsweise das Drei-Schichten-Modell (vgl. Dunkel und Holitschke 2013) und das ISO/OSI (vgl. Tanenbaum und Wetherall 2012) Schichtenmodell.

Das hier vorgestellte geschlossene Schichtenmodell lehnt sich an das 3-Schichten-Modell (vgl. Tanenbaum und Wetherall 2012) an und erweitert es um weitere simulationsspezifische Merkmale, die im Weiteren näher beschrieben werden.

Tabelle 9.1 zeigt die Architektur des Simulationsmodells für das vorgestellte Anwendungsbeispiel. Die Architektur des Simulationsmodells besteht aus sechs Schichten: *Präsentation*, *Anwendung*, *Optimierung*, *Daten*, *Protokollierung* und *Externe Datenspeicherung*. In der Spalte *Realisierung* der Tabelle 9.1 wird gezeigt, mit welchen Mitteln die Umsetzung der Schichtenarchitektur in dem Simulationsmodell stattfindet.

Tabelle 9.1 Logische Architektur des Simulationsmodells in diesem Beispiel

Schicht	Zuständigkeit	Realisierung
Präsentation	Steuerung der Simulation selbst graphische Bausteine und Elemente	Ereignisverwalter, graphische (bewegliche) Objekte
Simulation	Ablauf der Kernprozesse, Initialphase des Simulationslaufs	Variablen, Methoden, Tabellen
Optimierung	Mathematisches Optimierungsmodell, Optimierungsschnittstelle	Variablen, Methoden, Tabellen, Aufruf IBM ILOG Solver (oplide.exe)
Daten	Kostensätze, Parameterausprägungen, realisierte und erwartete Nachfrage (Szenarien etc.)	Variablen, Methoden, Tabellen
Protokollierung	Speicherung der Kernprozessdaten zwecks Nachvollziehbarkeit (für alle Perioden)	Methoden, Tabellen
Externe Datenspeicherung	Kostenberechnung, Export und Speicherung von Ergebnissen	Exceldateien mit Reporting-Cockpit

Die Kommunikation zwischen den Schichten wird durch den Aufruf von deren Schnittstellen und der Parameterübergabe ermöglicht. Eine Datentransformation zwischen Schichten ist bis auf die Schicht *Optimierung* (siehe Abschnitt 9.4.3) nicht notwendig, weil alle Daten von Schichten in dem Simulationsmodell vorliegen. Es sei angemerkt, dass die hier beschriebene Architektur des Simulationsmodells innerhalb des Simulationstools Tecnomatix Plant Simulation verwendet wird. Die Software Tecnomatix Plant Simulation hat eine vorgegebene Struktur, innerhalb welcher die eigene logische Architektur aufgestellt wird. Die Aufstellung einer eigenen logischen Architektur für das entwickelte Simulationsmodell hilft in erster Linie die Entwicklung des Models zu vereinfachen, weil das Werkzeug Tecnomatix Plant Simulation viele Möglichkeiten zur Realisierung von Simulationsmodellen bietet. Durch die Schaffung der logischen Architektur in dem Simulationsmodell selbst wird eine bessere Übersichtlichkeit, leichtere Fehlersuche, Wiederverwendbarkeit des Quellcodes und Redundanzfreiheit geschafft. Das zählt zu den typischen Vorteilen eines organisierten Softwaresystems (vgl. Tanenbaum und Wetherall 2012). Murray-Smith (2016) thematisiert das Problem der Transparenz und Überprüfbarkeit von Simulationsmodellen. Das Umsetzen einer Schichtenarchitektur in Simulationsmodellen trägt dazu bei, die erwähnten Probleme besser zu beherrschen bzw. diese zu beseitigen.

Im Folgenden werden die sechs logischen Schichten der Simulationsmodellarchitektur zusammen mit den Realisierungsaspekten näher beleuchtet.

9.4.1 Präsentation

Die oberste Schicht ermöglicht die Interaktion zwischen Benutzer und dem Simulationsmodell. Die Steuerung einer Simulation wird in Plant Simulation mithilfe vom *Ereignisverwalter* organisiert, der beispielsweise ermöglicht, eine Simulation zu starten und zu stoppen. Des Weiteren gehören die Visualisierungsobjekte von untersuchten Systemen und Prozessen in diese Schicht. Die Simulationswerkzeuge bieten in der Regel alle notwendigen Bedienoberflächen und graphischen Bausteine (*Senke*, *Quelle*, *Lager* u.a.) sowie bewegliche Objekte (*Fördergut* u.a.) an, um ein Untersuchungsobjekt zu visualisieren.

9.4.2 Simulation

Die Schicht *Simulation* enthält die Kernprozesse (siehe Abb. 9.2) einer LEH-Filiale selbst und die Initialisierungsphase des Simulationslaufs mit allen zugehörigen Einstellungen. Die Realisierung dieser Schicht erfolgt über die Variablen, Methoden und Tabellen. Die Hauptroutine ist eine Methode, welche die einzelnen Kernprozesse ansteuert. Diese Hauptroutine wird in jeder Periode aufgerufen, wobei der Ablauf mit dem Prozess 1 (Verderb) beginnt.

Zur Initialisierung eines Simulationslaufs gehört beispielsweise das Initialisieren von Variablen, das Hinzufügen von Daten in Tabellen (z.B. realisierte Nachfrage),

9 Anwendungsbeispiel für die Kostensimulation

das Leeren aller (temporären) Tabellen (Lager, Bestellung, Abfall, Kosten u.a.), die während eines Simulationslaufs mit periodenbezogenen Daten befüllt werden usw.

9.4.3 Optimierung

Die dritte Schicht *Optimierung* ist für den Aufruf einer Optimierungssoftware IBM ILOG Solver zuständig. Die Schnittstelle zu dem IBM ILOG Solver wird über das Lesen und Schreiben in die physikalischen Dateien realisiert. Die Übergabe der Parameter (im Wesentlichen die Pfadangaben) zur Datendatei und Modelldatei erfolgt über die Schicht Optimierung. Eine Datendatei enthält alle Parameter des mathematischen Optimierungsmodells, welche in der Modelldatei gespeichert sind. Die berechnete Lösung des Optimierungsproblems wird seitens des IBM ILOG Solvers ebenfalls in einer Datei gespeichert. Diese Datei wird ausgelesen und das Ergebnis wird in dem Simulationsmodell zwischengespeichert.

Nachteilig wäre die mathematische Optimierung direkt in dem Simulationsmodell selbst und nicht über eine externe Optimierungssoftware. Bekannte Optimierungssoftwares bieten Möglichkeiten der Nutzung deren Schnittstellen für andere Software. Da der IBM ILOG Optimizer sehr stark verbreitet ist und bereits in vielen Forschungsarbeiten erprobt wurde, zweifelt niemand an der Richtigkeit der optimalen Lösung, die der Solver findet. Durch die Verlagerung der Verantwortlichkeit für die mathematische Optimierung gewinnt das Simulationsmodell an Zuverlässigkeit der Optimierungslösung.

Für dieses Anwendungsbeispiel werden, wie bereits erwähnt, vier unterschiedliche Modelle zur Findung der optimalen Bestellmenge verwendet. In diesem Beitrag wird nur eines dieser Modelle (das Erwartungswertmodell) aus Janssen et al. (2015) im Folgenden kurz vorgestellt. Für Einzelheiten dieses Optimierungsmodells wird auf die Publikation selbst verwiesen. Die Vorstellung dieses Optimierungsmodells soll verdeutlichen, dass die Generierung von Parametern im Simulationsmodell mit dem mathematischen Optimierungsmodell eng in Verbindung steht.

Alle Modellparameter aus der Arbeit von Janssen et al. (2015) sind in Tabelle 9.2 angegeben. Ein detailliertes Rechenbeispiel von diesem Optimierungsmodell ist in Janssen et al. (2016) vorgestellt. Vorausschauend wird für den Planungshorizont entschieden, in welcher Periode t wieviel Ware kostenminimal bestellt wird.

Geltungsbereich für *Indizes* in allen Gleichungen, falls nichts anders angegeben ist:

f: Filiale F: Filialenanzahl $f = 1..F$
h: Alter H: max. Alter $h = 0..H$
t: Periode T: Planungshorizont $t = 1..T$

Tabelle 9.2 Parameter und Entscheidungsvariablen

BK_{ft}: fixe Bestellkosten	ω_{ft}^{fix}: fixe Transportkosten in Filiale f
c_{ft}: variable Bestellkosten	ω_{ft}^{var}: variable Transportkosten in Fil.
d_{ft}: Nachfragemenge in t der Filiale f	ωRL_t^{fix}: fixe Transportkosten des RL
d_{fth}^{FIFO}: FIFO-Nachfrage vom Alter h	ωRL_t^{var}: variable Transportkosten des RL
d_{fth}^{LIFO}: LIFO-Nachfrage vom Alter h	q_{ft}: Bestellmenge in Periode t der Filiale f
$\tilde{d}_{ft}^{k\in\tau}$: modifizierte Nachfrage in Periode k der Filiale f	Q_t^{max}: max. Kapazität eines LKW
$\tilde{D}_t^\tau$: kumulierte Nachfrage von t bis τ	τ: eine der Folgeperioden von t
ε_{fh}, $\varepsilon_{f,j\in h}$: Verbleibfaktor der Ware	Vormittag: erste Periode t an einem Tag
φ^{LIFO}: Nachfrageanteil, LIFO-Prinzip	x_{fh}: Restlagerbestand nach Alter h
G_f: maximale Lagerkapazität	X_{fth}: Lagerbestand in t vom Alter h
LK_{ft}: Lagerhaltungskosten in t der f	X_{fth}^{free}: abfallfreier Lagerbestand in t
LT: Wiederbeschaffungszeit	y_{ft}, y_{fth}: Lieferung in Periode t, h=0

Die Minimierungszielfunktion (Gl. 9.1) berücksichtigt fixe Bestellkosten, Lagerhaltungskosten, variable Bestellkosten (Einkaufskosten) und Transportkosten in Filialen und einem Regionallager (RL):

$$Min\ C = \sum_{f=1}^{F}\sum_{t=1}^{T}(BK_{ft}\cdot z_{ft}+LK_{ft}\cdot X_{ft}+c_{ft}\cdot q_{ft}$$

$$+\omega_{ft}^{fix}\cdot z_{ft}+\omega_{ft}^{var}\cdot q_{ft})+\sum_{f=1}^{F}\sum_{t=1}^{T}(q_{ft}/Q_t^{max}\cdot \omega RL_t^{fix}+q_{ft}\cdot \omega RL_t^{var}) \qquad (9.1)$$

$$X_{ft,h=0}^{free}=0 \quad t\in Vormittag \qquad (9.2)$$

$$X_{ft,h>0}^{free}=\varepsilon_{fh}\cdot X_{f,t-1,h-1} \quad t\in Vormittag \qquad (9.3)$$

$$X_{fth}^{free}=\varepsilon_{fh}\cdot X_{f,t-1,h} \quad t\notin Vormittag \qquad (9.4)$$

$$X_{f,t=1,h}^{free}=x_{fh} \qquad (9.5)$$

$$X_{ft,h=0}=X_{ft,h=0}^{free}+y_{ft}-d_{ft0}^{LIFO}-d_{ft0}^{FIFO}\forall t=1,...,LT \qquad (9.6)$$

$$X_{ft,h=0}=X_{ft,h=0}^{free}+q_{f,t-LT}+y_{ft}-d_{ft0}^{LIFO}-d_{ft0}^{FIFO}\forall t=LT+1,...,T \qquad (9.7)$$

9 Anwendungsbeispiel für die Kostensimulation

$$X_{ft,h>0} = X_{ft,h>0}^{free} - d_{ft,h>0}^{LIFO} - d_{ft,h>0}^{FIFO} \tag{9.8}$$

$$d_{ft}^{LIFO} = d_{ft} \cdot \phi^{LIFO} \tag{9.9}$$

$$d_{ft}^{FIFO} = d_{ft} - d_{ft}^{LIFO} \tag{9.10}$$

$$X_{fth} = 0 \vee d_{fth}^{LIFO} = d_{ft}^{LIFO} - \sum_{j=0}^{h-1} d_{ftj}^{LIFO} \tag{9.11}$$

$$X_{ft,H-h} = 0 \vee d_{ft,H-h}^{FIFO} = d_{ft}^{FIFO} - \sum_{j=H-h+1}^{H} d_{ftj}^{FIFO} \tag{9.12}$$

$$\sum_{h=0}^{H} d_{fth}^{LIFO} = d_{ft}^{LIFO}, \sum_{h=0}^{H} d_{fth}^{FIFO} = d_{ft}^{FIFO} \tag{9.13}$$

$$\sum_{h=0}^{H} X_{fth} \leq G_f \tag{9.14}$$

$$X_{fth}^{free} \geq 0, d_{fth}^{LIFO} \geq 0, d_{ft}^{FIFO} \geq 0 \tag{9.15}$$

$$q_{ft} \leq \tilde{D}_{ft}^{\bar{T}(t,L)} \cdot z_{ft} \tag{9.16}$$

$$\tilde{D}_{ft}^{\tau} = d_{f,t+L} + \sum_{k=t+L+1}^{\tau} \tilde{d}_{ft}^{k}, \tau \in [t+L+1,...,\bar{T}(t,L)] \tag{9.17}$$

$$\tilde{d}_{ft}^{k} = d_{ft} / \prod_{j=0}^{h'} \lambda_j, h' = \max(0, t_{\tau}^{macro} - t_{t+L}^{macro}) \tag{9.18}$$

Das Zusammenspiel der Optimierungsschicht mit der Datenschicht und dem IBM ILOG Solver wird in Abb. 9.3 graphisch dargestellt. Während des Ablaufs von hier definierten filiallogistischen Prozessen (Abschnitt 9.3) muss die optimale

Bestellmenge ermittelt werden. Dafür wird die Optimierungsschicht von der Hauptroutine der Anwendungsschicht aufgerufen. Die Optimierungsschicht bezieht die Parameterausprägungen (Input-Daten) für das Optimierungsmodell aus der Datenschicht und übergibt diese zusammen mit dem mathematischen Optimierungsmodell an den IBM ILOG Solver. In der Kartei *ModellParameter* (ohne Abbildung) werden die generierten Input-Daten temporär zwischengespeichert. Der IBM ILOG Solver berechnet die optimale Bestellmenge (Output-Daten) und übergibt diese an das Simulationsmodell. In Tabelle *Solver_Ergebnis* (ohne Abbildung) wird die letzte Solver-Lösung zwischengespeichert. In dem Simulationsmodell wird gegebenenfalls genau diese Bestellmenge für die aktuelle Periode bestellt.

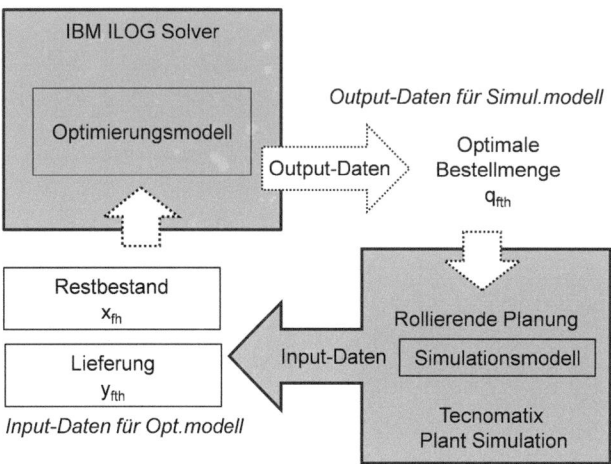

Abbildung 9.3 Der Optimierungsvorgang über Input/Output-Daten

9.4.4 Daten

Die Schicht *Daten* ist für die Generierung der simulationsrelevanten Daten verantwortlich. Hauptsächlich handelt es sich um die Datengenerierung für die mathematischen Modelle der Bestellmengenplanung (Bestellmengenmodelle). Jedes Bestellmengenmodell benötigt mehrere Eingabedaten (Input-Daten). Bei den Eingabedaten handelt es sich um verschiedene Kostensätze, Nachfrage und andere Parameter. In dieser Schicht werden die Parameter für die Optimierungsschicht aufbereitet, sobald die Optimierungsschicht die Datenschicht kommuniziert. Dies geschieht per Aufruf der Methode *DatenGenerieren* (ohne Abbildung). Abbildung 9.4 liefert die Übersicht der wichtigsten Tabellen der logischen Schicht Daten.

9 Anwendungsbeispiel für die Kostensimulation

Abbildung 9.4 Übersicht von wichtigsten Tabellen in dem Simulationsmodell

In Tabelle *Produkt* werden produktspezifische Daten gespeichert. Tabelle *Filiale* enthält allgemeine Daten zu Filialen wie zum Beispiel deren Transportkostensätze. In Tabelle *Regionallager* sind Daten des Regionallagers gespeichert sowie dessen Transportkostensätze. Tabelle *Bestellung* speichert die letzten Bestellmengen und die Lieferperiode von Produkten. Tabelle *Lager* enthält den aktuellen Lagerbestand der Frischware, der nach dem Alter der Frischware kategorisiert ist (*alters-basierter* Lagerbestand).

In dem Simulationsmodell der vorgestellten Fallstudie gibt es insgesamt neun Kostensätze: Lagerkostensatz, variable Bestellkosten (Einkaufskosten), fixe Bestellkosten, variable Transportkosten (Filiale), fixe Transportkosten (Filiale), Abfallentsorgungskosten, variable Transportkosten (Regionallager), fixe Transportkosten (Regionallager) und Strafkosten (nur beim Kompensationsmodell).

Alle Kostensätze können pro Filiale, pro Produkt und pro Periode variieren. Fixe Bestellkosten und Transportkosten werden im Laufe der Simulation in Abhängigkeit von der Nachfrage und der gewünschten Bestandsreichweite berechnet. Alle anderen Kostensätze werden vor dem Beginn der Simulation festgelegt und in der Tabelle *Produkt* gespeichert. Tabelle *Produkt* ist so aufgebaut, dass ein Tabelleneintrag der Erfassung eines Produkts pro Filiale entspricht. Dazu gehören produktspezifische Parameter und Kostensätze, wobei die Kostensätze dieses Produkts in einer verschachtelten Tabelle gespeichert sind. Tabelle 9.3 zeigt beispielhaft die Inhalte der Tabelle *Produkt* für zwei Produkte (Produkt1 und Produkt2) der Filiale 1. Wie bereits erwähnt, sind in den verschachtelten Tabellen die Kostensätze dieser Produkte zu finden. Der angestrebte Beta-Servicegrad und der Anteil der FIFO- bzw. LIFO-Entnahme zählen zu produktspezifischen Parametern. Es gibt mehr solcher Parameter als in Tabelle 9.3 exemplarisch gezeigt wird.

Da alle Kostensätze variable sind, werden die Kostensätze pro Periode in der verschachtelten Tabelle zusammengefasst. Tab. 9.4 zeigt beispielhaft, wie diese aufge-

Tabelle 9.3 Tabelle mit Kostensätzen im Anwendungsbeispiel

Filiale	Produktname	Kostensätze	Beta-Servicegrad	Faktor FIFO	...
1	Produkt1	Verschachtelte Tabelle	0.99	0.40	...
1	Produkt2	Verschachtelte Tabelle	0.97	0.50	...
...	...	...	...	...	...

baut ist und wie die Kostensätze pro Periode in der verschachtelten Tabelle abgelegt werden.

Tabelle 9.4 Beispiel für Kostensätze in einer verschachtelten Tabelle je Produkt

Periode	Lagerkostensatz	Einkaufskosten	Abfallentsorgungskosten	...
1	2	60	7	...
2	2	60	7	...
3	3	61	6	...
...	...	...	...	...

Die Schicht Daten enthält außer den Kostensätzen auch mehrere Parameter, die in dem Simulationsmodell selbst oder in dem mathematischen Optimierungsmodell verwendet werden. Parameter, die für alle Produkte gelten, werden als Konstanten (als fixe Variablenwerte) definiert und sind in Tabelle *Produkt* nicht enthalten. Das Simulationsmodell benötigt z.B. einen Parameter, um die Nachfragemuster festzulegen. Je nach Wert dieses Parameters wird dann in dem Simulationslauf eine der Nachfrage-Verteilungsfunktionen verwendet, die dem vorbestimmten Nachfragemuster entspricht. Eine andere Konstante des Simulationsmodells ist zum Beispiel die Länge des Simulationslaufs (in Perioden). Zu den wichtigsten Konstanten des Optimierungsmodells zählen beispielsweise der Zyklus der Bestandskontrolle, die Lieferzeit vom Regionallager zu Filialen, der Planungshorizont, die Produktanzahl u.a. Wenn ein Experiment vorbereitet wird, werden dafür vorgesehene Kostensätze und Parameter angepasst und in der Simulationsdatei (mit Endung .spp) gespeichert.

Einer der wichtigsten Parameter des mathematischen Optimierungsmodells ist die Nachfrage. Die Modellierung der Nachfrage kann unterschiedlich gestaltet werden und hängt von dem Optimierungsmodell ab. Bei klassischen stochastischen Optimierungsmodellen (Erwartungswertmodell) wird die Nachfrage als Verteilungsfunktion mit einem Erwartungswert und Standardabweichung dargestellt. Bei mehrstufigen szenario-basierten stochastischen Ersatzmodellen (vgl. Dinkelbach 1982; Klein und Scholl 2011) wird die Nachfrage als Szenariobaum dargestellt. In dem Simulationsmodell wird dagegen die realisierte (tatsächlich eingetretene) Nachfrage in Filialen vor dem Simulationslauf in der Tabelle *Nachfrage* gespeichert. Die Speicherung der realisierten Nachfrage ermöglicht die Überprüfung der Nachfrageverteilungsfunktion bzw. Nachfragedaten. Die realisierte Nachfrage wird in der Tabelle Nachfrage für jede Periode gespeichert.

9.4.5 Protokollierung

In der Schicht *Protokollierung* wird das vollständige Aufzeichnen der filiallogistischen Prozessdaten zum Ziel gemacht. Die detaillierte Aufzeichnung der Abläufe hilft beim Überprüfen der Korrektheit der einzelnen Prozesse.

Die periodischen Bestellmengen, Kosten, realisierte Nachfrage, Lagerbestände etc. können über den gesamten Beobachtungszeitraum nachvollzogen werden. Der Beobachtungszeitraum ist identisch mit der Simulationslänge und wird in Perioden gemessen. Die Protokollierung ermöglicht sowohl das Verstehen der einzelnen Bestellmengenmodelle als auch das detaillierte Vergleichen dieser Ergebnisse auf Periodenebene. Die Realisierung der Protokollierung ist recht einfach und kann mittels Tabellen und Methoden umgesetzt werden.

Abbildung 9.5 zeigt Tabellen für Statistiken der Kernprozesse. In der oberen Reihe sind Statistik-Tabellen (*Periodenstatistik_H, Periodenstatistik, LKWStatistik* u.a.) einer Filiale enthalten. Der Split der Statistikdaten nach Filialen wird aus Performancegründen gemacht und verhindert, dass Statistiktabellen zu groß werden. Die untere Reihe hat Tabellen mit filialübergreifenden Statistiken. Dazu gehören Tabellen *PeriodenGesamtstatistik, LKWGesamtstatistik* und *LageralterGesamtstatistik*. Diese Tabellen enthalten durchschnittliche Statistiken aller Filialen und aller Produkte. Statistiken dieser Tabellen sind aus den Daten der Tabellen *Periodenstatistik, LKWStatistik*, und *LageralterStatistik* der einzelnen Filialen errechnet.

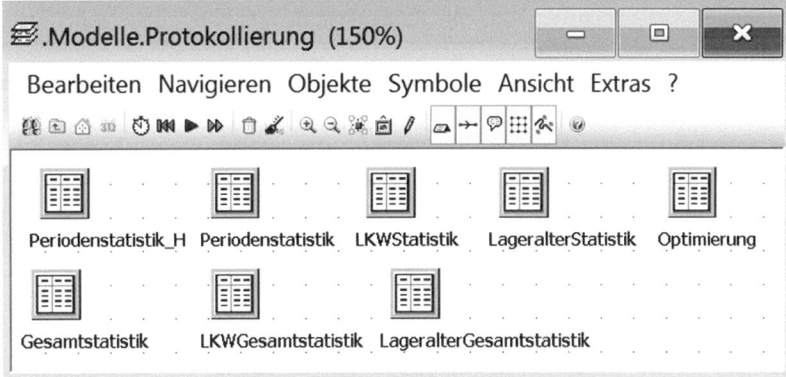

Abbildung 9.5 Statistikaufteilung in Tabellen. Die obere Reihe mit Statistiken einer Filiale und die untere Reihe mit Statistiken von allen Filialen zusammen

Welche Statistiken in Tabellen aus Abb. 9.5 gesammelt werden, wird im Folgenden kurz beschrieben. Tabelle *Periodenstatistik_H* speichert Prozessdaten mit dem Detaillierungsgrad über das Alter von Frischware. Dazu gehören: Filialnummer, Produktname, Periode, Anfangslagerbestand, Abfall-Gesamt, Abfall-Qualität, Abfall-Haltbarkeit, Lieferung, Nachfrage, Bestellmenge, Fehlmenge, Endlagerbestand, Betaservice, Betaservice-30-Tage, Kosten, Transportkosten, ILOG-Dauer,

Lagerkosten, Einkaufskosten, Bestellkosten, Abfallentsorgungskosten, Fixe-Transportkosten, Var-Transportkosten, Wochentag, Datum. Zum Beispiel kann aus dieser Tabelle erfahren werden, wieviel Ware vom Alter h in einer bestimmten Periode auf dem Lager war. Auch die Nachfrage der FIFO- und LIFO-Entnahmeart kann ermittelt werden: Entnahmemenge der Frischware aus dem Lager vom Alter h. Tabelle *Periodenstatistik* verdichtet die Daten aus Tabelle *Periodenstatistik_H*. Die Datenverdichtung basiert auf dem Wegfall der Details zum Alter der Frischware, das nicht mehr in Tabelle *Periodenstatistik* vorkommt. Tabelle *Optimierung* speichert Perioden, an denen die mathematische Optimierung der Bestellmenge stattgefunden hat. Tabelle *LKWStatistik* enthält Daten zu Lieferperioden, Liefermengen und Kosten des Regionallagers für eine Filiale. Tabelle *LageralterStatistik* beinhaltet Statistiken zum durchschnittlichen Lagerbestandsalter einer Filiale.

9.4.6 Externe Datenspeicherung

Die letzte Schicht *Externe Datenspeicherung* beschäftigt sich mit der Aufgabe, alle Simulationsergebnisse außerhalb des Simulationsmodells zwischen zu speichern und sie auf eine einfache Weise zur Auswertung verfügbar zu machen. Das Konzept zur Gestaltung von Simulationsergebnissen ist in Exceldateien verankert. Deshalb gehört in diese Schicht (a) die Generierung von Ergebnissen und deren (b) Speicherung (Export) in Exceldateien.

Der erste Aufgabenbereich (a) betrifft die Generierung von Ergebnissen (Ausgabedaten einer Kostensimulation). Diese Aufgabe gestaltet sich relativ einfach, weil in der Protokollierungsschicht alle Statistiken über Bestellmengen, Lagerbestände, Bestandsalter, Lieferungen, Abfallmengen etc. für jede Periode verfügbar sind. Deshalb können Kosten und andere Performancemetriken relativ einfach berechnet werden. Diese Kostenberechnungen ergänzen die bereits vorhandenen Tabellen mit Statistiken.

Die Kosten einer Periode, die in einer Filiale pro Produkt entstanden sind, werden, wie bereits erwähnt, in dem Simulationsmodell berechnet:

> Kosten = fixe Bestellkosten + Einkaufskosten + Lagerhaltungskosten + Abfallkosten + fixe Transportkosten (Filiale) + variable Transportkosten (Filiale) + fixe Transportkosten (RL) + variable Transportkosten (RL)

Auch die verdichteten Statistiken werden aus dem Simulationsmodell exportiert. Die verdichtete Kostenermittlung pro Periode mit Daten aus Tabellen *Periodenstatistik* und *LKWStatistik* aus Abb. 9.5 wird anhand des folgenden Beispiels gezeigt.

Beispiel:

In diesem Beispiel gelten Kostensätze und Parameterausprägungen des Regionallagers und der Filialen aus Tabelle 9.5. Alle Kosten sind in Geldeinheiten (*GE*)

9 Anwendungsbeispiel für die Kostensimulation   167

pro eine Mengeneinheit (*ME*) angegeben. Pro Filiale gibt es einfachheitshalber nur eine Frischware.

Tabelle 9.5 Parameter

Kostenparameter in *GE*:		Weitere Parameter:	
Fixe Transp.kosten Fil. ωftfix$_{ft}^{fix}$:	262	Nachfrage in Filiale:	$\mu=40, \delta=20$
Var. Transp.kosten Fil. ωftvar$_{ft}^{var}$:	7 je *ME*	LIFO-Anteil φ^{LIFO}:	0,4
Fixe Transp.kosten RL ωRLtfix$_t^{fix}$:	3780/*LKW*	LKW-Kapazität $Q\text{tmax}_t^{max}$:	14400 *ME*
Var. Transp.kosten RL ωRLtvar$_t^{var}$:	4 je *ME*	Planungshorizont *T*:	12
Bestellkosten *BKft*:	160	max. Alter *H*:	2 (3 Tage)
Lagerkosten *LKft*:	2 je *ME*	Filialenanzahl *F*:	1
Abfallentsorgungskosten		Wiederbesch.zeit *LT*:	1
in Filialen:	67 je *ME*	Verbleibsfaktor ε_h der Ware bei	
		$h \in \{0,1,2,3\}$:	{1,1,1,1}
Einkaufskosten:	60 je *ME*	Sicherheitsbestand ss_f:	102

In diesem Beispiel befindet sich die Kostensimulation aktuell in Periode 11. In Periode 11 beträgt der Anfangslagerbestand 222 ME und die Nachfrage liegt bei 23 ME. Es gibt keinen Abfall und die Liefermenge sowie die Bestellmenge sind gleich 0. Am Ende der Periode 11 ist der Endlagerbestand auf 199 ME gesunken. Es entstehen nur Kosten für die Lagerhaltung.

Durchschnittliche Kosten in Periode 11 = Lagerhaltungskosten = 2 GE/ME * 199 ME = 398 GE

In Periode 12 beträgt der Anfangslagerbestand 199 ME und die Nachfrage ist 28 ME. Es gibt 39 ME Abfall. Die Liefermenge und die Bestellmenge sind gleich 0. Am Ende der Periode 12 ist der Endlagerbestand auf 132 ME gesunken. In Periode 12 entstehen Kosten für die Lagerhaltung und für den Abfall.

Durchschnittliche Kosten in Periode 12 = Lagerhaltungskosten + Abfallkosten
= 2 GE/ME * 132 ME + 39 ME * 67 GE/ME = 2899 GE

In Periode 13 beträgt der durchschnittliche Anfangslagerbestand 132 ME und die Nachfrage ist 30 ME. Es gibt keinen Abfall und die Liefermenge ist gleich 0. Es werden 131 ME bestellt. Am Ende der Periode 13 ist der durchschnittliche Endlagerbestand auf 102 ME gesunken. Zu den Lagerhaltungskosten kommen in dieser Periode fixe und variable Bestellkosten hinzu.

Durchschnittliche Kosten in Periode 13 = fixe Bestellkosten + Einkaufskosten
+ Lagerhaltungskosten = 160 GE + 131 ME*60 GE/ME + 2 GE/ME*102 ME
= 8224 GE

In Periode 14 trifft die Lieferung (131 ME) ein. Zusammen mit dem Restbestand beträgt der durchschnittliche Anfangslagerbestand 233 ME. Die Nachfrage ist 32 ME. Es gibt keinen Abfall und es wird in Periode 14 nicht bestellt. Am Ende der Periode 14 beträgt der durchschnittliche Endlagerbestand 201 ME. Die Kosten dieser Periode schließen die Lagerhaltungskosten und die Transportkosten von Filialen und vom Regionallager ein, die durch die Lieferung entstanden sind.

Durchschnittliche Kosten in Periode 14 = Lagerhaltungskosten + fixe Transportkosten (Filiale) + variable Transportkosten (Filiale) + fixe Transportkosten (RL) + variable Transportkosten (RL) = 2 GE/ME*201 ME + 262 GE + 131 ME * 7 GE/ME + 3780 GE + 131 * 4 GE/ME = 5885 GE

Analog zum oberen Berechnungsbeispiel werden Kosten in allen Perioden berechnet. Es werden nicht nur die Gesamtkosten pro Periode exportiert, sondern auch die Kosten im Einzelnen (Lagerhaltungskosten, Abfallkosten, fixe Bestellkosten, variable Bestellkosten etc.). Der Export der Kostenpositionen ermöglicht zum Beispiel eine Kostenanalyse, um zu erkennen, welche der Kostenanteile im Unternehmen am größten sind.

Das Exportieren der Simulationsergebnisse gehört zum zweiten Aufgabenbereich (b) dieser logischen Schicht. Um die Übersichtlichkeit und die Nachvollziehbarkeit eines Experiments zu garantieren, werden alle Experimente samt der konfigurierten Simulationsmodelldatei (bei Plant Simulation mit Endung .spp) auf einem Datenträger mit dem Excel-Datenexport (*Auswertung_Vorlage.xls*) gespeichert (siehe Abb. 9.6). Die Exceldatei *Auswertung_Vorlage.xls* dient als eine Auswertungsvorlage, die bereits ein vorgefertigtes Reporting-Cockpit enthält. Das *Reporting-Cockpit* gehört zum Konzept des Datenexports und ermöglicht eine Reduzierung des Aufwands bei der Aufbereitung der Simulationsergebnisse zur Auswertung. Wie der Name Reporting-Cockpit bereits verrät, liefert es eine Übersicht aller zentralen Zahlen/Fakten eines Simulationslaufs auf einen Blick.

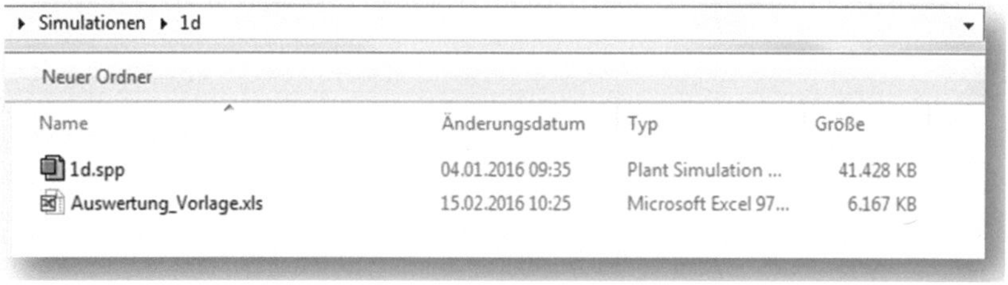

Abbildung 9.6 Die Simulationsdatei und die Exceldatei zum Experiment 1d

Die Exceldatei *Auswertung_Vorlage.xls* mit dem Reporting-Cockpit hat mehrere Tabellendatenblätter. In dem ersten Tabellenblatt der Excelvorlage *Auswertung_Vorlage.xls* wird das Reporting-Cockpit erstellt. Das Reporting-Cockpit greift auf die unverarbeiteten Daten (Rohdaten) aus anderen Tabellenblättern zu und generiert daraus verdichtete Zahlen mit beispielsweise Zwischensummen, Durchschnittswerten, Monats-, Jahresstatistiken usw. Die Tabellenblätter, mit Ausnahme des Reporting-Cockpit-Blatts, werden in dem Simulationsmodell generiert und am Ende eines Simulationslaufs in die Exceldatei exportiert. Somit füllt sich das Reporting-Cockpit mit Zahlen, sobald die Ergebnisse eines Simulationslaufs vorliegen. Da die Auswertung mit der Exceldatei *Auswertung_Vorlage.xls* nur eine Simulationsinstanz betrifft, handelt es sich um ein Mini-Reporting-Cockpit.

Das Maxi-Reporting-Cockpit setzt auf mehrere oder alle Mini-Reporting-Cockpits auf (siehe Abb. 9.7). Das Maxi-Reporting-Cockpit wird in Gesamtübersichten von mehreren Experimenten verwendet. Ein Beispiel eines Maxi-Reporting-Cockpits mit zwei Diagrammen wurde bereits in Abb. 9.1 gezeigt.

Abbildung 9.7 Auswertungskonzept: Erstellen von Mini- und Maxi-Reporting-Cockpits aus Excel-Exportdaten

9.5 Zusammenfassung

Im Rahmen dieses Beitrags wurden eine Umsetzungsmöglichkeit eines diskreten Kostensimulationsmodells und das Excel-Auswertungskonzept vorgestellt. In dem Anwendungsbeispiel zur Bestellmengenplanung in Lebensmittelfilialen kann der Entscheidungsträger durch die Kostensimulation erkennen, inwiefern eine Abfallreduktion bei unterschiedlichen Bestellmengenmodellen möglich ist und welche Kosten sich dahinter verbergen. Insbesondere Diagramme mit Statistiken zu Abfallmengen und Kosten verschaffen den Entscheidungsträgern einen ersten Überblick.

Die Aufteilung des Simulationsmodells in die logischen Schichten hat geholfen, das Modell übersichtlicher zu gestalten. Durch die Festlegung der Verantwortungsbereiche von Schichten war deren Umsetzung klarer und dadurch einfacher. Das Simulationswerkzeug Siemens Plant Simulation eignete sich gut für die Umsetzung des Simulationsmodells. Es ermöglicht eine einfache Umsetzung der Aufrufe eines externen Optimierungssolvers (IBM ILOG Solder). Auch die interne und externe Speicherung der Simulationsergebnisse war ohne großen Programmieraufwand möglich.

Eine Kostensimulation dieser Art kann bei vielen anderen betrieblichen Entscheidungen herangezogen werden, um die Wirkung einer Strategie besser und realistischer einschätzen zu können.

Literatur

Bangsow, Steffen (2010). *Manufacturing Simulation with Plant Simulation and SimTalk: Usage and programming with examples and solutions*. Online-Ausg. EBL-Schweitzer. Berlin und Heidelberg: Springer.

Dinkelbach, Werner (1982). *Entscheidungsmodelle*. De-Gruyter-Lehrbuch. Berlin: de Gruyter.

Dunkel, Jürgen und Andreas Holitschke (2013). *Softwarearchitektur für die Praxis*. 1., Softcover reprint of the hardcover 1st edition 2003. Xpert.press. Berlin [u.a.]: Springer.

Eley, Michael (2012). *Simulation in der Logistik: Eine Einführung in die Erstellung ereignisdiskreter Modelle unter Verwendung des Werkzeuges "Plant Simulation"*. Springer-Lehrbuch. Berlin [u.a.]: Springer Gabler.

Hertel, Joachim et al. (2011). *Supply-Chain-Management und Warenwirtschaftssysteme im Handel*. 2., erw. und aktualisierte Aufl. Berlin [u.a.]: Springer.

Hofer, Florian (2009). *Management der Filiallogistik im Lebensmitteleinzelhandel: Gestaltungsempfehlungen zur Vermeidung von Out-of-Stocks*.

Janssen, Larissa et al. (2015). "Beitrag zur Abfallreduktion mittels mathematischer Optimierung und simulationsbasierter Validierung". In: *Simulation in Production and Logistics 2015*. Hrsg. von Markus Rabe und Uwe Clausen. Stuttgart: Fraunhofer Verlag, S. 177–186.

Janssen, Larissa et al. (2016). "Rechenbeispiel der Makro- und Mikroperioden - Bestellmengenplanung in Lebensmittelfilialen zwecks Abfallreduktion". In: *Tagungsband ASIM 2016 - 23. Symposium Simulationstechnik*. Hrsg. von Thomas Wiedemann. Wien: ARGESIM and ASIM, Arbeitsgemeinschaft Simulation, Fachausschuss 4.5 der GI, S. 53–60.

Klein, Robert und Armin Scholl (2011). *Planung und Entscheidung: Konzepte Modelle und Methoden einer modernen betriebswirtschaftlichen Entscheidungsanalyse*. 2. Aufl. Vahlens Handbücher der Wirtschafts- und Sozialwissenschaften. München: Vahlen.

Murray-Smith, David J. (2016). "Issues of Transparency, Testing and Validation in the Development and Application of Simulation Models". In: *SNE*, S. 57.

Tanenbaum, Andrew S. und David Wetherall (2012). *Computernetzwerke*. 5., aktualisierte Aufl. it - informatik. München: Pearson.

Kapitel 10
Kostenintegration und Kostenermittlung in Simulationsexperimenten

Jürgen Wunderlich

10.1 Perspektiven der simulationsbasierten Kostenrechnung aus der Sicht unterschiedlicher Interessensgruppen am Beispiel einer Produktionsnetzwerkoptimierung

Regelmäßig kann festgestellt werden, dass kein einheitliches Verständnis von einer simulationsbasierten Kostenbetrachtung, die häufig plakativ als Kostensimulation bezeichnet wird, besteht. Vielmehr treten oftmals sehr unterschiedliche Vorstellungen zu Tage. So sehen viele betriebswirtschaftlich geprägte Manager schon in einer etwas umfangreicheren Tabellenkalkulation, die eine einfache Parameteränderung bietet, bereits eine Anwendung der Kostensimulation. Für einen Fabrikplaner, der die Möglichkeiten moderner ereignisdiskreter Simulationswerkzeuge kennt, handelt es sich bei einer solchen Tabellenkalkulation aber bestenfalls um eine fortgesetzte statische Proberechnung.

Nun ist es nicht zielführend, beide Werkzeuge gegeneinander auszuspielen. Vielmehr gilt es, die jeweiligen Vorteile geschickt zu kombinieren. So kann es zum Beispiel bei der Planung oder Optimierung globaler Produktions- und Logistiknetzwerke durchaus sinnvoll sein, die Konsequenzen strategischer Entscheidungen in Top-Management-Workshops auf Basis von Tabellenkalkulations-„Simulatoren" aufzuzeigen, in denen sehr schnell Produktionsstandorte oder -mengen von einem Land in ein anderes verschoben werden können. Obwohl die Kostenbetrachtung in solchen Fällen eher einer groben Abschätzung ähnelt, lassen sich durchaus wertvolle Schlüsse ziehen, zum Beispiel im Hinblick auf die Rangfolge der Vorteilhaftigkeit unterschiedlicher Alternativen.

Sobald es dann in der Detailbetrachtung der erfolgversprechendsten Strategien darum geht, ob ein Standort überhaupt in der Lage ist, die neuen bzw. zusätzlichen Produktionsmengen aufzunehmen oder unter welchen Umständen (und zu welchen

---

Jürgen Wunderlich
Hochschule für angewandte Wissenschaften Landshut, e-mail: juergen.wunderlich@haw-landshut.de

Kosten) dies der Fall sein könnte, bietet sich der Einsatz moderner ereignisdiskreter Simulationswerkzeuge an. Mit deren Hilfe können dann einzelne Maßnahmen im Detail miteinander verglichen werden. Die Ausführungsgeschwindigkeit ist zwar längst nicht mehr so schnell wie im Tabellenkalkulationsmodell, jedoch lassen sich zum Beispiel Materialflüsse visualisieren, Wechselwirkungen berücksichtigen und die Kosten vor allem im Hinblick auf dynamische Effekte (wie Auslastung von Maschinen, höhere/niedrigere Automatisierung, Transportstrategien etc.) besser analysieren.

Anhand dieses einführenden Beispiels wird deutlich, dass es gerade bei komplexeren Projekten je nach Interessenslage und fachlichem Hintergrund der Beteiligten sowie dem zeitlichen Projektfortschritt (Planung, Realisierung, Betrieb) unterschiedliche Perspektiven auf die simulationsbasierte Kostenbetrachtung gibt. Diese werden im folgenden Beitrag vor- und einander gegenübergestellt.

10.1.1 Planung und Optimierung globaler Produktions- und Logistiknetzwerke als Anwendungsfeld für eine Kostensimulation

Wenn es um Produktionsverlagerungen, Werksschließungen oder auch um den Aufbau neuer Standorte geht, werden wichtige Entscheidungen häufig rein aus einem Bauchgefühl heraus getroffen. Oftmals wird nur in einem bestimmten Land gefertigt, weil es andere Unternehmen vormachen und die Löhne deutlich niedriger sind. Pro- und Contra-Argumente sind meist von Emotionen und subjektiven Einschätzungen geprägt. Daraus resultieren in vielen Fällen gravierende Fehlentscheidungen. Diese lassen sich durch eine systematische Vorgehensweise nicht nur vermeiden, vielmehr entsteht ein entscheidender Wettbewerbsvorsprung, wenn die Vorteile unterschiedlicher Länder und Regionen zu einem funktionierenden globalen Wertschöpfungsnetzwerk verknüpft werden. Wie dies gelingen kann, wird im Folgenden am Beispiel eines Nutzfahrzeugzulieferers gezeigt, der weltweit an insgesamt 19 Standorten in 13 Ländern produziert und dem es vor allem darum geht, die Zuordnung von Produkten zu Produktionsstandorten sowohl aus strategischer als auch aus operativer Sicht zu optimieren.

10.1.1.1 Planungsphasen bei der strategischen Netzwerkgestaltung

Typisch für die Optimierung von Produktionsnetzwerken ist, dass derartige Vorhaben in Unternehmen nicht regelmäßig erfolgen, weshalb häufig Berater hinzugezogen werden. Eine Analyse mehrerer Beratungsprojekte in unterschiedlichen Branchen hat ergeben, dass bestimmte Schritte bzw. Arbeitsinhalte immer wieder vorkommen. Aus diesem Grund wurde ein ganzheitliches Vorgehensmodell entwickelt, das sich in vier Hauptphasen gliedert (Abbildung 10.1), wobei die Phasen 3 und 4 die Einsatzschwerpunkte des Tabellenkalkulationsmodells darstellen.

10 Kostenintegration und Kostenermittlung in Simulationsexperimenten

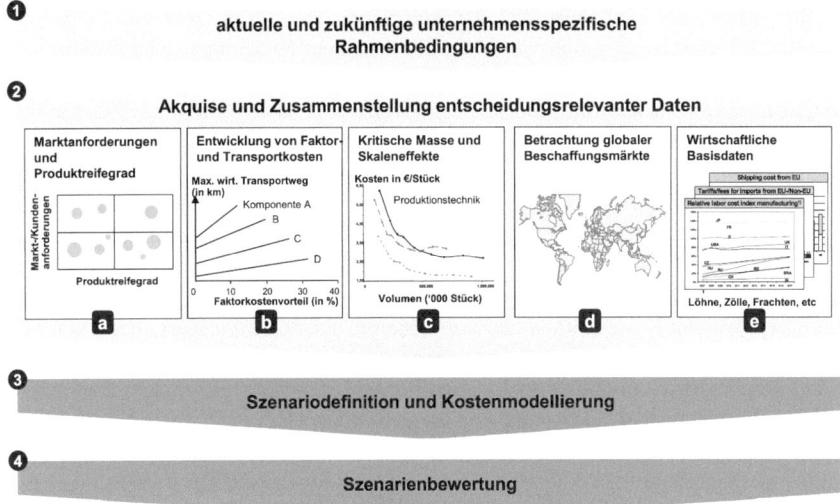

Abbildung 10.1 Planungsphasen der strategischen Netzwerkgestaltung (im Überblick)

In **Phase 1** gilt es, die aktuellen und zukünftigen strategischen Rahmenbedingungen herauszuarbeiten. Gerade der Zukunftsbezug ist von elementarer Bedeutung, da das Netzwerk bzw. die Produkt-Standort-Zuordnung nicht auf Basis der aktuellen Situation zu optimieren ist, sondern den wahrscheinlichen Entwicklungen der nächsten 10 bis 15 Jahre gerecht werden muss. Zur bestmöglichen Abschätzung der Zukunftstrends hat sich eine Unterteilung der Phase 1 in die vier Dimensionen „Kunden/Markt", „Produkte/Technologien", „Wettbewerb" sowie „Ist-Netzwerk & Restriktionen" als sehr praktikabel erwiesen. Denn zu jeder Dimension lassen sich sowohl unternehmensinterne als auch externe Experten finden, mit denen in begleitenden Workshops eine schlüssige Gesamtsicht auf das Unternehmensumfeld erarbeitet werden kann.

Nach dieser strategischen Betrachtung werden in **Phase 2** Schritt für Schritt die entscheidungsrelevanten Daten für die Netzwerkoptimierung erhoben. Im betrachteten Beispiel gilt es, diejenigen Produkte zu identifizieren, die sich am besten für die Zuordnung bzw. Verlagerung zu einem anderen Standort eignen. Hierbei darf nicht nur die Kostenperspektive entscheiden. Vielmehr sind mehrere Aspekte zu berücksichtigen, die in einer eigenentwickelten, workshopbasierten Auswahlmethodik gegenüber gestellt werden. So spielen z.B. die Marktanforderungen und die Produktreife eine wichtige Rolle. Werden stark standardisierte Produkte mit weltweit ähnlichen Marktanforderungen an einem Hochlohnstandort gefertigt, könnte sich eine Offshore-Weltfabrik rechnen, d.h. die Produktion der gesamten weltweiten Nachfragemenge in einem Niedriglohnland. Ob dies wirklich sinnvoll ist, hängt davon ab, inwiefern die niedrigeren Lohnkosten durch gegenläufige Effekte wie z.B. höhere Transportkosten, längere Transportzeiten, geringere Produktivitäten, anfallende Zölle oder länderspezifische Geschäftsrisiken geschmälert werden. Dabei sind natürlich die Entwicklungen über den gesamten Planungshorizont von 10 bis 15 Jahren zu beachten. Um den Gesamteffekt ermitteln zu können, wurde daher ein leistungsfähiges Tabellenkalkulationsmodell entwickelt, das nicht nur die Daten des aktuellen Jahres verwendet, sondern Prognosewerte für den gesamten Betrachtungszeitraum integriert.

Mit diesem Modell werden in **Phase 3** konkrete Szenarien definiert und berechnet. Dazu müssen die aktuellen Kostenstrukturen für die potenziell zu verlagernden Produkte sowie deren Preise und Bedarfsverteilung, d.h. die Nachfrage in einzelnen Regionen, über den Betrachtungszeitraum bekannt sein. An dieser Stelle unterstützt das Tabellenkalkulationsmodell ein iteratives Vorgehen auf Vollkostenbasis mit dynamischen Kostensätzen und vorgelagerter Kalkulation. Ausgehend von den Materialeinzel- und Materialgemeinkosten sowie den Fertigungseinzel- und Fertigungsgemeinkosten des zu betrachtenden Produkts können weitere Kostenarten wie z.B. die Eingangsfrachten ergänzt werden (Abbildung 10.2).

Sachnummer: EX14711	Basis	Planungszeitraum		Anmerkungen
Jahr:	Jahr 0	Jahr 1	... Jahr 10	Planung geht über 10 Jahre
Repräsentierte Produktionsmenge (in Stück)	778.490	898.272	... 1.024.241	Schätzung durch Vertrieb
Verkaufspreis (in €/Stück)	25,21€	25,21€	... 25,21€	Schätzung durch Vertrieb
Lohnindex (Deutschland Jahr 0 = 100%)	100%	104%	... 113%	Produkt wird in Deutschland produziert
Produktivitätsindex (Deutschland Jahr 0 = 100%)	100%	103%	... 129%	Produkt wird in Deutschland produziert
Ertragssteuersatz	27,30%	27,30%	... 27,30%	Ertragssteuersatz in Deutschland
Zinssatz zur Berechnung der Kapitalbindung	6,00%	6,00%	... 6,00%	
Zinssatz zur Berechnung des Nettobarwerts	8,00%	8,00%	... 8,00%	
Materialeinzelkosten	8.362.539,58€	9.649.237,82€	... 11.002.396,82€	sind nach Baugruppen unterteilbar
Eingangsfrachten	66.900€	77.194€	... 88.019€	
Materialgemeinkosten (in €)	1.113.240,70€	1.122.167,96€	... 1.123.755,55€	werden nach Formel prognostiziert
Fertigungseinzelkosten (in €)	1.315.648,10€	1.537.959,17€	... 1.520.266,46€	
Fertigungsgemeinkosten (in €)	2.148.632,40€	2.228.936,19€	... 2.340.408,75€	werden nach Formel prognostiziert
Herstellkosten (in €)	13.006.961€	14.675.495€	... 16.074.847€	
sonstige (standortspezifische) Kosten (in €)	3.513.006,19€	4.053.533,24€	... 4.621.979,69€	
Verwaltung (in €)	785.029€	905.817€	... 1.032.845€	verbleibt zunächst in Deutschland
Vertrieb (in €)	647.649€	747.299€	... 852.097€	verbleibt zunächst in Deutschland
Forschung und Entwicklung (F&E, in €)	2.080.328€	2.400.416€	... 2.737.038€	verbleibt zunächst in Deutschland
Logistikaufwand (in €)	1.063.928,30€	1.676.387,65€	... 1.816.794,81€	
Zölle (in €)	917.205€	1.505.827€	... 1.614.328€	für Export außerhalb EU
Transportaufwand + Kapitalbindung (in €)	146.724€	170.561€	... 202.467€	
Ergebnis (operative Kosten) (in €)	17.583.896€	20.405.416€	... 22.513.621€	
Erträge (in €)	19.625.733€	22.645.437€	... 25.821.116€	
EbiT (in €)	2.041.837€	2.240.021€	... 3.307.494€	
Steuern (in €)	557.422€	611.526€	... 902.946€	
Ergebnis (in €)	1.484.416€	1.628.495€	... 2.404.548€	Ausgangsdaten für Nettobarwertberechnung

Abbildung 10.2 Aufbau des im Tabellenkalkulationsmodell verwendeten Kalkulationsschemas

Hierbei ist natürlich darauf zu achten, dass keine Doppelerfassung stattfindet und die Eingangsfrachten nicht schon bei den Materialeinzelkosten enthalten sind. Bei den Materialeinzelkosten ist es weiterhin möglich, die Kosten für wichtige Baugruppen oder Einzelteile separat auszuweisen. Dies ermöglicht später, die Auswirkungen eines Lieferantenwechsels zu untersuchen. Andererseits können Kostenarten, die zunächst als nicht entscheidungsrelevant erscheinen bzw. die hinsichtlich der Auswirkungen einer Verlagerung einzelner Produkte noch nicht vollständig erfasst sind, im ersten Schritt als „nicht verlagerbar" angenommen werden. Ein Beispiel stellen die Werksgemeinkosten dar. Deren „Nicht-Verlagerbarkeit" bedeutet inhaltlich, dass die Kosten für Verwaltung, Vertrieb sowie Forschung und Entwicklung (F&E)

zunächst ungeschmälert am bisherigen Standort verbleiben. Auch ist es meist sinnvoll, vorerst von unveränderten Materialeinzelkosten auszugehen, da sich ein Lieferantenwechsel zum gleichen Zeitpunkt wie die Produktionsverlagerung nicht empfiehlt. Damit beginnt die Analyse der Auswirkungen einer neuen Produkt-Standort-Zuordnung mit einer Betrachtung der Entwicklung der Fertigungseinzelkosten, der Fertigungsgemeinkosten, der Materialgemeinkosten, des Logistikaufwandes sowie der Ertragsteuern.

Bei den Gemeinkosten ist zu berücksichtigen, dass diese nicht fix sind, sondern sowohl von der produzierten Menge als auch vom Anteil der manuellen Tätigkeiten abhängen. Beide Einflussgrößen wären im Verlagerungsfall betroffen. Da viele Unternehmen die relevanten Daten nicht auf Anhieb bereitstellen können, besteht im Tabellenkalkulationsmodell die Möglichkeit, eine sehr gute Abschätzung – in Abhängigkeit der jeweiligen Branche - vorzunehmen. Alternativ dazu kann eine Absprache mit dem Controlling des Unternehmens oder eine Anfrage beim jeweiligen Produktionsstandort erfolgen. Dieser Weg wurde in Abbildung 10.3 gewählt. So ändern sich 40% der Fertigungsgemeinkosten des Ausgangsjahres proportional zur produzierten Menge. Weiterhin wurde durch eine Analyse der Ist-Kosten festgestellt, dass der Anteil der Personalkosten an den Fertigungsgemeinkosten im Ausgangsjahr 32% beträgt. Mit Hilfe entsprechend parametrierter Formeln werden dann die einzelnen Kostenkomponenten über den gesamten Betrachtungszeitraum für jedes Jahr separat prognostiziert.

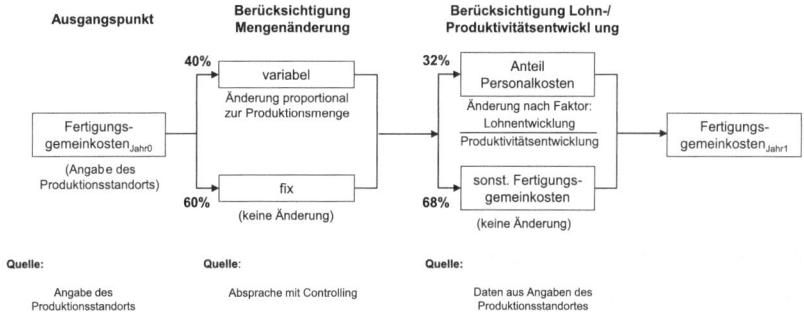

Abbildung 10.3 Projekt-, produkt- und standortspezifische Formel zur Prognose der Fertigungsgemeinkosten

Ein Ergebnis des Kostenvergleichs ist in Abbildung 10.4 illustriert. Würde die gesamte Produktionsmenge des zur möglichen Verlagerung ausgewählten Produktes, die bisher im französischen und britischen Werk produziert wird, in das ungarische Werk verlagert, ließen sich im fünften Jahr nach der Verlagerung 7,18 Mio. Euro sparen. Diese Einsparungen resultieren hauptsächlich aus den um 5,21 Mio. Euro niedrigeren Fertigungseinzelkosten und den um 1,86 Mio. Euro geringeren Fertigungsgemeinkosten. Die um 0,03 Mio. Euro höheren Transportkosten fallen demgegenüber kaum ins Gewicht. Ebenso heben sich in diesem Beispiel die Steuereffekte auf. Zwar wird jetzt ein Gewinn in Höhe von 17,52 Mio. Euro vor Steuern erzielt. Wegen des niedrigeren Steuersatzes in Ungarn ergibt sich aber die gleiche Steuerlast wie bei einem Verbleib der Produktion dieses Produktes in Frankreich und Großbritannien. Anhand dieser kurzen Erläuterung wird sehr schnell klar, worin einer der Hauptvorteile des Tabellenkalkulationsmodells liegt. Dadurch, dass jede Kostenkomponente separat ausgewiesen und ihre Veränderung mit den relevanten Einflussfaktoren leicht nachvollziehbar dargestellt wird, ist sofort ersichtlich, weshalb ein Szenario vor- oder nachteilhaft ist und welche Parameter erfolgsentscheidend sind.

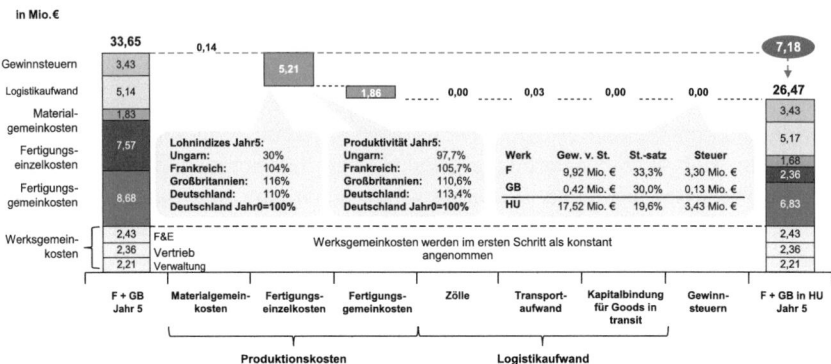

Abbildung 10.4 Entwicklung einzelner Kostenkomponenten bei einer Verlagerung des betrachteten Produkts P nach Ungarn (hier im Jahr 5 nach der Verlagerung)

Während sich Kostenvergleiche ausgezeichnet dafür eignen, den Unterschied bei den laufenden Kosten deutlich zu machen, sind in der Gesamtbewertung zusätzlich Einmalkosten für die Verlagerung zu berücksichtigen. Aus diesem Grund ist der Nettobarwert ausschlaggebend. Er wird in **Phase 4** als Summe der abdiskontierten jährlichen operativen Gewinne eines Szenarios über den gesamten Betrachtungszeitraum und über alle Werke berechnet, in denen das betrachtete Produkt produziert wird. Die Differenz der Nettobarwerte ist ein Maß für die Verlagerungsattraktivität. In der Folge entsteht ein aussagekräftiger Überblick über das gesamte Verlagerungspotenzial und dessen Realisierbarkeit.

Aus Abbildung 10.5, in der das Werk in Russland wegen zu geringer Produktionsmenge nicht enthalten ist, geht hervor, dass sich bei dem betrachteten Produkt eine Verlagerung der Produktion von Frankreich und Großbritannien nach Ungarn aufgrund einer Nettobarwertdifferenz von 44,3 Mio. Euro (= 152,5 - 108,2 Mio. Euro) rechnet. Eine zusätzliche Konsolidierung bzw. Produktion der gesamten nordamerikanischen Produktionsmenge in Mexiko würde bereits ohne Einmalkosten nur eine Nettobarwertverbesserung von 5,3 Mio. Euro bewirken. Damit ist dieses Szenario nicht vordringlich bzw. nur nach einer präzisen Einmalkostenerhebung weiter zu betrachten. Zusätzlich werden die relevanten Szenarien noch einer Sensitivitätsanalyse unterzogen.

10 Kostenintegration und Kostenermittlung in Simulationsexperimenten

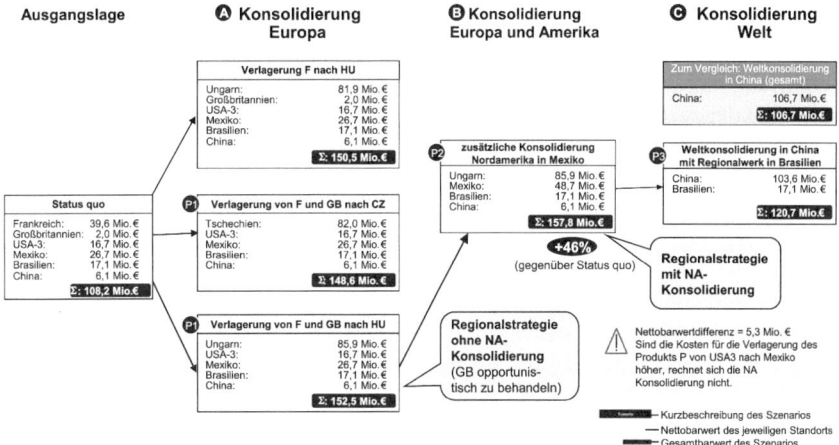

Abbildung 10.5 Entwicklung der Nettobarwerte (über 10 Jahre) bei unterschiedlichen Szenarien betreffend das betrachtete Produkt P

10.1.1.2 Ausgangslage für die Entscheidungsunterstützung durch Kostensimulation im Tabellenkalkulationsmodell

Die Fragestellungen zur Gestaltung der globalen Netzwerke sind in den letzten Jahren viel komplexer geworden. Nur noch in Ausnahmefällen geht es um die Frage nach der Schließung oder Verlagerung einer einzelnen Fabrik. Die typische Ausgangsstellung ist – wie im betrachteten Beispiel – durch drei prägende Merkmale charakterisiert. Erstens verändert sich das Geschäftsumfeld signifikant entweder hinsichtlich des Produktportfolios, einer regionalen Verschiebung der Absatzvolumen oder einer zunehmenden Unsicherheit des planbaren Absatzvolumens. Zweitens ist das bestehende Netzwerk von Produktions- und Entwicklungsstandorten unstrukturiert und häufig durch eine Kombination von historisch oder opportunistisch entstandenen Standorten mit durch Akquisition erworbenen Standorten geprägt, wobei für viele ältere Standorte oftmals ein erheblicher Bedarf an Re-Investition in moderne Anlagen oder Gebäude besteht. Drittens existiert kein mit der Geschäftsstrategie abgeglichener Rahmenplan für die Entwicklung des gesamten Standortnetzwerkes.

Um unter diesen Bedingungen die Wettbewerbsfähigkeit nachhaltig sicherzustellen, müssen Unternehmen unter sorgfältiger Berücksichtigung von Markt- und Produktanforderungen das für sie ideale Produktionsnetzwerk definieren und realisieren. Bei Produktion in Hochlohnländern müssen dort Spitzenleistungen in Produktivität und Innovation erbracht werden.

Bei permanentem Kostendruck steht die richtige Aufstellung für die Zukunft und die Vermeidung von Fehlinvestitionen im Vordergrund. Hierbei ist es notwendig, die verschiedenen Produktgruppen und Wertschöpfungsschritte differenziert zu betrachten. Die Chancen einer Produktionsverlagerung und globaler Zuliefermärkte müssen genauso analysiert werden, wie die Kosten, Risiken und Randbedingungen globaler Zulieferketten. Die Bewertung verschiedener Optionen, die letztendlich vom Management vorzunehmen ist, muss dabei die Entwicklung makroökonomischer Rahmenbedingungen genauso berücksichtigen wie den Interessensausgleich zwischen den Sozialpartnern.

10.1.2 Erwartungen von Top-Managern an eine Kostensimulation

Für strategisch denkende Top-Manager muss jede Optimierung der Produkt-Standort-Zuordnung mit einem Verständnis der Märkte und Produkte beginnen. Dabei werden noch vor einer Kostenbetrachtung pro Produktgruppe die Dimensionen Markt- bzw. Kundenanforderungen und Produkt- bzw. Prozessreife untersucht. Die Schlüsselfrage, die hinsichtlich der Markt- bzw. Kundenanforderungen zu beantworten ist, lautet: Wie stark sind lokalspezifische Anforderungen und wie eng ist die Kundenbeziehung? Wichtig sind dabei insbesondere die Rolle und der Einfluss der Kunden bei der Definition von Produkten. Dies bestimmt den Grad lokaler Nähe von Produktion und Entwicklung zum Kunden. Betreffend die Produkt- bzw. Prozessreife lautet die Schlüsselfrage: Wie reif ist das Produkt aus Produktionssicht und wie leicht kann es entfernt von einem Leitwerk produziert werden?

Dieser marktgetriebene Ansatz ermöglicht es, noch vor der Betrachtung von Faktor- oder Logistikkosten pro Produktgruppe die grundsätzliche Sinnhaftigkeit verschiedener Zuordnungsmöglichkeiten zu bewerten. Danach schließen sich die klassischen Fragen nach Arbeitsinhalt bzw. Arbeitskosten pro Produkt, Anzahl Produkte pro Palette und assoziierte Transportkosten an. Die Schlüsselanalysen, die von Managern typischerweise gewünscht werden, betreffen das Verhältnis von Faktorkostenvorteilen zu Transportkosten, die Sensitivität gegenüber dem Transportmodus (Land, See, Luft) und auch die Auswirkungen auf das gebundene Kapital. Typischerweise ergibt die Analyse eine klare Segmentierung von Produkten in solche, für die sich prinzipiell auch lange Transportwege lohnen würden (wie zum Beispiel kleinvolumige Metallteile mit komplexer Zerspanung) und solche, die in der Region für die Region produziert werden sollten (wie zum Beispiel großvolumige Gussteile mit geringen Bearbeitungsanteilen).

Weil die Produktion heute meist durch eine hohe Spezialisierung und eine damit einhergehende geringe Fertigungstiefe charakterisiert ist, spielt – wie bereits erwähnt – der Zugang zu einer kompetenten, zuverlässigen und kostengünstigen Zulieferbasis bei jeder Standortentscheidung eine entscheidende Rolle. Da Kostenvorteile durch lokale Beschaffung in Niedriglohnländern leicht die gleiche Größenordnung erreichen können wie Faktorkostenvorteile durch Verlagerung der eigenen Wertschöpfung, sollten entsprechende Betrachtungen im Tabellenkalkulationsmodell möglich sein.

Weiterhin kommt hinzu, dass die grundsätzliche Produkt-Standort-Zuordnung für mehrere Jahre gültig sein sollte. Daher ist eine Bewertung ausschließlich auf Basis der aktuellen Situation nicht ausreichend. Vielmehr wird eine Projektion für mehrere Jahre in die Zukunft benötigt und zwar nicht nur von Marktvolumina, sondern auch von den makroökonomischen Faktoren. So eine Projektion von Lohnkosten, Logistikkosten, Wechselkursen, Rohstoffkosten etc. ist zwar schwierig und mit Unsicherheiten behaftet, aber möglich. Auch eine Bewertung des allgemeinen Geschäftsrisikos in verschiedenen Ländern und der steuerlichen Aspekte ist erforderlich. Die Bewertung von möglichen Unterschieden in Qualitätsniveaus und Produktivität muss dabei unternehmensspezifisch diskutiert und festgelegt werden. Die notwendigen Daten liegen in Großkonzernen meist vor oder können von großen Beratungsgesellschaften bzw. manchmal auch aus öffentlich zugänglichen Quellen beschafft werden. Betreffend das Tabellenkalkulationsmodell sollte es möglich sein, diese Daten leicht zu integrieren und anhand von Formeln nachvollziehen zu können, wie sie in die einzelnen Berechnungen bzw. Analysen eingehen.

Obwohl viele externe Planungsdaten in den meisten Projekten regelmäßig Verwendung finden, weist trotzdem jede Netzwerkoptimierung ihre Besonderheiten auf. Insofern ist es aus Sicht des Projektmanagements ein wichtiger und erfolgskritischer Schritt, frühzeitig mit dem Top-Management ein gemeinsames Verständnis im Hinblick auf die Datengrundlage zu schaffen und durch „Spielen" mit den Daten einen Eindruck von der Arbeitsweise des Tabellenkalkulationsmodells zu vermitteln sowie das Vertrauen in dessen Konsistenz und Aussagekraft zu stärken.

10.1.2.1 Unterstützung von Entscheidungen auf strategischer Ebene als Hauptanforderung

Aus strategischer Sicht sind neben der Optimierung der Werkebelegung im Sinne einer Produkt-Standort-Zuordnung auch die Betrachtung der Einflüsse unterschiedlicher Sourcing-Strategien sowie mögliche Implikationen für die Wertschöpfungsoptimierung eines Standorts interessant. Dazu muss das Tabellenkalkulationsmodell die Möglichkeit bieten, marktgetriebene Effekte wie Nachfrageschwankungen in einzelnen Regionen als Eingabedaten zuzulassen und die Auswirkungen auf das Produktionsnetzwerk hinsichtlich betriebswirtschaftlich relevanter Größen wie Zeiten, Erlöse und Kosten darzustellen.

Weiterhin stehen gerade Zulieferer vor der Herausforderung, dass ihre Kunden in aller Regel davon Kenntnis erhalten, wenn sie die Produktion einer Komponente oder gar das Endprodukt an einen Niedriglohnstandort verlagern. Die Forderung nach niedrigeren Preisen ist dann die Folge. Daher muss es in dem Tabellenkalkulationsmodell möglich sein, Preisänderungen bei einer Produktionsverlagerung zu betrachten. Als Ergebnis entsteht ein quantitativ begründetes Gefühl dafür, welche Preiserosion bei einem Produkt im Fall einer neuen Produkt-Standort-Zuordnung maximal verkraftbar ist. Ähnliche Analysen werden für die Bewertung der Auswirkungen von Zolländerungen oder für die Betrachtung des Nettoeffekts zwischen Produktivitäts- und Lohnsteigerungen benötigt.

Zusätzlich versprechen manche Standorte eine höhere Attraktivität, weil sie z.B. einen aus Arbeitgebersicht besseren arbeitsrechtlichen Rahmen aufweisen. Diese höhere Attraktivität kann nicht direkt in geringeren Kosten ausgedrückt werden. Jedoch ist es möglich, einen Index zu erstellen, bei dem der arbeitsrechtliche Rahmen in Deutschland mit 100% bewertet wird. Standorte mit einer arbeitgeberfreundlichen Gesetzgebung erhalten dann z.B. den Wert 133%.

Insgesamt geht es darum, möglichst schnell ein gutes Bild von der Attraktivität einer Produktionsverlagerung zu erhalten und zu erkennen, auf welchen quantitativen bzw. qualitativen Effekten, die per Index quantifizierbar sind, diese basiert. „Möglichst schnell" bedeutet dabei, dass Änderungen an Parametern direkt in einem Workshop durchführbar und sofort die neuen Ergebnisse ablesbar sind.

10.1.2.2 Möglichkeit zur Definition von Szenarien im Tabellenkalkulationsmodell

In den meisten Fällen ist es nicht ausreichend bzw. zu kurz gegriffen, nur die Verlagerung eines Produktes von einem Standort zu einem anderen zu analysieren. Vielmehr ergibt es häufig mehr Sinn, die Folgen einer möglichen regionalen Konsolidierung zu untersuchen. Das bedeutet z.B., dass im Tabellenkalkulationsmodell gleich die gesamte europäische Produktionsmenge des zur Neuzuordnung vorgesehenen Produktes, die bisher im französischen und britischen Werk hergestellt wird, in das ungarische Werk verlagert wird. Hierfür bietet sich die Definition von Szenarien an.

Ein solches Szenario wird primär durch die Neuzuordnung von Produkten zu Werken angelegt (Abbildung 10.6). Voraussetzung ist, dass die Kostendaten der betroffenen Produkte und Standorte zumindest soweit bekannt sind, wie die Wirkungen von Verlagerungsaktivitäten untersucht werden sollen. Wie bereits erwähnt, können z.B. Verwaltung, Vertrieb sowie Forschung und Entwicklung (F&E) zunächst ungeschmälert am bisherigen Standort verbleiben, so dass die Werksgemeinkosten zunächst unverändert bleiben (und damit nicht im Detail erhoben werden müssen). Sobald die entsprechenden Daten vorliegen, ist es möglich, die Verwaltungs-, Vertriebs-, Forschungs- und Entwicklungsaktivitäten mit ihren Anteilen an den Werksgemeinkosten im Tabellenkalkulationsmodell ebenfalls für die Verlagerung vorzusehen. Auch das Vorhandensein lokaler Lieferanten am neuen Standort mit den neuen Beschaffungspreisen sowie die Gefahr einer Preiserosion durch Nachverhandlungen der Kunden im Fall einer Verlagerung kann die Szenariodefinition ergänzen.

10.1.2.3 Schnelle und benutzerfreundliche Durchführung von Analysen

Wie bereits erwähnt, stehen bei diesem strategischen Ansatz zunächst die Generierung von Ideen und deren schnelle Bewertung im Vordergrund. In Top-Management-Workshops müssen daher Auswirkungen von Maßnahmen auch über einen längeren Planungszeitraum möglichst schnell und trotzdem plausibel abgeschätzt werden können. Entscheidend ist, dass unmittelbar deutlich wird, ob eine Produktionsverlagerung prinzipiell Erfolg verspricht oder nicht. Beispielsweise geht aus Abbildung 10.5 hervor, dass sich bei dem dort betrachteten Produkt der Nettobarwert über den gesamten Betrachtungszeitraum bei einer Verlagerung der Produktion von

10 Kostenintegration und Kostenermittlung in Simulationsexperimenten   181

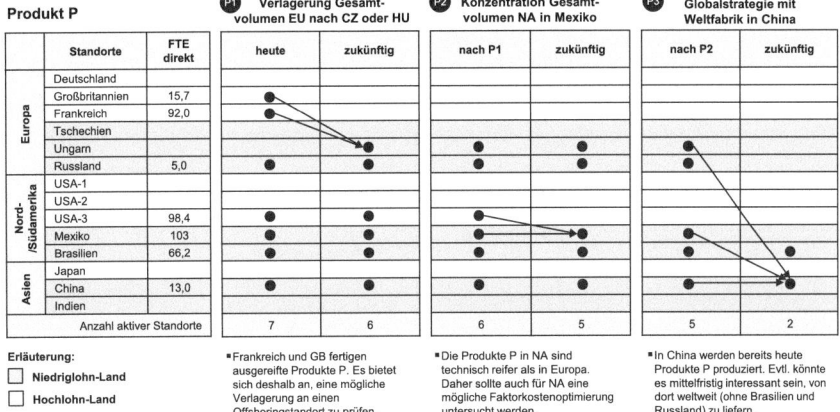

Abbildung 10.6 Definition eines Verlagerungsszenarios durch die Zuordnung von Produkten zu Werken

Frankreich und Großbritannien von 108,2 Mio. Euro auf 152,5 Mio. Euro und damit um 44,3 Mio. Euro erhöht. Das Wasserfalldiagramm aus Abbildung 10.4 zeigt zudem auf Jahresebene auf, inwiefern sich einzelne Erfolgs- bzw. Kostenkomponenten durch die Produktionsverlagerung ändern.

Nun erscheint es angesichts einer Nettobarwertsteigerung von über 40% angebracht, diese Verlagerungsidee weiter zu verfolgen. Wird eine genauere Betrachtung gewünscht, können im Tabellenkalkulationsmodell auf Jahresebene die typischerweise bei einer Produktionsverlagerung anfallenden Einmalkosten wie erforderliche Investitionen am aufnehmenden Standort, notwendige Kosten zur Befähigung der dortigen Mitarbeiter sowie Kosten zur Abwicklung der Produktion am bisherigen Standort eingegeben werden. Ist zusätzlich ein Lieferantenwechsel vorgesehen, sind auch die Kosten für einen eventuellen temporär höheren Sicherheitsbestand hinterlegbar. Fällt die Nettobarwertsteigerung bei einer Verlagerungsidee nur gering aus – wie z.B. bei der Nordamerikakonsolidierung in Abbildung 10.5 – können die Zeilen mit den Einmalkosten auch dazu genutzt werden, um relativ schnell abzuschätzen, wie hoch diese maximal sein dürfen, damit sich die Verlagerung noch rechnet. Umgekehrt ist es dadurch auch möglich, eine Vorstellung davon zu erhalten, wie hoch die Einsparungen am alten Standort in den einzelnen Jahren sein müssten, um eine Verlagerung unwirtschaftlich erscheinen zu lassen. Auf dieser Basis kann dann entschieden werden, ob diese Verlagerungsidee noch weiterverfolgt wird oder nicht.

Bei den Szenarien, die weiterverfolgt werden sollen, verdeutlicht eine Sensitivitätsanalyse, welchen Einfluss die einzelnen Planungsparameter auf das Ergebnis haben. In Abbildung 10.7, die wegen der zusätzlichen Berücksichtigung der lokalen Einkaufsmöglichkeit sogar eine Nettobarwertverbesserung um 59,8 Mio. Euro für die Verlagerung der Produktion von Frankreich und Großbritannien nach Ungarn ausweist, wird deutlich, dass die (lokalen) Einkaufspreise und der Verkaufspreis des

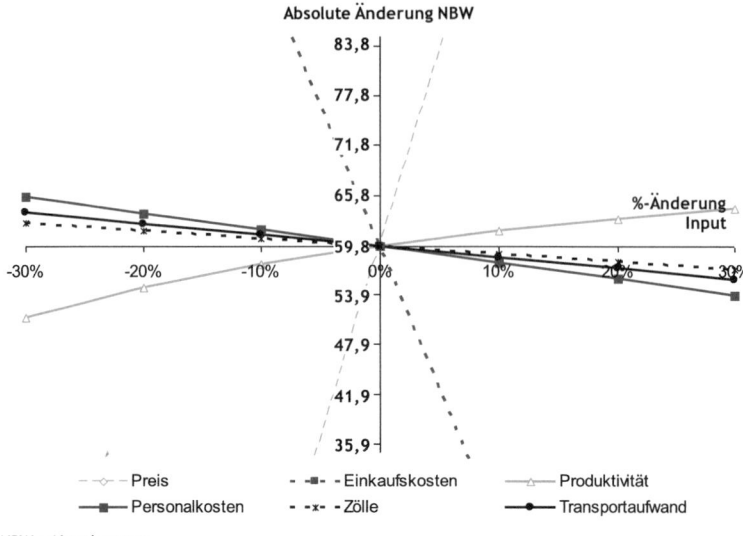

Abbildung 10.7 Sensitivitätsanalyse zur Darstellung des Einflusses eines Parameters auf den Nettobarwert (über 10 Jahre)

betrachteten Produkts schon bei einer geringen prozentualen Erhöhung bzw. Senkung zu einer relativ starken Änderung des Nettobarwerts führen. Demgegenüber haben die anderen vier Parameter einen deutlich geringeren Einfluss. Somit lassen sich durch diese Analyse kritische Parameter rasch identifizieren.

10.1.2.4 Plan zur Optimierung der Produkt-Standort-Zuordnung als Ergebnis

Wird das Verlagerungspotenzial jedes in Phase 2 (vgl. Kapitel 10.1.1.1) identifizierten Produkts nach der beschriebenen Methodik bewertet, ist bekannt, welche neuen Produkt-Standort-Zuordnungen sich am ehesten rechnen und damit bevorzugt realisiert bzw. welche eher unterlassen werden sollen. In Kombination mit den Diskussionen in den regelmäßig stattfindenden Top-Management-Workshops, in denen auch qualitative Kriterien einfließen, entsteht Schritt für Schritt ein logisch und systematisch abgeleiteter Plan zur Optimierung des Produktionsnetzwerkes mit einer klaren Zuordnung der Produkte zu bestimmten Werken. Dieser „Masterplan", zu dem nach den Workshops durch den iterativen und integrativen Ansatz umfassender Konsens im Management besteht, ist das wichtigste Ergebnis.

Ein Beispiel für einen Masterplan auf stark aggregierter Ebene kann aus Abbildung 10.8 entnommen werden. Weltweites „Lead"-Werk für das betrachtete Produkt soll das Werk USA-3 werden, da dort bereits eine leistungsstarke Forschung und Entwicklung (F&E) existiert und sich eine Konsolidierung der nordamerikanischen Produktion in Mexiko nach einer tiefergehenden Betrachtung nicht rechnet. Das Werk in Ungarn, das zukünftig die gesamte europäische Produktionsmenge des betrachteten Produkts herstellen soll, hat auf Sicht das Potenzial, zum zweiten „Lead"-Werk aufzusteigen. Zunächst gilt es aber, die Produktion erfolgreich dorthin zu verlagern. Das Werk in China soll in den nächsten Jahren noch den asiatischen Raum versorgen, könnte aber langfristig eventuell auch das betrachtete Produkt in andere Regionen liefern, während das Werk in Brasilien aus Zollgründen vermutlich noch länger als lokale Fabrik für den südamerikanischen Markt benötigt wird.

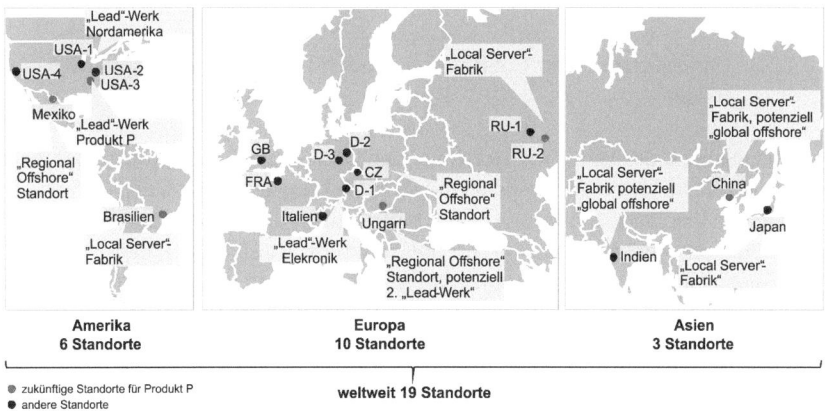

Abbildung 10.8 Masterplan für das ideale zukünftige Produktionsnetzwerk

Begleitend zu den Produkt-Standort-Zuordnungen werden alle Einflussfaktoren mit ihrer Wirkung und ihren Risiken dokumentiert. Die dabei gewonnenen grundlegenden Einsichten über wesentliche interne und externe Treiber für die Wettbewerbsfähigkeit stellen einen positiven Nebeneffekt dar. Diese können dann bewusst regelmäßig beobachtet und bewertet werden, um den strategischen Plan rechtzeitig und proaktiv anzupassen. Ein solcher Plan quantifiziert in der Regel auch Einsparungen, die meist in der Größenordnung von 10 bis 25 % der Wertschöpfungskosten liegen. Die zugehörigen Einmalkosten betragen das 1,5 bis 3-fache der jährlichen Einsparungen. Dazu kommen die Sicherung der nachhaltigen Wettbewerbsfähigkeit, die Erschließung neuer Märkte und die Vermeidung von Fehlinvestitionen.

10.1.3 Erwartungen von Planern und Anwendern an eine Kostensimulation

Aus der strategischen Betrachtung ergibt sich eine Zuordnung von Produkten zu Werken. Gerade wenn sich die Nettobarwerte zweier Szenarien kaum unterscheiden oder wenn vermutet wird, dass auch am bisherigen Standort noch Verbesserungen möglich sind, empfiehlt sich eine feinere Analyse. Gleiches gilt übrigens für die Feinoptimierung am neuen Standort. Denn bei der Potenzialbewertung wird beispielsweise von ausreichender Kapazität und vom gleichen Automatisierungsgrad ausgegangen. Bei der Verlagerung in Niedriglohnländer bietet es sich jedoch an, Produktionskonzepte mit einem höheren Anteil an manuellen Arbeitsschritten zu untersuchen und damit den Nutzen einer Verlagerung noch weiter zu erhöhen. Als leistungsfähiges Werkzeug zur Unterstützung solcher Untersuchungen bzw. zur Identifikation von Optimierungspotenzialen hat sich die ereignisdiskrete Ablaufsimulation erwiesen.

10.1.3.1 Unterstützung von Entscheidungen auf taktischer und operativer Ebene

In Abhängigkeit des zeitlichen Horizonts und der verfügbaren Informationen sind unterschiedliche Detaillierungsgrade möglich. So kann der Planer beispielsweise in einer ersten Planungsstufe durch eine grobe ereignisdiskrete Simulation verschiedene Produktions- und Logistikkonzepte auf Werksebene testen. Im Rahmen weiterer Untersuchungen ist dann neben einer Analyse alternativer Layoutvarianten auch die Bestimmung eines geeigneten Organisationstypen der Fertigung (z.B. Werkstatt-, Gruppen- oder Fließfertigung) denkbar. In einer weiteren Verfeinerung erlaubt die Simulation das Experimentieren mit unterschiedlichen Losgrößen sowie verschiedenen Strategien der Produktionssteuerung und trägt schließlich so zu einer Optimierung des gesamten Produktionsablaufs bei.

10.1.3.2 Berücksichtigung technisch-logistischer und betriebswirtschaftlicher Aspekte

Im Unterschied zum Tabellenkalkulationsmodell ermöglicht die Simulation eine sehr genaue Nachbildung der Verhaltensweise eines Produktionssystems bei unterschiedlichen Parametern und gegebenenfalls verschiedenen Komponentenkombinationen. Die ereignisdiskrete Simulation ergänzt nun in Grenzfällen die grobe, mit Hilfe des Tabellenkalkulationsmodells vorgenommene Planung durch die Berücksichtigung von Kapazitäten sowie der zeitlichen Abhängigkeiten in einer Produktion. Es existieren Stellgrößen bzw. Parameter wie z.B. Anzahl der Schichten, Anzahl der Werkstückträger oder Umfang der Losgröße. Diese Stellgrößen lassen sich in der Regel nicht beliebig setzen, sondern sind durch Randbedingungen, wie z. B. einzuhaltende Ruhezeiten, begrenzt. Zudem benötigen die Simulationsläufe schon auf Ebene eines Werks wesentlich mehr Zeit als die Durchrechnung der Szenarien zur Belegung aller Werke mit dem Tabellenkalkulationsmodell. Insofern ist die richtige Vorgehensweise entscheidend. Hier bietet es sich an, zunächst einmal die technisch-logistische Leistungsfähigkeit des aufzunehmenden Standorts unter Berücksichtigung seiner Kapazitäten nachzuweisen bzw. die Leistungsgrenze des bisherigen Standorts zu ermitteln. Häufig reduziert sich dadurch die Zahl der weiter zu verfolgenden Varianten deutlich. Diese sollten nun betriebswirtschaftlich bewertet werden. Damit kann dann nicht nur die wirtschaftlich sinnvollste Variante identifiziert werden, sondern es ist auch überprüfbar, inwieweit sich die im Tabellenkalkulationsmodell abgeschätzten Potenziale für die Verschiebung von Produktionsmengen oder gar eines kompletten Produkts vom bisherigen Werk zu einem anderen Werk realisieren lassen.

10.1.3.3 Möglichkeit zur Nachbildung entscheidungsrelevanter Sachverhalte in einem Modell

Am Beispiel einer Linienfertigung für die Produktion von Außenringen, für die sich (als ausgereiftes Produkt) nach den Ergebnissen des Tabellenkalkulationsmodells die Verlagerung in ein anderes Werk anbietet, wird nun der zusätzliche Erkenntnisgewinn durch die ereignisdiskrete Simulation dargestellt. Die betrachtete Fertigung, die sich aus Vertraulichkeitsgründen auf ein anderes als das in Kapitel 10.1.3 betrachtete Produkt bezieht, umfasst insgesamt 19 Stationen, die zu sechs ungleich großen Teillinien zusammengefasst sind. Der Ablauf ist dabei so gestaltet, dass vier parallel arbeitende Linien im vorderen Bereich die Teile erzeugen, die dann von den zwei parallel arbeitenden Linien im hinteren Bereich weiter bearbeitet werden. Sowohl die einzelnen Stationen einer Teillinie als auch die einzelnen Teillinien selbst können prinzipiell auf verschiedene Art und Weise miteinander verkettet werden (Abbildung 10.9 und Abbildung 10.10).

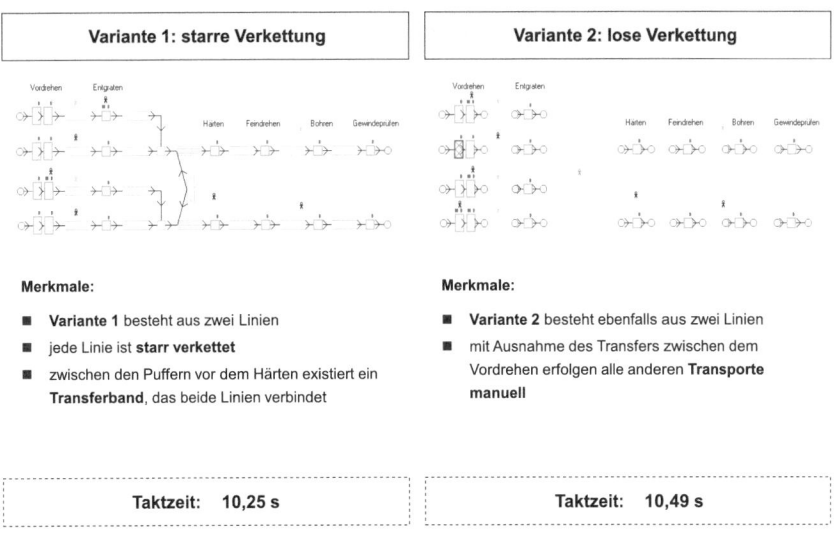

Abbildung 10.9 Gegenüberstellung der Varianten 1 (starre Verkettung) und 2 (lose Verkettung)

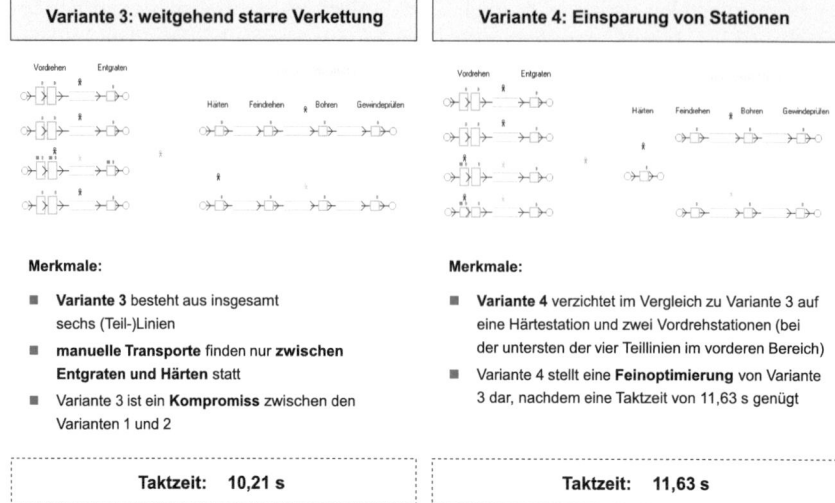

Abbildung 10.10 Vergleich zwischen Variante 3 und 4 (bei der eine Härtestation eingespart wurde)

Je nachdem, wie hoch die Kosten für manuelle Tätigkeiten sind, ist zum Beispiel ein stärkerer bzw. schwächerer Verkettungsgrad sinnvoll. Folglich muss die ursprüngliche Konfiguration bei der Verlagerung in ein Niedriglohnland nicht unbedingt beibehalten werden. Eventuell lassen sich mit einem anderen Linienkonzept weitere Verbesserungen erzielen. Bei dessen (Neu-)Konzeption stellen sich typischerweise folgende Fragen: Welche Abschnitte sollen mit einem starren Transfersystem verbunden werden und zwischen welchen Stationen soll der Transport manuell erfolgen? Wie viele zusätzliche Mitarbeiter und wie viele Transportkisten würden im Falle des manuellen Transports benötigt? Inwiefern wirkt sich die Verkettungsart auf Ausbringung, Teilebestand und Linientaktzeit aus?

Weiterhin ist zu beachten: Aufgrund der Rückstaus, die sich im Fall der Verkettung mit einem starren Transfersystem ergeben können, und aufgrund der Möglichkeit, dass im Fall der manuellen Transporte einige Transportaufträge wegen der Nichtverfügbarkeit eines Transportmitarbeiters warten müssen, weist die betrachtete Fragestellung einen äußerst dynamischen Charakter auf, der mit einer Tabellenkalkulation nicht mehr erfasst werden kann. Daher stellt die ereignisdiskrete Simulation das beste Werkzeug zur Lösung dieser Aufgabe dar.

Insofern wurden alle Stationen und Teillinien in einem Simulationsmodell mit folgenden Merkmalen nachgebildet:

- Modellierung der Stationen mit den zugehörigen Takt-, Rüst-, Stör- und Reparaturzeiten,
- Möglichkeit zum Verbinden zweier Stationen durch ein Transfersystem mit den Parametern Puffergröße und Bandgeschwindigkeit,

- Realisierung einer Option zum Einsatz eines Transportmitarbeiters zwischen zwei Stationen mit den Parametern Handling- und Transportzeit sowie Belade-, Entlade- und Transportlosgröße,
- Hinterlegung der Kosten für alle beteiligten Ressourcen am Produktionsprozess und für die Kapitalbindung.

Die Prozesse sind damit deterministisch angelegt, haben aber stochastische Parameter wie Ausschuss und Störungen. Zur Kostenerfassung wurde in der Simulation jedem Werkstück ein virtueller Kostenrucksack aufgebunden. Zudem ist für jede Ressource (Maschine, Verkettung, Lagerplatz, Personal) nach Art der Maschinenstundensatzrechnung ein Stundensatz berechnet worden. Für die Zeit, die ein Werkstück eine Ressource in Anspruch genommen hat, wurden ihm die entsprechenden Kosten zugeschlagen. Die Unterauslastung bzw. der Leerlauf von Ressourcen ist ebenfalls mit dem jeweiligen Stundensatz bewertet und anteilsmäßig auf die hergestellten Produkte verteilt worden. Außerdem gingen die durch Bestände hervorgerufenen Kosten für Kapitalbindung sowie die Kosten für Ausschuss in die Betrachtung ein, wobei sich zeigte, dass bei höheren Beständen auch vermehrt Ausschuss (durch Korrosionsschäden, Beschädigung von zwischengelagerten Halbfertigteilen etc.) entstand. Methodisch liegt also eine integrierte Kostenbetrachtung mit nachgelagerter Auslastungskorrektur und vorgelagerter Kalkulation vor, da die Simulation dazu dient, die Herstellkosten vor Produktionsstart am neuen Standort zu ermitteln.

Durch die Variation der Verkettungsarten wurde in den Simulationsläufen die wirtschaftlichste Variante deutlich (Abbildung 10.11). Die Simulation hat klar gezeigt, dass die Verkettung zwischen den vier Teillinien im vorderen und den zwei Teillinien im hinteren Bereich manuell erfolgen sollte. Außerdem kann im Fall der manuellen Verkettung am Anfang der hinteren Teillinie eine (Härte-)Station eingespart werden, wenn die Jahresarbeitszeit um sechs Tage auf 256 Tage verlängert würde, was im aufnehmenden Werk in Tschechien kein Problem darstellte. Dadurch konnten bei der Variante 4 die im Tabellenkalkulationsmodell ermittelten Potenziale sogar übertroffen werden.

10.1.3.4 Realitätsnahe Bewertung von Alternativen als Ergebnis

Bei der Betrachtung aller vier Varianten hat die ereignisdiskrete Simulation entscheidend zum Prozessverständnis beigetragen, wodurch im Ergebnis die Leistungsfähigkeit des Fertigungskonzepts nachgewiesen sowie eine deutlich höhere Wirtschaftlichkeit der Produktion erreicht werden konnte. Vor allem trug die ausgezeichnete Anschaulichkeit der Simulationsmodelle dazu bei, dass rasch Optimierungsideen wie z.B. die Einsparung einer Härtestation in Variante 4 geboren wurden, die dann wiederum sehr schnell in der ereignisdiskreten Simulation auf ihre Wirksamkeit hin untersucht werden konnten.

	Variante 1	Variante 2	Variante 3	Variante 4
Kaufwert	1.6279 Euro	1.6279 Euro	1.6279 Euro	1.6279 Euro
Maschinen	0.8220 Euro	0.8054 Euro	0.8137 Euro	0.6991 Euro
Verkettung	0.0580 Euro	0.0381 Euro	0.0360 Euro	0.0329 Euro
Personal	0.0985 Euro	0.1378 Euro	0.1114 Euro	0.1114 Euro
Bestände	0.0000 Euro	0.0013 Euro	0.0001 Euro	0.0001 Euro
Ausschuss	0.0214 Euro	0.0655 Euro	0.0430 Euro	0.0418 Euro
Endwert	2.6278 Euro	2.6761 Euro	2.6322 Euro	2.5134 Euro

Abbildung 10.11 Stückkostenvergleich der vier Varianten

10.1.4 Zusammenfassende Gegenüberstellung der unterschiedlichen Perspektiven auf die Kostensimulation

Die Anforderungen an und die Perspektiven auf die Kostensimulation unterscheiden sich stark zwischen Top-Management auf der einen und Planern bzw. Anwendern auf der anderen Seite. So steht für das Top-Management eher eine schnelle Abschätzung der Potenziale im Vordergrund, die durch eine Produktionsverlagerung möglich sind. Da in diesen Kreisen die Tabellenkalkulation nach wie vor das verbreitetste Planungswerkzeug ist, erfährt das Tabellenkalkulationsmodell eine hohe Akzeptanz. Zudem genügt den betriebswirtschaftlich geprägten Top-Managern die Entwicklung bzw. Prognose von Kostenverläufen auf Basis hinterlegter Kalkulationsformeln vollkommen. Für sie ist vielmehr entscheidend, dass Analysen während eines Workshops auf Knopfdruck durchführbar sind und sich möglichst viele Aspekte (von der Möglichkeit des lokalen Einkaufs bis hin zum unterschiedlichen arbeitsrechtlichen Rahmen in einzelnen Ländern) in das Tabellenkalkulationsmodell integrieren lassen. Denn dadurch gewinnen sie sehr schnell ein relativ klares Bild davon, welche Produktionsverlagerungen sich am ehesten rechnen. Auf dieser Basis können sie ihre strategischen Überlegungen systematisch weiter verfeinern und Schritt für Schritt einen Plan zur Optimierung des Produktionsnetzwerkes ableiten.

Im Anschluss daran (bzw. manchmal auch begleitend) fällt den Planern die Aufgabe zu, die Realisierung der neuen Produkt-Standort-Zuordnungen vorzubereiten. Da im Tabellenkalkulationsmodell ohne Kapazitätsrestriktionen gearbeitet wird, kann nicht unbedingt davon ausgegangen werden, dass der aufnehmende Standort tatsächlich in der Lage ist, die neuen bzw. zusätzlichen Produktionsmengen herzustellen. An den Workshops bzw. während ihrer Vorbereitung sind zwar Experten beteiligt, die sich mit den technischen wie kapazitiven Möglichkeiten der jeweiligen Standorte gut auskennen. Trotzdem gibt es immer wieder Situationen, die auch für Experten einen Grenzfall darstellen. In solchen Fällen bietet sich dann eine feinere Betrachtung mit Hilfe der ereignisdiskreten Simulation an. Damit können dann nicht nur begrenzte Kapazitäten berücksichtigt, sondern auch andere Fertigungskonzepte mit niedrigerem Automatisierungsgrad untersucht werden. Denn im Normalfall lassen sich durch ein Fertigungskonzept mit einem höheren manuellen Anteil die Potenziale, die das Tabellenkalkulationsmodell bei einer Verlagerung auf Basis eines gleichbleibenden Automatisierungsgrades ausgewiesen hat, nochmals steigern. Zudem können mit einer simulationsbasierten (d.h. ereignisdiskreten) Kostenbetrachtung die Herstellkosten am neuen Standort präzise im Voraus kalkuliert werden. Dies ist v.a. dann wichtig, wenn Verhandlungen mit den Kunden anstehen, die in der Regel von einer Produktionsverlagerung durch niedrigere Preise profitieren wollen.

In der Gesamtbetrachtung bietet es sich also an, beide Werkzeuge zu kombinieren und zunächst mit dem Tabellenkalkulationsmodell zu beginnen, um möglichst schnell einen guten Gesamtüberblick zu erhalten. Bei Grenzfällen bzw. zur Detailplanung von kritischen Produktionsverlagerungen sollte dann die präzise, aber eben auch deutlich langsamere ereignisdiskrete Kostensimulation zum Einsatz kommen, die vor allem Planern entscheidende zusätzliche Erkenntnisse ermöglicht.

10.1.5 Ausblick

Bisher erstreckt sich die vorgestellte Anwendung der Kostensimulation von der strategischen Ebene (Netzwerkgestaltung mit dem Tabellenkalkulationsmodell) über die taktische Ebene (Linienkonfiguration mit der ereignisdiskreten Simulation) bis hin zur operativen Ebene (Notwendigkeit der Mehrarbeit bei Variante 4). Die Betrachtung beginnt beim Netzwerk und setzt sich über einen Standort zum Prozess hin fort. Damit ist die Durchgängigkeit unidirektional. Die Optimierung selbst erfolgt in Workshops, d.h. auf Basis der Erfahrung des Managements bzw. der Experten.

Zukünftige Herausforderungen liegen zum einen in der Herstellung der Bidirektionalität sowie zum anderen in der Integration von Methoden der kombinatorischen Optimierung, wie z.B. dem Einsatz von genetischen Algorithmen, die sowohl quantitative Daten (wie z.B. Lohnkosten) als auch qualitative Aspekte (z.B. arbeitsrechtlicher Rahmen) verarbeiten können und zudem mit der Tatsache zurechtkommen, dass häufig Daten in unterschiedlicher Qualität vorliegen oder sogar manchmal fehlen. Dabei muss aus Gründen der Akzeptanz der Lösungsweg weiterhin gut nachvollziehbar sein. Zudem sollte natürlich der Aufwand für die Durchführung solcher Betrachtungen selbst sowie für die Pflege der Modelle einschließlich der Akquise bzw. Aktualisierung der verwendeten Daten im vertretbaren Rahmen bleiben.

Kapitel 11
Stochastische Simulation und Genetischer Algorithmus zur optimierten Flexibilitätsausnutzung von Swing-Optionen mit unterjährigen Restriktionen bei der Energiebeschaffung

Marc Hanfeld

11.1 Einleitung

Die Energiemärkte haben sich in den vergangenen Jahren, bedingt durch Liberalisierung, Energiewende und Digitalisierung, gewandelt. In der jüngeren Vergangenheit haben sich verschiedene Dienstleistungsunternehmen etabliert, die den Energiehandel sowohl mit standardisierten als auch mit strukturierten Energiehandelsprodukten auf Basis bilateraler Vereinbarungen ermöglichen. Mit dem Entstehen verschiedener Handelsplattformen ist es für Industrieunternehmen möglich, die Beschaffungsoptionen über die Handelsmärkte zu nutzen und die Energiebeschaffung in Eigenregie zu organisieren.

Neben der Vollversorgung durch einen Vorlieferanten besteht eine weitere Möglichkeit darin, den eigenen Energiebedarf über standardisierte Handelsprodukte (Jahresbänder, Monatsbänder, Tagesbänder etc.) zu beschaffen. Unterliegt der eigene Energiebedarf Schwankungen, die sich im Voraus nur schwer prognostizieren lassen (z.B. aufgrund stochastischer Auftragseingänge), resultieren Fehl- und Überschussmengen, die, bedingt durch volatile Spotpreise, in einem Kostenrisiko münden. Um diese Bedarfsschwankungen kostenseitig abzufedern, kann auf sog. Swing-Optionen zurückgegriffen werden. Eine Swing-Option ist demnach als Instrument zur Absicherung gegen hohe Spotpreise zu verstehen.

Die hinter Swing-Optionen stehende Idee ist, dass der Halter eines solchen Vertrages Energie zu einem festen Preis (Vertragspreis) bezieht. Der Vertragspreis kann sich z.B. basierend auf einer Preispublikation (z.B. Monatsindex, Quartalsindex, Jahresindex etc.) bilden.

Vereinfacht ausgedrückt, kann an Tagen hoher Spotpreise (Spotpreis > Vertragspreis) die Ausübung eines Swing-Rechtes gegenüber dem Bezug am Spotmarkt sinnvoll sein. Hingegen wird bei Spotpreisen, die kleiner sind als der Vertragspreis (Spotpreis < Vertragspreis), der Energiebezug am Spotmarkt sinnvoll sein. Die Dif-

---

Marc Hanfeld
Hochschule Emden/Leer, e-mail: marc.hanfeld@hs-emden-leer.de

ferenz zwischen Spotpreis und Vertragspreis wird als sog. Preisspread oder kurz: Spread bezeichnet. Das Wertpotenzial der Swing-Option liegt darin, Energiemengen in Perioden positiver Spreads am Großhandelsmarkt zu verkaufen und den eigenen Energiebedarf in Perioden negativer Spreads am Großhandelsmarkt einzukaufen.

Swing-Verträge können durch Restriktionen hinsichtlich ihrer Flexibilität eingeschränkt sein. Die Flexibilität einer Swing-Option wird durch die Parameter Jahresenergiebezugsmenge, engl. AnnualContractQuantity (ACQ), Benutzungsstunden (Bh) bzw. Benutzungstage (Bd) und Mindestabnahmemenge (sog. Take-or-Pay-Menge) (ToP-Menge) determiniert. Die Jahresenergiebezugsmenge ACQ ist im Zusammenhang mit der Jahres-ToP-Menge zu betrachten. Die Jahres-ToP-Menge determiniert die Mindestabnahmemenge, d.h. diese Menge ist abzunehmen oder, falls die Abnahme nicht erfolgt, dem Verkäufer der Option zu bezahlen. Die Differenz zwischen ACQ und der Jahres-ToP-Menge ist die flexible Menge. Die Abnahme dieser Flexibilitätsmenge (auch teilweise) ist optional. Anhand von Bh bzw. Bd ist eine Aussage möglich, an wie vielen Stunden bzw. Tagen des Vertragszeitraumes der Energiebezug mit der maximalen Leistung erfolgen muss, bis die ACQ abgenommen ist. Je näher die Zahl bei 8760h bzw. 365 Tagen liegt, desto inflexibler ist eine Swing-Option, d.h., desto weniger Optimierungspotenzial steckt in der Swing-Option. Darüber hinaus können weitere, die Flexibilität einschränkende Restriktionen, wie maximale Monatsmengen (MCQ), Mindestmonatsmengen (Monats-ToP), maximale Quartalsmenge (QCQ), Mindestquartalsmenge (Quartals-ToP), maximale Saisonmengen (SCQ) oder Mindestsaisonmenge (Saison-ToP) sowie unterjährige Mindest- und Maximalbezugsleistungen (MaxDCQ, MinDCQ) einer Swing-Option zugrunde liegen.

Die Anzahl der Ausübungsrechte (Bh auf Stundenbasis oder Bd auf Tagesbasis) für einen „up-swing" ist, je nach Ausgestaltung des Swing-Vertrages, begrenzt (vgl. Abs. 11.3.1). Da Fehl- und Überschussmengen jederzeit am Markt durch Zukauf oder Verkauf ausgeglichen werden können, ist die Bewirtschaftungsstrategie der Swing-Option vom tatsächlichen Energiebedarf unabhängig. Demnach muss sich der Halter der Option ein Bild darüber machen, wann die Swing-Rechte einzusetzen sind. Dies muss vor dem Hintergrund der im Voraus unbekannten Preisentwicklung an den Spotmärkten geschehen. Die im Rahmen dieses Beitrages betrachteten Möglichkeiten zur Vertragsbewirtschaftung beziehen sich a) auf eine **myopische** Bewirtschaftungsstrategie (auch naive oder kurzsichtige Bewirtschaftungsstrategie genannt) oder b) auf eine **stochastisch optimierende** Bewirtschaftungsstrategie.

Bei der myopischen Strategie wird ein Swing-Recht immer dann ausgeübt, wenn der Spotpreis größer ist als der Indexpreis; andernfalls wird der Eigenbedarf am Spotmarkt beschafft. Eine solche Bewirtschaftungsstrategie stellt aufgrund der einfachen Entscheidungssystematik geringe Anforderungen an den Anwender und ist sehr einfach zu implementieren.

Mit einer Bewirtschaftungsstrategie, die auf einem stochastischen Optimierungsansatz basiert, wird in den jeweiligen Entscheidungszeitpunkten unter Berücksichtigung der Wahrscheinlichkeitsverteilung zukünftiger Preisentwicklungen sowie der Anzahl der verbleibenden Swing-Ausübungsrechte bewertet, ob es sinnvoll ist, ein Swing-Recht sofort auszuüben oder ob die Zurückhaltung und spätere Ausübung werthaltiger ist. Die Implementierung einer stochastischen Bewirtschaftungsstrategie stellt aufgrund der komplexeren Entscheidungssystematik im Vergleich zu einer myopischen Bewirtschaftungsstrategie deutlich höhere Anforderungen an den Entscheidungsträger. Demnach ist es von Interesse zu analysieren, ob der resultierende Kostenvorteil durch die Anwendung einer stochastischen Bewirtschaftungsstrategie die höhere Komplexität überhaupt rechtfertigen kann.

Die Ableitung von (stochastischen) Bewirtschaftungsstrategien für Swing-Optionen oder vergleichbare Entscheidungsprobleme und deren Bewertung ist bereits Gegenstand wissenschaftlicher Diskussionen. Daraus sind Ansätze entsprungen, die das Prinzip der Dynamischen Programmierung einerseits in Verbindung mit Szenariobäumen anwenden wie Felix und Weber (2012) oder Jaillet et al. (2004) und andererseits zur Berücksichtigung der Unsicherheit auf Regressionsalgorithmen zurückgreifen wie Boogert und De Jong (2008) oder Carmona und Ludkovski (2010). Daneben gibt es Ansätze, die stärker analytisch geprägt sind und das Problem auf Basis von stochastischen Differentialgleichungen beschreiben und numerisch mittels der Methode der *Finiten-Elemente* lösen wie z.B. Thompson et al. (2009). Bei den vorgenannten Ansätzen lassen sich unterjährige Restriktionen nur in sehr eingeschränkter Form in das Optimierungsmodell integrieren.

Daraus resultierend wird im vorliegenden Beitrag das Ziel verfolgt 1) zur optimierten Flexibilitätsausnutzung von Swing-Optionen mit intertemporalen Mengen- und Leistungsrestriktionen eine stochastische Bewirtschaftungsstrategie unter Rückgriff auf einen GA zu ermitteln und 2) die Vorteilhaftigkeit einer stochastischen Bewirtschaftungsstrategie im Vergleich mit einer myopischen Bewirtschaftungsstrategie mittels stochastischer Simulation von Energiepreisszenarien zu analysieren.

Die nachstehenden Ausführungen beziehen sich auf Erdgashandelsprodukte, lassen sich jedoch ohne Weiteres auch auf Stromhandelsprodukte übertragen. Der Beitrag gliedert sich in vier Teile. Im folgenden ersten Teil erfolgt die Vorstellung des Konzeptes für die Ermittlung einer stochastischen Bewirtschaftungsstrategie sowie die Vorstellung des zugrunde gelegten Genetischen Algorithmus. Daran anknüpfend wird im zweiten Teil ein stochastisches Modell zur Beschreibung der Energiepreise adaptiert und zur (stochastischen) Simulation von Energiepreisszenarien verwendet. Diese Energiepreisszenarien bilden die Eingangsinformationen für den Genetischen Algorithmus. Im dritten Teil wird ein Strategievergleich zwischen myopischer und stochastischer Bewirtschaftungsstrategie anhand von verschiedenen Fallbeispielen vorgenommen und die Ergebnisse werden ausgewertet. Der Beitrag schließt mit dem vierten Teil, in dem die aus den Fallstudien gewonnenen Erkenntnisse zusammengefasst werden und eine Anwendungsempfehlung abgeleitet wird.

11.2 Modelle

11.2.1 Formalisierung des Entscheidungsproblems

Die stochastische Bewirtschaftungsstrategie wird konzeptionell so umgesetzt, dass als Entscheidungskriterium ein „kritischer Preisspread" herangezogen werden kann.

Der Rückgriff auf einen Genetischen Algorithmus (vgl. Abs. 11.2.2) zur Lösung der Problemstellung liegt in der Struktur des Entscheidungsproblems begründet, das zusammengefasst folgende charakteristische Eigenschaften hat:

- Zeitabhängigkeit der Entscheidungen,
- intertemporale Restriktionen,
- Unsicherheit hinsichtlich der Entscheidungsvariablen (Preise).

Hierbei wird ein Ansatz verfolgt, bei dem verschiedene Preisszenarien, die die Unsicherheit bezüglich der Preisentwicklungen repräsentieren, mittels stochastischer Simulation erzeugt werden (vgl. Abs. 11.2.3). Die so erzeugten Simulationsszenarien gehen als Eingangsinformationen in den GA ein und sind Bestandteil des Lösungsverfahrens.

Wie in Kap. 4 bereits diskutiert, erfordert der Rückgriff auf exakte Optimierungsverfahren zumeist Vereinfachungen hinsichtlich der Problemstruktur, damit die verfügbaren (exakten) Lösungsverfahren auf das Problem anwendbar sind. Wie oben (vgl. Abs. 11.1) erläutert, wird ein Swing-Recht ausgeübt, wenn die Ausübung für den Halter des Swing-Vertrages wirtschaftlich erscheint. Dies wird regelmäßig der Fall sein, wenn der Spotpreis größer als der Vertragspreis ist, zu dem die erforderliche Energiemenge dann am Markt mit einem Profit verkauft werden kann. Die Limitierung der Anzahl der Ausübungsrechte (repräsentiert durch B_h bzw. B_d) stellt den Entscheidungsträger jedoch vor das Problem, beurteilen zu müssen, ob die Ausübung eines Swing-Rechts zum aktuell existierenden Preisspread erfolgen soll oder ob ein „Stillhalten" in Erwartung zukünftig noch größerer Preisspreads sinnvoll ist. Jede Ausübung eines Swing-Rechts ist irreversibel. Mit anderen Worten: Der Entscheidungsträger muss die zukünftige Entwicklung der Preisspreads antizipieren und den Einsatz der Swing-Rechte entsprechend (Erwartungs-)wertmaximierend planen. Somit benötigt der Entscheidungsträger ein geeignetes Entscheidungskriterium. Bei den existierenden Ansätzen (vgl. Abs. 11.1) wird der Erwartungswert der zukünftigen Ausübungsrechte als Entscheidungskriterium herangezogen. Nimmt man z.B. an, man habe genau ein Ausübungsrecht und müsse beurteilen, ob die sofortige Ausübung einem Abwarten vorzuziehen sei, dann ist die sofortige Ausübung genau dann vorteilhaft, wenn der zum Entscheidungszeitpunkt realisierbare Preisspread zu einer größeren Auszahlung führt, als eine spätere Ausübung erwarten lässt. Anders ausgedrückt: Ist der Preisspread größer als der Erwartungswert, dann ist die sofortige Ausübung dem Abwarten vorzuziehen; ist der aktuelle Preisspread kleiner als der Erwartungswert der zukünftigen Ausübung, ist das Abwarten zu bevorzugen. Somit lässt sich für die Ermittlung einer geeigneten Ausübungsstrategie neben dem Erwartungswert als Entscheidungskriterium auch der kritische Preisspread heranziehen. Hierbei ist der kritische Preisspread so zu bestimmen, dass der aus der Ausübungsstrategie resultierende Erwartungswert der Swing-Option maximiert wird. Damit lässt sich zunächst als Zielfunktion Z für das Entscheidungsproblem formulieren:

Zielfunktion:

$$Maximiere \to Z = \frac{1}{N} \sum_{n=1}^{N} \sum_{t=1}^{T} (q_{t,n} \times S_{t,n}), \qquad (11.1)$$

Parameter:

ACQ	Vertragliche Jahresabnahmemenge.
T	Länge des Planungszeitraumes $\forall\, t = 1, 2, \ldots, T$.
N	Anzahl an Simulationsszenarien $\forall\, n = 1, 2, \ldots, N$.
$Q_t^{MaxMonat}$	Maximale Abnahmemenge zum Zeitpunkt t $\forall\, t = 1, 2, \ldots, T$ bezogen auf die jeweilige maximale Monatsmenge (MCQ).
$Q_t^{MinMonat}$	Mindestabnahmemenge zum Zeitpunkt t $\forall\, t = 1, 2, \ldots, T$ bezogen auf die jeweilige Mindestmonatsmenge (Monats-ToP-Menge).
$Q_t^{MaxQuartal}$	Maximale Abnahmemenge zum Zeitpunkt t $\forall\, t = 1, 2, \ldots, T$ bezogen auf die jeweilige Quartalsmenge (QCQ).
$Q_t^{MinQuartal}$	Mindestabnahmemenge zum Zeitpunkt t $\forall\, t = 1, 2, \ldots, T$ bezogen auf die jeweilige Mindestquartalsmenge (Quartals-ToP-Menge.
$Q_t^{MaxSaison}$	Maximale Abnahmemenge zum Zeitpunkt t $\forall\, t = 1, 2, \ldots, T$ bezogen auf die jeweilige maximale Saisonmenge (SCQ).
$Q_t^{MinSaison}$	Mindestabnahmemenge zum Zeitpunkt t $\forall\, t = 1, 2, \ldots, T$ bezogen auf die jeweilige Mindestsaisonmenge (Saison-ToP-Menge).
$Q_t^{MaxJahr}$	Maximale Abnahmemenge zum Zeitpunkt t $\forall\, t = 1, 2, \ldots, T$ bezogen auf die maximale Jahresmenge (ACQ).
$Q_t^{MinJahr}$	Mindestabnahmemenge zum Zeitpunkt t $\forall\, t = 1, 2, \ldots, T$ bezogen auf die Mindestjahresmenge (Jahres-ToP-Menge).
q_t^{MaxTag}	Maximal verfügbare Tagesabnahmemenge zum Zeitpunkt t $\forall\, t = 1, 2, \ldots, T$.
q_t^{MinTag}	Mindesttagesabnahmemenge zum Zeitpunkt t $\forall\, t = 1, 2, \ldots, T$.

Variablen:

$q_{t,n}$ — Zum Verkauf am DA-Markt verfügbare Tagesmenge zum Zeitpunkt t im Simulationsszenario n $\forall\, t = 1,2,\ldots,T; \forall\, n = 1,2,\ldots,N$.

$S_{t,n}$ — Preisspread (DA-Preis – MA-Preis) im Zeitpunkt t im Simulationsszenario n $\forall\, t = 1,2,\ldots,T; \forall\, n = 1,2,\ldots,N$.

S_t^{Krit} — Kritischer Preisspread im Zeitpunkt t $\forall\, t = 1,2,\ldots,T$.

$Q_{t,n}$ — Kumulierte Abnahmemenge im Zeitpunkt t im Simulationsszenario n $\forall\, t = 1,2,\ldots,T; \forall\, n = 1,2,\ldots,N$.

$x_{t,n}$ — binäre Entscheidungsvariable für den Zeitpunkt t im Simulationsszenario n mit $x_{t,n} = \begin{cases} 1, & \text{wenn } S_{t,n} > S_t^{Krit} \\ 0, & \text{wenn } S_{t,n} \leq S_t^{Krit} \end{cases}$
$\forall\, t = 1,2,\ldots,T;\ \forall\, n = 1,2,\ldots,N$.

$q_{t,n}^{Max}$ — Aus Mengenrestriktionen resultierende maximale Tagesabnahmemenge zum Zeitpunkt t im Simulationsszenario n $\forall\, t = 1,2,\ldots,T;\ \forall\, n = 1,2,\ldots,N$.

$q_{t,n}^{Min}$ — Aus Mengenrestriktionen resultierende Mindesttagesabnahmemenge zum Zeitpunkt t im Simulationsszenario n $\forall\, t = 1,2,\ldots,T;\ \forall\, n = 1,2,\ldots,N$.

$q_{t,n}^{MaxMonat}$ — Maximale Tagesabnahmemenge aus Monatsmengenrestriktion zum Zeitpunkt t im Simulationsszenario n $\forall\, t = 1,2,\ldots,T;\ \forall\, n = 1,2,\ldots,N$.

$q_{t,n}^{MinMonat}$ — Mindesttagesabnahmemenge aus Monatsmengenrestriktion zum Zeitpunkt t im Simulationsszenario n $\forall\, t = 1,2,\ldots,T;\ \forall\, n = 1,2,\ldots,N$.

$q_{t,n}^{MaxQuartal}$ — Maximale Tagesabnahmemenge aus Quartalsmengenrestriktion zum Zeitpunkt t im Simulationsszenario n $\forall\, t = 1,2,\ldots,T \forall\, n = 1,2,\ldots,N$.

$q_{t,n}^{MinQuartal}$ — Mindesttagesabnahmemenge aus Quartalsmengenrestriktion zum Zeitpunkt t im Simulationsszenario n $\forall\, t = 1,2,\ldots,T;\ \forall\, n = 1,2,\ldots,N$.

$q_{t,n}^{MaxSaison}$ — Maximale Tagesabnahmemenge aus Saisonmengenrestriktion zum Zeitpunkt t im Simulationsszenario n $\forall\, t = 1,2,\ldots,T;\ \forall\, n = 1,2,\ldots,N$.

$q_{t,n}^{MinSaison}$ — Mindesttagesabnahmemenge aus Saisonmengenrestriktion zum Zeitpunkt t im Simulationsszenario n $\forall\, t = 1,2,\ldots,T;\ \forall\, n = 1,2,\ldots,N$.

$q_{t,n}^{MaxJahr}$ — Maximale Tagesabnahmemenge aus Jahresmengenrestriktion zum Zeitpunkt t im Simulationsszenario n $\forall\, t = 1,2,\ldots,T;\ \forall\, n = 1,2,\ldots,N$.

$q_{t,n}^{MinJahr}$ — Mindesttagesabnahmemenge aus Jahresmengenrestriktion zum Zeitpunkt t im Simulationsszenario n $\forall\, t = 1,2,\ldots,T; \forall\, n = 1,2,\ldots,N$.

Restriktionen:

$$Q_{t,n} = Q_{t-1,n} + q_{t,n} \, \forall \, t = 1,2,\ldots,T; \, \forall \, n = 1,2,\ldots,N \text{ mit } Q_{t=0,n} = 0 \quad (11.2)$$

$$q_{t,n}^{MaxMonat} = Q_t^{MinMonat} - Q_{t-1,n} \, \forall t = 1,2,\ldots T; \, \forall n = 1,2,\ldots,N \quad (11.3)$$

$$q_{t,n}^{MinMonat} = max\left(0, Q_t^{MinMonat} - Q_{t-1,n}\right) \, \forall \, t = 1,2,\ldots T; \, \forall \, n = 1,2,\ldots,N \quad (11.4)$$

$$q_{t,n}^{MaxQuartal} = Q_t^{MinQuartal} - Q_{t-1,n} \, \forall \, t = 1,2,\ldots T; \, \forall \, n = 1,2,\ldots,N \quad (11.5)$$

$$q_{t,n}^{MinQuartal} = max\left(0, Q_t^{MinQuartal} - Q_{t-1,n}\right) \, \forall \, t = 1,2,\ldots T; \, \forall \, n = 1,2,\ldots,N \quad (11.6)$$

$$q_{t,n}^{MaxSaison} = Q_t^{MinSaison} - Q_{t-1,n} \, \forall \, t = 1,2,\ldots T; \, \forall \, n = 1,2,\ldots,N \quad (11.7)$$

$$q_{t,n}^{MinSaison} = max\left(0, Q_t^{MinSaison} - Q_{t-1,n}\right) \, \forall \, t = 1,2,\ldots T; \, \forall n = 1,2,\ldots,N \quad (11.8)$$

$$q_{t,n}^{MaxJahr} = Q_t^{MaxJahr} - Q_{t-1,n} \, \forall \, t = 1,2,\ldots T; \, \forall \, n = 1,2,\ldots,N \quad (11.9)$$

$$q_{t,n}^{MinJahr} = max\left(0, Q_t^{MinJahr} - Q_{t-1,n}\right) \, \forall \, t = 1,2,\ldots T; \, \forall \, n = 1,2,\ldots,N \quad (11.10)$$

$$q_{t,n}^{Min} = max\left(q_{t,n}^{MinMonat}, q_{t,n}^{MinQuartal}, q_{t,n}^{MinSaison}, q_{t,n}^{MinJahr}\right) \quad (11.11)$$

$$q_{t,n}^{Max} = min\left(q_{t,n}^{MaxMonat}, q_{t,n}^{MaxQuartal}, q_{t,n}^{MaxSaison}, q_{t,n}^{MaxJahr}\right) \quad (11.12)$$

$$q_{t,n} = min\left(max\left(q_t^{MaxTag} \times x_{t,n}, q_t^{MinTag}, q_{t,n}^{Min}\right), q_{t,n}^{Max}\right) \quad (11.13)$$

$$S_t^{Krit} = \sum_{j=1}^{J} \alpha_j \left(\frac{Q_{t,n}}{ACQ}\right)^{j-1} + \sum_{k=1}^{K} \beta_k \left(\frac{t}{T}\right)^k \, \forall \, j = 1,2,\ldots J; \, \forall \, k = 1,2,\ldots K \quad (11.14)$$

Die Idee dahinter ist, eine kritische Ausübungsfunktion zu ermitteln, die sowohl die Zeitabhängigkeit der Entscheidungen als auch die bereits eingesetzten Ausübungsrechte (repräsentiert durch die bereits abgenommene Energiemenge Q_t) berücksichtigt. Die Funktion wird als 2-dimensionales Polynom dritten Grades (mit Konstante) ($J = 4; K = 3$) gewählt.[1] Die Parameter α_j, β_k sind so zu bestimmen, dass durch die kritischen Preisspreads S_t^{Krit} der Erwartungswert der Swing-Option maximiert wird. Die Bestimmung der Parameter erfolgt unter Anwendung des nachstehend beschriebenen GA.

11.2.2 Genetischer Algorithmus

Im Allgemeinen besteht ein GA aus vier Prozessschritten (vgl. Kap 4). Diese sind (1) Initialisierung, (2) Selektion, (3) Crossover (4) Mutation und (5) Evaluation der Fitness. In jedem Prozessschritt sind Parameter zu definieren, die Einfluss auf das Konvergenzverhalten und die Ergebnisgüte nehmen. Da der Beitrag stärker anwendungsorientiert gehalten ist, erfolgt nachstehend lediglich eine kurze Erläuterung der zugrunde gelegten Parameter, die für die Reproduktion der Ergebnisse erforderlich sind. Für eine Vertiefung sei auf Kap. 4 und die dort angegebene Literatur verwiesen.

Prozessschritte eines GA

1. Initialisierung:

Innerhalb der Initialisierung des GA werden die grundlegenden Festlegungen zum GA getroffen. Diese umfassen die Größe der Ausgangspopulation, die Wahl der Codierung, die Definition der Fitnessfunktion sowie die Festlegung von Kriterien, die vorgeben, wann der GA keine neue Generation mehr erzeugt.

In der Ausgangspopulation werden 100 Individuen erzeugt. Die Codierung der Parameter α_j, β_k erfolgt als Binärcode mit 16 Bit. Die Fitnessfunktion stellt eine Skalierung der Zielfunktion dar. Die Erzeugung einer Ausgangspopulation von 100 Individuen führt zunächst zu 100 Fitnessfunktionswerten, die sich aus der Zielfunktion (Gl. 11.1) ableiten. Es gilt (siehe Kruse et al. 2015, S. 199f., Kroll 2016, S. 317f.):

$$Fitness_i = Z_i - \left(\frac{1}{I} \times \sum_{i=1}^{I} (Z_i) - \vartheta \times \sqrt{\frac{1}{I-1} \times \sum_{i=1}^{I} \left(Z_i - \frac{1}{I} \sum_{i=1}^{I} (Z_i) \right)^2} \right) \quad (11.15)$$

---

[1] Eigene Untersuchungen haben gezeigt, dass Polynome höheren Grades keinen messbaren Einfluss auf das Ergebnis nehmen.

Z_i Fitnessfunktion $\forall\, i = 1, 2, \ldots, I$.
I Populationsgröße (Anzahl der Individuen) $\forall\, i = 1, 2, \ldots, I$.
ϑ Konstante mit dem Wert 2.

Die Wahl eines Abbruchkriteriums erfolgt pragmatisch nach 100 Generationen. Eigene Untersuchungen mit bis zu 1.000 Generationen haben gezeigt, dass der GA regelmäßig bei Generationen größer als 50 konvergiert und sich keine deutlichen Ergebnisverbesserungen mehr einstellt.

2. Selektion:

Innerhalb des Selektionsalgorithmus erfolgt die Auswahl der Elternindividuen, deren Gene zur Rekombination und Bildung neuer Chromosomen in der Folgegeneration selektiert werden. Die Auswahl der Elternindividuen erfolgt in Anlehnung an die Methode der Wettkampfselektion (auch Tournament-Selection). Hierzu wird die relative Fitness (auch das Heranziehen der absoluten Fitness ist möglich) eines Individuums $RelFit_i$ einer Generation herangezogen.

$$RelFit_i = \frac{Fitness_i}{\sum_{i=1}^{I} Fitness_i} \qquad (11.16)$$

Der Wettkampfselektionsalgorithmus wird in der Form umgesetzt: Zunächst werden $k = 4$ Individuen der jeweiligen Generation zufällig ausgewählt. Diese $k = 4$ Individuen „treten" gegeneinander an. Es wird das Individuum für die neue Population ausgewählt, welches von den $k = 4$ ausgewählten Individuen die größte relative Fitness $RelFit$ besitzt. Der Algorithmus wird für jedes der $i = 1, 2, \ldots, I$ Individuen durchgeführt. Eine detaillierte Beschreibung des verwendeten Selektionsalgorithmus sowie alternative Selektionsalgorithmen sind z.B. in Goldberg und Deb (1991, S. 78ff.); Nissen (1997, S. 70f.) und Weicker (2007, S. 11f.) beschrieben.

3. Crossover

Mit dem Crossover-Algorithmus erfolgt eine zufallsgesteuerte Rekombination der selektierten Chromosomen. Im Rahmen des in diesem Beitrag verwendeten Algorithmus wurde ein Uniform-Crossover implementiert. Die Idee dahinter ist, für jedes Bit einzeln zu entscheiden, ob eine Rekombination von zwei Eltern-Bits zu einem neuen Bit erfolgt oder das Bit bestehen bleibt. Hierzu werden zunächst zufällig zwei Individuen (Eltern) aus der selektierten „neuen" Population ausgewählt. Anschließend erfolgt eine Zuordnung von gleichverteilten Zufallszahlen entsprechend der Anzahl der Bits eines Individuums. Ist die gezogene Zufallszahl kleiner als die Crossover-Wahrscheinlichkeit $PCrossover$, wird das entsprechende Bit zwischen den beiden Eltern ausgetauscht. Ist die gezogene Zufallszahl größer als die Crossover-Wahrscheinlichkeit $PCrossover$, erfolgt kein Austausch. Die Crossover-Wahrscheinlichkeit wird mit $PCrossover = 0.7$ gewählt. Das Resultat sind zwei neue Nachkommen, die anstelle der zufällig ausgewählten Eltern gesetzt werden. (Siehe hierzu: Förster 2012, S. 9, Gerdes et al. 2004, S. 89f., Nissen 1997, S. 53f.)

4. Bewertung der Fitness

Die nach der Mutation entstandene Population wird unter Verwendung von (Gl. 11.15) einer Bewertung der Fitness unterzogen. Mit der bewerteten Fitness werden die Schritte (2) bis (5) erneut durchlaufen. Dieser Prozess wird solange durchgeführt, bis das Abbruchkriterium (hier: 100 Generationen) erreicht wurde.

Es wurden hier insgesamt 50 Optimierungsläufe mit dem GA erzeugt. Nachstehende Abbildung zeigt die Entwicklung der Fitness über die Generationen des „besten" Optimierungslaufs, des „schlechtesten" Optimierungslaufs und den Mittelwert der Fitness über alle Optimierungsläufe für eine Swing-Option mit 200 Bd, 75 Prozent Jahres-ToP und ohne weitere Restriktionen. In höheren Generationen nähern sich die Werte der Fitnessfunktion an.

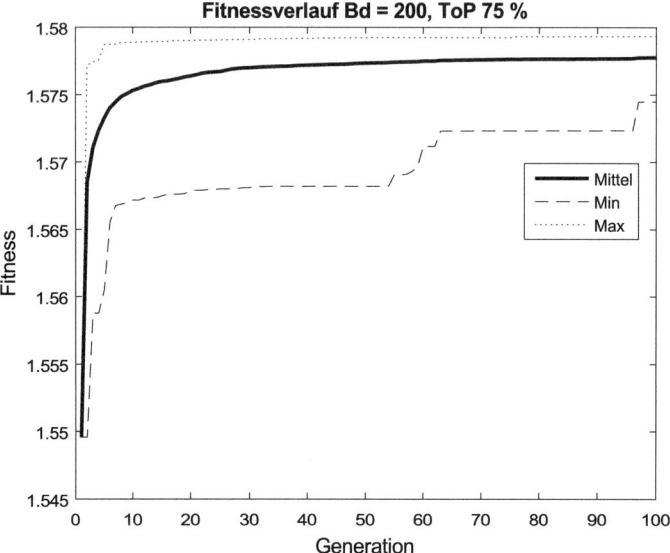

Abbildung 11.1 Entwicklung der Fitness.

Ein Hauptproblem bei dem GA liegt in der Ergebnisstabilität und tritt dadurch zu Tage, dass die mit dem GA erzeugten Parameter α_j, β_k sich von Optimierungslauf zu Optimierungslauf zum Teil erheblich unterscheiden. Nachstehende Abbildung zeigt die Streuung der aus den einzelnen Optimierungsläufen resultierenden kritischen Ausübungspreise. Abhilfe hinsichtlich der Parameterstabilität konnte dadurch geschaffen werden, dass durch die erzeugten Punkte der kritischen Ausübungspreise eine Fläche mittels kleinster-Quartrate-Regression (engl. Least-Squares-Regression) angepasst wurde. Als Regressionsfunktion wird das gleiche Polynom herangezogen, das auch zur Bestimmung des kritischen Ausübungspreises S^{Krit} in Gl. 11.14 verwendet wurde. Die mittels dieser Regression bestimmten

Parameterwerte $\hat{\alpha}_j, \hat{\beta}_k$ werden in Gl. 11.14 eingesetzt und somit der kritische Ausübungspreis $\hat{S}_t^{Krit}$ bestimmt (siehe Gitter in der nachstehenden Abbildung), der zur Entscheidungsfindung heranzuziehen ist.

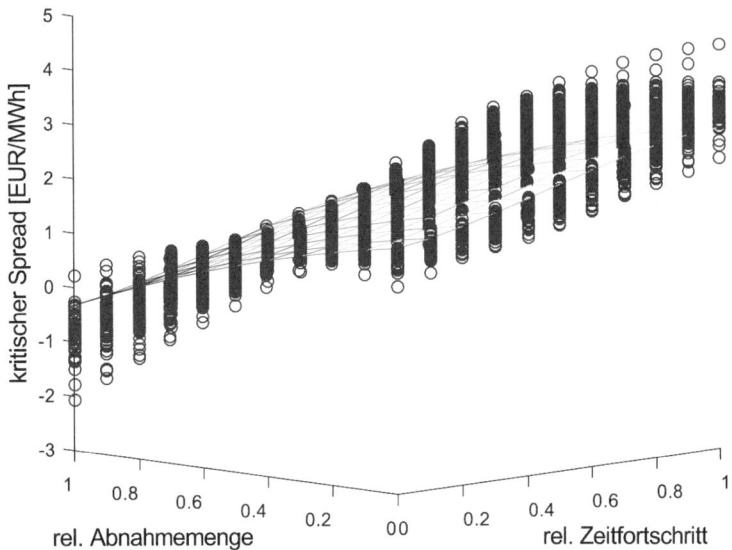

Abbildung 11.2 Kritischer Ausübungsspread.

11.2.3 Stochastisches Simulationsmodell für die Preisunsicherheit

Zur Abbildung der stochastischen Eigenschaften der Spotpreise (Day-Ahead-Preise) (DA-Preise) und der Vertragspreise (Month-Ahead-Index-Preise) (MA-Index-Preise) sowie der daraus resultierenden Spreads wird im Rahmen dieses Beitrages auf das von Boogert und De Jong (2011) vorgeschlagene Modell für Erdgaspreise zurückgegriffen, welches punktuell leicht modifiziert wird (für alternative Modellierungsansätze und Modellerweiterungen sei auf z.B. Borchert et al. (2006, S. 79ff.) verwiesen.

Zunächst sind die Dynamiken der Day-Ahead-Preise sowie der Vertragspreise (in diesem Fall Month-Ahead-Preise) abgebildet. Die Parameter dieses Modells sind anhand historischer Daten zu kalibrieren. Das kalibrierte Modell wird zur Simulation zukünftiger Preisentwicklungen herangezogen, die die stochastischen Eingangsinformationen für den GA bilden.

Die DA-Preise gelten für die Lieferung einer konstanten Leistung während aller Stunden eines Tages; die MA-Preise gelten für die Lieferung einer konstanten Leistung über alle Stunden eines Monats. In Übereinstimmung mit der Literatur z.B. Borchert et al. (2009, S. 283f.) ist das Preisverhalten der DA-Preise gekennzeichnet durch Mittelwert-Rückkehr (sog. Mean-Reversion-Eigenschaft) und zeitvariable Volatilität. Im Rahmen dieses Beitrags wird die Volatilität als konstant angenommen. Dies lässt sich mit Blick auf die jüngere Vergangenheit (siehe Abb. 11.3; Bild oben links) rechtfertigen, da hier vergleichsweise homogene Preisveränderungen zu beobachten waren. Für die DA-Preise P_t gilt (vgl. Boogert und De Jong 2011):

$$P_t = e^{lnP_t} \tag{11.17}$$

$$dlnP_t = \kappa \left(\mu_t - lnP_{t-1} - \frac{\sigma^P \sigma^P}{2\kappa} \right) dt + \sigma^P dW_t^P + \sigma^{CY} dW_t^{CY}$$
$$+ Seas_t \sigma^{SoWi} dW_t^{SoWi} \tag{11.18}$$

$$\mu_t = Fwc_t \tag{11.19}$$

P	Spotpreis.
lnP^{MA}	Logarithmierter MA-Preis.
$dlnP$	Logarithmierte DA-Preisrenditen.
κ	Mean-Reversion-Faktor.
σ^P	Volatilität der DA-Preisrenditen (deannualisiert mit $\sqrt{T}$).
σ^{CY}	Volatilität der Preisrenditen für Erdgaslieferungen für das nächste Kalenderjahr (CY) (deannualisiert mit $\sqrt{T}$).
σ^{SoWi}	Volatilität des Sommer-/Winter-Preisspreads (deannualisiert mit $\sqrt{T}$).
σ^{MA}	Standardabweichung des Prognosefehlers zwischen $\left(ln\hat{P}_t^{MA} - lnP_t \right)$.
$Seas$	Saisonfunktion.
dW^P	Brownsche Bewegung für den DA-Preisprozess.
dW^{CY}	Brownsche Bewegung für den CY-Preisprozess.
dW^{SoWi}	Brownsche Bewegung für den Sommer-/Winterspread.
μ	langfristiges Gleichgewichtsnivau.
Fwc	Terminmarktkurve (hier mit handelbaren Produkten).

Die Saisonfunktion $Seas_t$ steuert den zeitabhängigen Einfluss der Volatilität zwischen Sommer und Winter und wird, wie von Boogert und De Jong (2011) vorgeschlagen, als Sinusfunktion modelliert.

Unter der Annahme, dass ein Zusammenhang zwischen der Preisentwicklung der MA-Preise P_t^{MA} und der Preisentwicklung der DA-Preise P_t existiert, werden die MA-Preise P_t^{MA} aus den DA-Preisen P_t abgeleitet.

$$lnP_t^{MA} = a + b \times lnP_t + c \times lnP_{t-1}^{MA} + u_t$$
$$u_t \sim N\left(0, \sigma^{MA}\right) \quad (11.20)$$
$$P_t^{MA} = e^{lnP_t^{MA}}$$

$$S_t = P_t - P_t^{MA} \quad (11.21)$$

Zur Preisbildung des MA-Preis-Index kommt es durch eine Mittelwertbildung aller MA-Notierungen des Vormonats. So bildet sich zum Beispiel der MA-Index-Preis für den Monat März als Mittelwert aller handelstäglichen MA-Notierungen des Monats Februar.

Zur Simulation der Preise werden folgende Parameter verwendet:

Tabelle 11.1 Modellparameter

Parameter	κ	σ^P	σ^{CY}	σ^{SoWi}	σ^{MA}	a	b	c
Wert:	0.036	0.018	0.004	0.002	0.025	0.075	0.968	0.143

Nachstehend sind die mittels des Simulationsmodells sowie der zugrunde gelegten Modellparameter erzeugten Simulationen ersichtlich. Das Bild oben links in Abb. 11.3 zeigt für die Periode vom 01.10.2013 bis 30.09.2014 die historischen DA-Preisnotierungen für Erdgas an der European Energy Exchange (EEX). Unter Verwendung dieser Preishistorie erfolgte die Ermittlung der Modellparameter. Die Periode vom 01.10.2014 bis 30.09.2015 stellt die Planungs- und Simulationsperiode dar. Folglich stellen die ab 01.10.2014 ersichtlichen Preisverläufe die Simulationsszenarien (1.000) der DA-Preise dar. Die dicke Linie zeigt die zum Planungs- und Simulationszeitpunkt (30.09.2014) gehandelte Terminmarktkurve. Im Bild oben rechts sind die mit Gl. 11.20 aus den DA-Preissimulationen abgeleiteten MA-Index-Preis-Simulationen dargestellt. Das Bild unten links zeigt eine Beispielsimulation für einen DA-Preis und den dazugehörigen MA-Index-Preis. Im Bild rechts sind schließlich die aus den DA-Preis-Simulationen und den MA-Index-Preis-Simulationen mit Gl. 11.21 berechneten Preisspreads abgebildet.

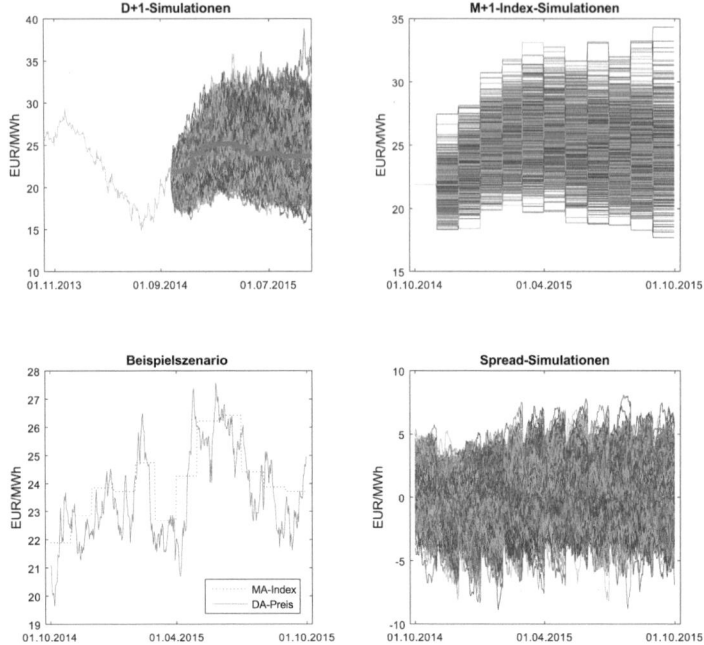

Abbildung 11.3 Preissimulationen.

11.3 Modellanwendung

11.3.1 Fallbeschreibung

Die Analyse der Vorteilhaftigkeit eines stochastischen Optimierungsansatzes, basierend auf den in Abs. 11.2.2 vorgeschlagenen GA und einer myopischen Ausübungsstrategie, erfolgt anhand von Fallbeispielen. Hierfür werden verschiedene Ausgestaltungsmöglichkeiten von Swing-Optionen betrachtet. Dabei werden die Flexibilitätsparameter wie die Benutzungstage (Bd), die Abnahmeverpflichtungen (ToP) sowie die unterjährigen Mengen- und Leistungsrestriktionen entsprechend der nachstehenden Tabelle variiert. Als Vertragspreis für alle 14 Swing-Optionen wird ein MA-Preis-Index unterstellt.

Tabelle 11.2 Untersuchungsvarianten

Fall	Benutzungstage [Bd]	Abnahmepflicht [ToP]	Monats-restriktionen	Quartals-restriktionen	Leistungs-restriktionen
1	100	50%	-	-	-
2	100	75%	-	-	-
3	100	100%	-	-	-
4	200	50%	-	-	-
5	200	75%	-	-	-
6	200	100%	-	-	-
7	300	50%	-	-	-
8	300	75%	-	-	-
9	300	100%	-	-	-
10	200	75%	+	-	-
11	200	75%	-	+	-
12	200	75%	-	-	+
13	200	75%	+	+	-
14	200	75%	+	+	+

Die unterjährigen Restriktionen (Monatsmengenrestriktionen, Quartalsmengenrestriktionen, Leistungsrestriktionen) sind entsprechend den Angaben in den nachstehenden Tabellen festgelegt:

Tabelle 11.3 Monatsmengenrestriktionen

	Jan	Feb	Mar	Apr	Mai	Jun	Jul	Aug	Sep	Okt	Nov	Dez
Min.	0%	0%	0%	5%	10%	15%	15%	10%	5%	5%	0%	0%
Max.	5%	5%	5%	10%	25%	30%	30%	20%	15%	10%	15%	10%

Die Monatsmengenrestriktionen schränken die Swing-Option dahingehend ein, dass dadurch eine Mindestabnahmemenge und/oder eine maximal mögliche Abnahmemenge in dem jeweiligen Monat vorgegeben ist. Ist zum Beispiel im Monat April eine Mindestabnahmemenge in Höhe von 5 Prozent, bezogen auf die Jahresmenge, festgelegt, dann ist die Abnahme dieser Menge im Monat April obligatorisch. Wird zudem für den Monat April eine maximal mögliche Abnahmemenge in Höhe von 10 Prozent, bezogen auf die Jahresmenge, festgelegt, dann darf diese Abnahmemenge nicht überschritten werden.

Tabelle 11.4 Quartalsmengenrestriktionen

	Q4/2014	Q1/2015	Q2/2015	Q3/2015
Min.	0%	30%	30%	0%
Max.	10%	50%	50%	20%

Die Wirkung von Monatsmengenrestriktionen ist analog auf die Wirkung von Quartalsmengenrestriktionen zu übertragen. Die Integration von unterjährigen Mengenrestriktionen ist ein zweckmäßiger Weg, um vergleichsweise flexible Swing-Optionen bezüglich des Optimierungspotenzials einzuschränken.

Tabelle 11.5 Leistungsrestriktionen

	Jan	Feb	Mar	Apr	Mai	Jun	Jul	Aug	Sep	Okt	Nov	Dez
Min.	0%	0%	0%	0%	0%	40%	40%	40%	100%	0%	0%	0%
Max.	70%	80%	90%	100%	100%	100%	100%	100%	100%	90%	80%	70%

Leistungsrestriktionen erzwingen die Abnahme einer bestimmten Leistung über einen Zeitraum (hier Monat) oder begrenzen den maximal möglichen Leistungsbezug. Damit wird die Möglichkeit von hohen Leistungsschwankungen reduziert.

Die Bewertung der Wirkung von variierenden Flexibilitätsparametern (Bd und ToP) und unterjährigen Mengen- und Leistungsrestriktionen im Lichte der beiden alternativen Optimierungsstrategien (myopisch und stochastisch) erfolgt im nachstehenden Unterabschnitt.

11.3.2 Ergebnisse

Zunächst erfolgt eine Gegenüberstellung der Erwartungswerte aus den Ergebnisverteilungen, die einerseits jeweils mit einer Ausübungsstrategie, basierend auf einem GA und andererseits basierend auf einer myopischen Ausübungsstrategie, ermittelt wurden. Eingangsinformationen zur Ableitung der jeweiligen Bewirtschaftungsstrategien sind die unter Abs. 11.2.3 erzeugten Monte-Carlo-Simulationen der Preisspreads. Zur besseren Vergleichbarkeit werden die Ergebnisse auf die Vertragsmenge (ACQ) spezifiziert und in EUR/MWh angegeben.

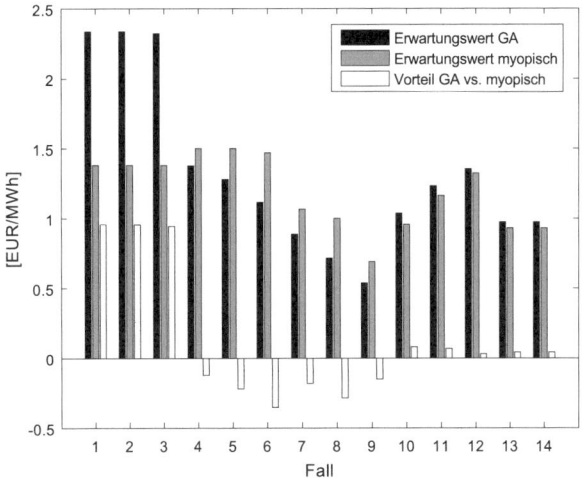

Abbildung 11.4 Berechnungsergebnisse der Bewirtschaftungsstrategien.

Wie aus Abb. 11.4 ersichtlich, führt die Anwendung einer Bewirtschaftungsstrategie, basierend auf einem GA für die Fälle 1) bis 3), zu einem deutlichen Ergebnisvorteil gegenüber einer myopischen Bewirtschaftungsstrategie. Eine Ausübung der maximalen Tagesleistung q_t^{MaxTag} kann an insgesamt 100 von 365 Tagen erfolgen. Bei einer myopischen Strategie liegt bei jedem positiven Preisspread ein Ausübungssignal vor. Bei der stochastischen Ausübungsstrategie erfolgt jedoch implizit eine Berücksichtigung zukünftiger Preisspreads sowie die optimale Reaktion darauf. Insofern wird nicht bei jedem positiven Preisspread ein Ausübungssignal gesetzt, sondern es erfolgt vielmehr ein Abwägen dahingehend, ob ein Ausübungsrecht „aufgespart" werden sollte und stattdessen später in der Erwartung höherer Preisspreads ausgeübt wird. Im Grenzfall, in dem an weniger als 365 von 365 Tagen eine Abnahme erfolgen kann und **keine** Mindestabnahmemenge (ToP) festgelegt ist, muss das Ergebnis aus der stochastischen Ausübungsstrategie mit dem aus der myopischen Ausübungsstrategie identisch sein.

In den Fällen 4) bis 9) nimmt die Wertigkeit der Swing-Option infolge der sich reduzierenden Flexibilität insgesamt ab. Zudem ist in diesen Fällen die myopische Ausübungsstrategie der stochastischen Ausübungsstrategie überlegen.

Die Fälle 10) bis 14) basieren auf Fall 5), jeweils ergänzt um unterjährige Mengen- bzw. Leistungsrestriktionen. Hier zeigt sich, dass die Bewertungsergebnisse aus der stochastischen Bewirtschaftungsstrategie denen der myopischen Bewirtschaftungsstrategie überlegen sind.

Neben den Erwartungswerten sind auch die Verteilungen der Ergebnisse zu den einzelnen Fällen von Interesse. Nachstehende Abbildung stellt fallweise die Ergebnisverteilung von myopischer (Punktlinie) und stochastischer Strategie (durchgezogene Linie) dar:

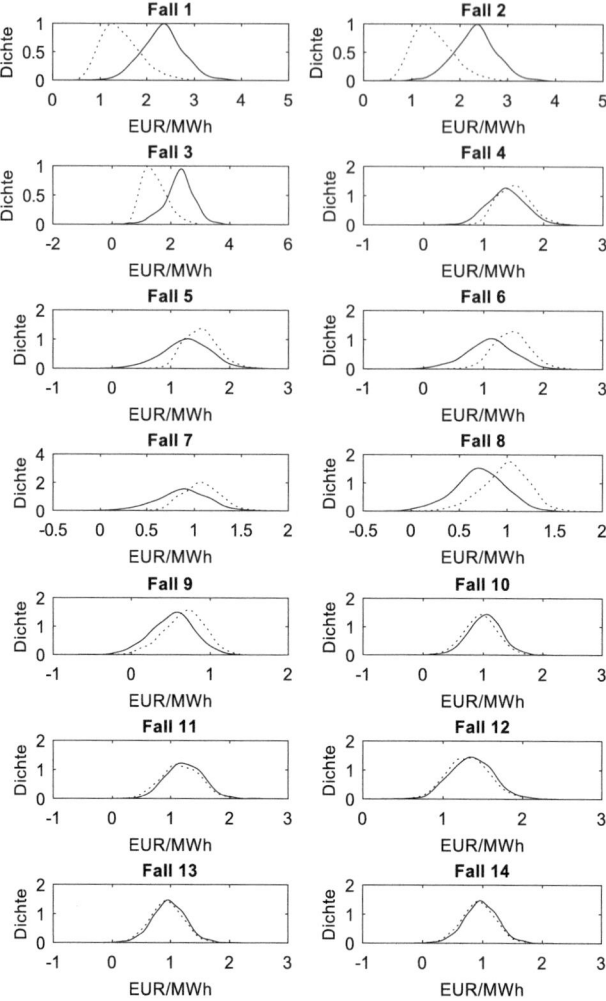

Abbildung 11.5 Ergebnisverteilungen – myopisch (Punktlinie), stochastisch (durchgezogene Linie).

Wie vorstehend erläutert, sind die Ergebnisverteilungen der stochastischen Strategien für die Fälle 1) bis 3) denen der myopischen Strategien überlegen, wobei sich die Verteilungsformen ähneln. Für die Fälle 4) bis 9) zeigt sich die Überlegenheit der Ergebnisverteilungen, basierend auf den myopischen Strategien, gegenüber den Ergebnisverteilungen, basierend auf den stochastischen Strategien. Bei den Fällen 10) bis 14) fällt auf, dass sich die Verteilungen kaum unterscheiden. Dies ist dem

Umstand geschuldet, dass sich mit abnehmender Flexibilität der Swing-Option der Bewertungsunterschied reduziert.

Da die den Bewertungsergebnissen zugrundeliegenden Preisspread-Simulationen auf historischen Daten basieren, stellt sich immer auch die Frage, wie robust die verwendeten Strategien in der täglichen Bewirtschaftung tatsächlich sind. Aufschluss kann hier ein sog. Backtest liefern, bei dem die Bewirtschaftungsstrategien auf bereits realisierte Preisspreads angewendet werden. Es erfolgt nachstehend eine Unterscheidung in eine In-Sample-Analyse und eine Out-of-Sample-Analyse. Bei der In-Sample-Analyse werden die Preisspreads aus der Kalibrierungsperiode (hier 01.10.2013 bis 30.09.2014) zur Bewertung herangezogen, bei der Out-of-Sample-Analyse werden die zwischenzeitlich realisierten Preisspreads der Simulations- bzw. Planungsperiode (hier 01.10.2014 bis 30.09.2015) herangezogen. Die Ergebnisse sind nachstehender Tabelle zu entnehmen:

Tabelle 11.6 Backtestergebnisse

[EUR/MWh]	In-Sample		Out-of-Sample	
Fall	stochastisch	myopisch	stochastisch	myopisch
1	1.27	0.79	0.58	1.01
2	1.27	0.79	0.51	1.01
3	1.21	0.79	0.42	1.01
4	0.69	0.76	0.26	0.57
5	0.60	0.76	0.21	0.57
6	0.64	0.76	0.17	0.48
7	0.41	0.74	0.14	0.38
8	0.46	0.74	0.05	0.30
9	0.50	0.66	0.02	0.19
10	0.84	0.58	0.10	0.13
11	0.78	0.70	0.28	0.28
12	0.88	0.67	0.35	0.38
13	0.72	0.61	0.08	0.08
14	0.71	0.61	0.08	0.08

Bei der In-Sample-Betrachtung bestätigt sich das Bild aus den Verteilungsinformationen in Abb. 11.5: In den Fällen 1) bis 3) liefert die stochastische Bewirtschaftungsstrategie deutlich bessere Ergebnisse als die myopische Strategie. In den Fällen 4) bis 9) liefert die myopische Strategie etwas bessere Ergebnisse und in den Fällen 10) bis 14) sind die Resultate aus der stochastischen Strategie überlegen. Es zeigt sich zudem, dass anhand der Erwartungswerte im Vergleich zu den In-Sample-Ergebnissen die Wertigkeit der Swing-Option sowohl unter Zugrundelegung der stochastischen Strategie als auch unter Zugrundelegung der myopischen Strategie überschätzt wird.

Ein deutlich anderes Bild zeigt sich bei der Out-of-Sample-Betrachtung. Hier liefert die myopische Strategie stets überlegene oder nahezu gleiche Ergebnisse. Es stellt sich die Frage nach den Ursachen für das in dieser Konstellation schlechte Abschneiden der stochastischen Strategie. Eine Antwort kann mit Blick auf die nachstehende Abbildung gefunden werden:

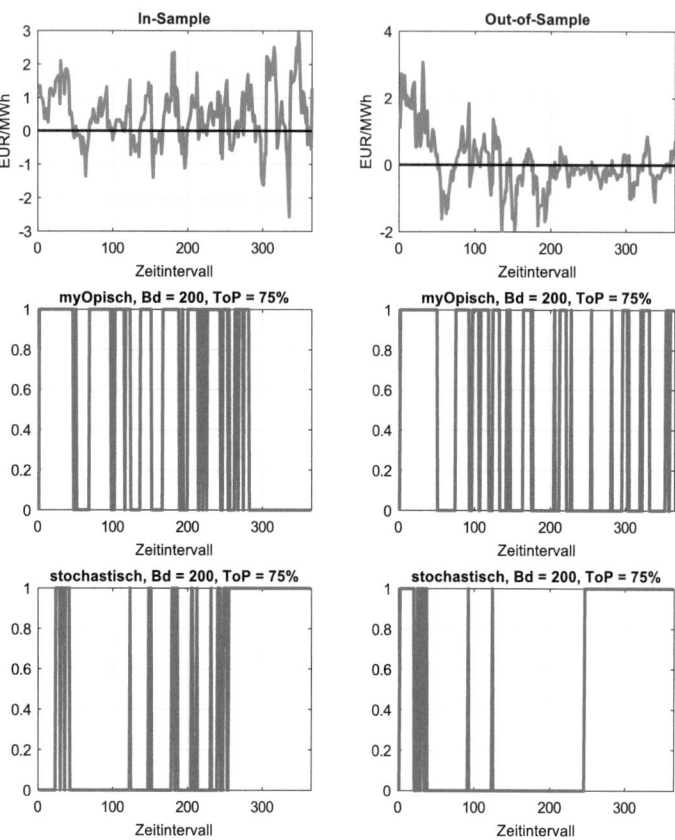

Abbildung 11.6 In-Sample-Analyse und Out-of-Sample-Analyse.

Die vorstehende Abb. 11.6 zeigt die historischen Preisspreads für die In-Sample-Periode (oben links) und die Out-of-Sample-Periode (oben rechts) sowie die dazugehörigen Abnahmeprofile für die myopische Strategie (Mitte links und rechts) und die stochastische Strategie (unten links und rechts). Eine Abnahme erfolgt in den Zeitintervallen, in denen es einen Ausschlag von Null auf Eins gibt. Die Ausübungsstrategien wurden für eine Swing-Option mit der Ausgestaltung entsprechend Fall 5) angewendet.

Für die In-Sample-Betrachtung zeigt sich mit Blick auf die Preisspreads (Bild oben links), dass deutlich mehr positive Spreads als negative Spreads auftreten. Wie in Abs. 11.1 bereits erläutert, ist der Energiebezug über das Energiebezugsrecht aus der Swing-Option zu nutzen, wenn der Spread positiv ist, da dann der teurere Einkauf am Spotmarkt vermieden wird. Umgekehrt ist bei negativen Spreads der Einkauf am dann günstigeren Spotmarkt zu bevorzugen und der Energiebezug aus dem Energiebezugsrecht der Swing-Option ist zu unterlassen. Als zentrale Frage steht jedoch im Raum, zu welchen Preisspreads der Energiebezug aus den Energiebezugsrecht der Swing-Option zu erfolgen hat. Bei der myopischen Ausübungsstrategie lässt sich die Frage vergleichsweise einfach beantworten, da der Energiebezug über das Energiebezugsrecht der Swing-Option bei jedem positiven Preisspread erfolgt, bis die Mindestenergiebezugsmenge (Jahres-ToP-Menge) oder die maximale Jahresmenge (ACQ) erreicht ist. Dies geschieht im In-Sample-Fall bis zum Zeitintervall 281; dann ist die ACQ erreicht – eine weitere Abnahme ist nicht möglich bzw. würde zu einer Verletzung der Vertragsgrenzen führen. Treten keine positiven Spreads auf, dann beginnt die Abnahme zum spätesten Termin, der die Abnahme der Jahres-ToP-Menge gerade noch ermöglicht. Im Vergleich zeigt der Blick auf die stochastische Strategie (Bild unten links), dass bei dieser Strategie nicht jeder positive Preisspread genutzt wird, sondern in Erwartung zukünftig höherer Preisspreads einer Auslassung von Preisspreads, die kleiner sind als der kritische Preisspread S_t^{Krit}, erfolgt.

Dass diese Strategie nicht zwingend zum Erfolg führt, zeigt der Blick auf die Out-of-Sample-Betrachtung (Abb. 11.6, rechte Seite). Der Verlauf der Preisspreads verdeutlicht, dass zu Beginn der Periode vergleichsweise hohe Spreads auftreten, sich die positiven Preisspreads im Zeitverlauf sowohl bezüglich ihrer Anzahl als auch bezüglich ihres Betrages reduzieren und sich die Varianz der Preisspreads im Vergleich zur In-Sample-Periode verringert. Wenn das Preissimulationsmodell derartige Preisszenarien nicht hinreichend abbildet, werden diese Preisentwicklungen folglich bei der Parametrierung der kritischen Ausübungsfunktion zur Berechnung des kritischen Ausübungspreises S_t^{Krit} nicht berücksichtigt. Das Ergebnis schlägt sich in im Vergleich zu den tatsächlichen Preisspreads zu hohen kritischen Ausübungsspreads S_t^{Krit} nieder, die bei den vergleichsweise niedrigen Preisspreads in der Out-of-Sample-Periode keine Ausübungssignale setzen. Wie im Bild unten rechts erkennbar ist, erfolgt bei der stochastischen Strategie die Abnahme zunächst zu den hohen Preisspreads am Anfang der Periode. Bei den niedrigeren Preisspreads erfolgt keine Abnahme. Erst ab dem Zeitintervall 245 erfolgt die Abnahme der maximalen Tagesleistung bis zum Ende der Vertragslaufzeit. Die Abnahme zum Ende der Vertragslaufzeit hin ist erforderlich, damit die Jahres-ToP-Menge erreicht wird und somit keine Vertragsgrenzen verletzt werden. Dem gegenübergestellt erfolgt die Abnahme unter Anwendung der myopischen Strategie (Bild Mitte rechts) bei jedem positiven Spread.

Die nachstehende Abb. 11.7 zeigt beispielhaft das kumulierte Abnahmeverhalten für 100 Preisspread-Simulationsszenarien. Dabei stellt das obere Bild das Abnahmeverhalten einer Swing-Option entsprechend Fall 5), basierend auf einer stochastischen Bewirtschaftungsstrategie, dar; die fett gedruckten Linien bilden die

Flexibilitätsgrenzen ab. Im unteren Bild ist das Abnahmeverhalten, basierend auf einer stochastischen Strategie, für eine Swing-Option zu Fall 14) dargestellt. Dabei zeigt sich im Vergleich zum oberen Bild die Flexibilitätseinschränkung infolge der Restriktionen.

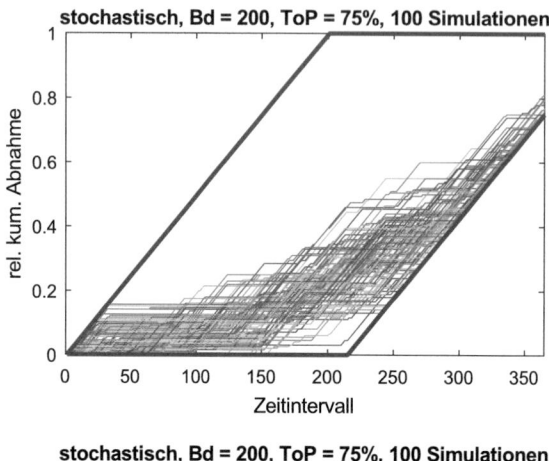

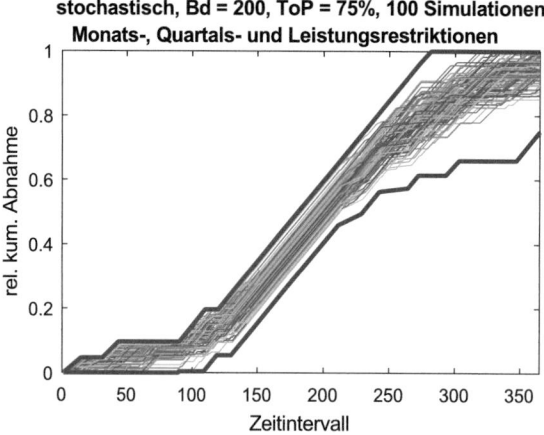

Abbildung 11.7 Kumulierte Abnahme ohne unterjährige Restriktionen (Bild oben) und mit unterjährigen Restriktionen (Bild unten).

11.3.3 Zusammenfassung und Fazit

Aufgrund der weiter voranschreitenden Standardisierung und Digitalisierung der Energiemärkte sehen sich zunehmend auch Industrieunternehmen in die Lage versetzt, ihre Energiebeschaffung an den Großhandelsmärkten auszurichten und den Energiebedarf beschaffungsseitig anhand von Standardhandelsprodukten im Rahmen des börslichen Handels oder über bilaterale Verträge zu strukturieren und von einer Vollversorgung über einen Vorlieferanten zum Beschaffungsportfoliomanagement überzugehen. Für die Portfoliooptimierung steht auch der Handel mit aus den Standardhandelsprodukten abgeleiteten Optionsprodukten zur Risikosteuerung zur Verfügung und erfordert geeignete Ansätze und Methoden zur Bewertung und Bewirtschaftung.

Der Beitrag greift im Speziellen das Problem der Bewirtschaftung von Swing-Optionen auf, die zur Absicherung gegen hohe Energiepreise am Spotmarkt dienen können. Die im Rahmen des Beitrages verfolgte Anwendung bezieht sich auf die Erdgasbeschaffung, lässt sich im Prinzip jedoch auch auf die Strombeschaffung übertragen.

In dem Beitrag wird die Problemstellung zur Ermittlung einer stochastisch orientierten Bewirtschaftungsstrategie unter Berücksichtigung der genannten intertemporalen Restriktionen aufgegriffen und ein Lösungsansatz unter Rückgriff auf einen Genetischen Algorithmus (GA) vorgeschlagen. Konzeptionell wird ein Ansatz, basierend auf einem kritischen Ausübungsspread, verfolgt, der unter Verwendung des problemspezifisch entwickelten GA ermittelt wird. Dabei erfolgt eine Verzahnung von stochastischer Simulation mit dem GA.

Die Vorteilhaftigkeit der stochastischen Bewirtschaftungsstrategie, die unter Anwendung des GA ermittelt wurde, erfolgte für verschiedene Flexibilitätskonfigurationen im Vergleich mit der einfach umsetzbaren myopischen Bewirtschaftung. Im Allgemeinen zeigt sich anhand der Preissimulationen, dass die stochastische Bewirtschaftungsstrategie vor allem bei hoher Flexibilität der Swing-Option Ergebnisvorteile erwarten lässt. Anhand der Backtestergebnisse zeigte sich allerdings auch, dass die stochastische Strategie nicht per se zu besseren Ergebnissen führt und die Anwendung der Entscheidungsregeln stets im Lichte der aktuellen Marktsituation zu hinterfragen ist. So wird eine stochastische Strategie gegenüber einer myopischen Strategie vor allem in fallenden Marktphasen mit mehrheitlich negativen Preisspreads bessere Resultate liefern können als die myopische Strategie. Dies lässt sich damit begründen, dass im Falle von negativen Preisspreads bei der myopischen Strategie keine Ausübungssignale gesetzt werden, wohingegen bei der stochastischen Strategie durchaus auch bei „gering" negativen Spreads Ausübungssignale auftreten können und sich somit ein Energiebezug bei „stark" negativen Spreads vermeiden lässt. Es lassen sich drei Maßnahmen ableiten, die zu einer Verbesserung der Ergebnisse aus der stochastischen Strategie im Hinblick auf sich änderndes Marktverhalten führen könnten: Eine Möglichkeit liegt (1) in einer regelmäßigen Rekalibrierung des Preissimulationsmodells und einer erneuten Ermittlung der Parameter der kritischen Ausübungsfunktion, was im Rahmen dieses Beitrages nicht analysiert wurde. Weiterhin könnten (2) zur Modellierung des Preisverhaltens komplexere Modelle herangezogen werden. Zudem besteht grundsätzlich die Möglichkeit (3), die stochastische und myopische Strategie in Kombination zu verwenden. Die Beurteilung, anhand welcher Kriterien der Einsatz der jeweiligen Bewirtschaftungsstrategie zu erfolgen hat, erfordert weitergehende Untersuchungen.

Der vorliegende Beitrag liefert einen Lösungsansatz, der, basierend auf einer stochastischen Strategie, die Bewirtschaftung von Swing-Optionen mit intertemporal verketteten Restriktionen erlaubt. Die Eignung zum bevorzugten Einsatz der stochastischen Bewirtschaftungsstrategie gegenüber einer myopischen Strategie sollte anhand der Flexibilitätskonfiguration der Option sowie immer auch mit Blick auf die simulierten Preisentwicklungen im Vergleich zu den tatsächlichen Preisentwicklungen beurteilt werden.

Im Zuge weiterführender Analysen sollten Möglichkeiten zur Ausgestaltung der Flexibilität der Swing-Option in Kombination mit der Produktionsplanung und Energiebeschaffung erfolgen, um so, unter Kosten- und Risikogesichtspunkten, geeignete Restriktionen ableiten zu können.

Literatur

Boogert, Alexander und Cyriel De Jong (2008). "Gas storage valuation using a Monte Carlo method". In: *Journal of Derivatives* 15.3, S. 81–98.

Boogert, Alexander und Cyriel De Jong (2011). "Gas storage valuation using a multifactor price process". In: *The Journal of Energy Markets* 4.4, S. 29–52.

Borchert, Jörg et al. (2006). *Stromhandel: Institutionen Marktmodelle Pricing und Risikomanagement*. Stuttgart: Schäffer-Poeschel.

Borchert, Jörg et al. (2009). "Bewertung und Steuerung von Gasspeichern bzw. Gasspeicherscheiben". In: *Zeitschrift für Energiewirtschaft* 33.4, S. 279–293.

Carmona, René und Michael Ludkovski (2010). "Valuation of energy storage: An optimal switching approach". In: *Quantitative Finance* 10.4, S. 359–374.

Felix, Bastian Joachim und Christoph Weber (2012). "Gas storage valuation applying numerically constructed recombining trees". In: *European Journal of Operational Research* 216.1, S. 178–187.

Förster, Frank (2012). *Proseminar Genetische und Evolutionäre Algorithmen*.

Gerdes, Ingrid et al. (2004). *Evolutionäre Algorithmen: Genetische Algorithmen Strategien und Optimierungsverfahren Beispielanwendungen*. 1. Aufl. Computational Intelligence. Wiesbaden: Vieweg.

Goldberg, David E. und Kalyanmoy Deb (1991). "A comparative analysis of selection schemes used in genetic algorithms". In: *Foundations of genetic algorithms* 1, S. 69–93.

Jaillet, Patrick et al. (2004). "Valuation of commodity-based swing options". In: *Management Science* 50.7, S. 909–921.

Kroll, Andreas (2016). *Computational intelligence: Probleme, Methoden und technische Anwendungen*. 2. Auflage. De Gruyter Studium. Berlin: De Gruyter Oldenbourg.

Kruse, Rudolf et al. (2015). *Computational Intelligence: Eine methodische Einführung in Künstliche Neuronale Netze Evolutionäre Algorithmen Fuzzy-Systeme und Bayes-Netze*. 2. Aufl. 2015. SpringerLink : Bücher. Wiesbaden: Springer Vieweg.

Nissen, Volker (1997). *Einführung in evolutionäre Algorithmen: Optimierung nach dem Vorbild der Evolution*. Computational Intelligence. Braunschweig und Wiesbaden: Vieweg-Verlag.

Thompson, Matt et al. (2009). "Natural gas storage valuation and optimization: A real options application". In: *Naval Research Logistics* 56.3, S. 226–238.

Weicker, Karsten (2007). *Evolutionäre Algorithmen*. 2., überarb. und erw. Aufl. Leitfäden der Informatik. Wiesbaden: Vieweg+Teubner Verlag.

Kapitel 12
Aufbau von Kostensimulationsmodellen mit Standard-Modellierungssprachen

Christoph Laroque, Ralf Laue und Christian Müller

12.1 Standard-Modellierungssprachen

Wie wir in den vorangehenden Kapiteln gesehen haben, bedeutet die Erstellung eines Simulationsmodells für die Kostensimulation einen erheblichen Aufwand.

Anbieter von Simulationssoftware versuchen mitunter, diesen Aufwand eher kleinzureden, wie sich etwa an dem folgenden Text aus einer Darstellung der Software AG sehen lässt. Dort schreibt man: „Gibt es in Ihren Prozessen Flaschenhälse? Wie ist die Auslastung der Ressourcen? Welche Folgerungen ergeben sich für die Kosten? Mit einem dynamischen Geschäftsprozess-Simulator, der Ihnen erlaubt, Ihre Geschäftsprozesse *schnell* zu analysieren und zu verbessern, können Sie diese Fragen *leicht* beantworten." (Buech et al. 2012, Übersetzung und Hervorhebungen durch die Autoren)

Die Anforderungen „schnell" und „leicht" werden aber mit Sicherheit nur dann erfüllt, wenn zuvor einiger Aufwand auf die Erstellung und Parametrisierung des Simulationsmodells verwendet wurde. Es ergibt sich die Frage, wie sich dieser Aufwand durch standardisierte Methoden so weit wie möglich verringern lässt.

Eine Antwort darauf besteht darin, zur Modellierung von Prozessen auf Modellierungssprachen zurückzugreifen, die standardisiert und in vielen Organisationen etabliert sind. Häufig sind Geschäftsprozesse schon in Sprachen wie BPMN oder Ereignisgesteuerten Prozessketten bzw. technische Prozesse in der Sprache SysML oder z. B. nach der VDI-Richtlinie 3682 modelliert. Zum Zwecke der Kostensimulation müssen diese Modelle dann „nur noch" mit den für die (Kosten-)Simulation relevanten Parametern angereichert werden.

Christoph Laroque
Westsächsische Hochschule Zwickau, e-mail: christoph.laroque@fh-zwickau.de

Ralf Laue
Westsächsische Hochschule Zwickau, e-mail: ralf.laue@fh-zwickau.de

Christian Müller
Technische Fachhochschule Wildau, e-mail: christian.mueller@th-wildau.de

In diesem Kapitel werden wir insbesondere die Nutzung der Sprachen BPMN und SysML diskutieren. Der Vorteil der Nutzung dieser Sprachen liegt in den folgenden Punkten:

1. Es handelt sich um *graphische* Modellierungssprachen. Die abstrakte graphische Darstellung erleichtert die Verständlichkeit des abgebildeten Systems.
2. Die Sprachen sind *formale* Modellierungssprachen. Durch die formale Syntax und (mit einigen Einschränkungen) formale Semantik kann eine Vielzahl von computergestützten Werkzeugen mit BPMN- und SysML-Modellen arbeiten.
3. Die Sprachen sind von der OMG spezifiziert und beruhen auf einem formalen Metamodell. Dadurch ist auch ein Format für den Modellaustausch definiert. Folglich existiert eine Vielzahl freier und kommerzieller Werkzeuge, die die Modelle lesen und bearbeiten können. Die Standards sind für die Öffentlichkeit frei zugänglich. Hierdurch wird die Entwicklung von Werkzeugen wesentlich erleichtert und prinzipiell gefördert.
4. Die Standards kennen festgelegte Verfahren, um BPMN und SysML zu erweitern. Informationen etwa zu Kosten, die im Standard-Sprachumfang nicht enthalten sind, können somit leicht zu den Modellen hinzugefügt werden. Dies ist ein entscheidender Vorteil zur Entwicklung einer domänenspezifischen Sprache.

Vom Prozessmodell zum Simulationsmodell

Der populärste Ansatz zur modellgetriebenen Entwicklung von Simulationsmodellen mit BPMN bzw. SysML basiert auf der Modelltransformation. Bei der Modelltransformation wird ein Quellmodell (möglichst automatisch) unter Berücksichtigung von Transformationsregeln in ein Zielmodell überführt.

Das Zielmodell entspricht dann einem Modell, das mit einem Simulationswerkzeug verarbeitet werden kann. BPMN-Modelle werden grundsätzlich in Zielmodelle für eine ereignisdiskrete Simulation transformiert. Für SysML kommen prinzipiell Zielmodelle für kontinuierliche oder für ereignisdiskrete Simulation in Betracht (Nikolaidou et al. 2008).

In den folgenden Abschnitten werden wir die graphischen Modellierungssprachen BPMN und SysML detaillierter vorstellen und ihre Eignung zur Kostensimulation hinterfragen. Dort werden auch weitere Verweise auf Arbeiten vorgestellt, die sich mit der Transformation von Modellen dieser Sprachen in Simulationsmodelle beschäftigen.

12.2 Business Process Model and Notation (BPMN)

Business Process Model and Notation (BPMN) (ISO-Standard 2013) ist die weltweit am häufigsten verwendete Sprache zur Modellierung von Geschäftsprozessen.

Der Standard definiert Syntax und Semantik eines Modells und legt ein XML-basiertes Austauschformat für BPMN-Diagramme fest.

Auf Grund der standardisierten Semantik können als BPMN-Diagramm spezifizierte Prozesse automatisch in einer sog. Workflow-Engine[1] ausgeführt werden. Soll nun ein Prozess simuliert werden, scheint eine auf den ersten Blick aussichtsreiche Idee die Erweiterung einer solchen BPMN-Workflow-Engine um Simulationsfähigkeiten zu sein. Dass eine solche Erweiterung aber aufwendig ist, liegt im Zweck einer BPMN-Workflow-Engine begründet: Sie soll Prozessautomatisierung unterstützen. Daher müssen während der Ausführung eines Prozesses Daten persistent in einer Datenbank gespeichert werden. Simulationssoftware hingegen ist auf schnelle Ausführung ausgerichtet und speichert daher möglichst viele der Daten im Hauptspeicher. Eine Erweiterung einer Workflow-Engine um Simulationsfähigkeit erfordert also grundsätzliche Änderungen an der Programmarchitektur.

In BPMN-Diagrammen werden vor allem der Kontrollfluss (*Welche Aufgaben werden in welcher Reihenfolge ausgeführt?*) und der Datenfluss (*Wie tauschen Prozessbeteiligte Informationen aus?*) modelliert. Informationen über verwendete Ressourcen sind im Diagramm nur eingeschränkt erkennbar. Der BPMN-Standard sieht aber die Möglichkeit vor, diese Information in die zum Speichern des Modells verwendete XML-Datei einzutragen. Informationen über Wahrscheinlichkeiten von Entscheidungen, Wahrscheinlichkeitsverteilungen von Ankunfts-, Warte- und Verarbeitungszeiten sowie Kostenparameter sind im BPMN-Standard nicht vorgesehen. Durch den Erweiterungsmechanismus von BPMN ist es allerdings möglich, solche Parameter hinzuzufügen. Eine Erweiterung des BPMN-Metamodells um Informationen zu Kosten wurde in Korherr und List (2007) und Magnani und Montesi (2007) diskutiert. In Cartelli et al. (2016) wird ausführlich gezeigt, mit welchen Zusatzinformationen ein BPMN-Modell angereichert werden kann, um ein Simulationsmodell für die Prozesskostenrechnung zu erhalten.

Wurde ein BPMN-Modell um die genannten Parameter angereichert, kann es in ein Zielmodell transformiert werden, das von einem Simulationswerkzeug verarbeitet werden kann. Vollautomatische Ansätze hierfür werden u.a. in Waller et al. (2006) und Scherer und Ismail (2011) vorgestellt. Eine besonders ausführliche Darstellung findet sich in Kloos (2014). Die dort vorgestellte regelbasierte Transformationsmethode sieht vor, dass zunächst das BPMN-Modell in ein „Zwischenmodell" (in (Kloos 2014) Transformationsmodell genannt) überführt wird. Von diesem Transformationsmodell gibt es dann weitere Transformationen in die Eingabesprachen verschiedener Simulationswerkzeuge.

Wir werden die Simulation von mittels BPMN-Notation modellierten Prozessen an einem Beispiel zeigen. In dem in Abbildung 12.1 gezeigten Prozess gibt es zunächst eine Entscheidung über die Art eines anzufertigenden Berichts. Der folgende Verzweigungsknoten (ein sog. XOR-Gateway) besagt, dass der Prozess je nach Ausgang dieser Entscheidung auf unterschiedliche Weise fortgesetzt wird. Schließlich werden beide Zweige wieder zusammengeführt und der fertige Bericht gedruckt.

---

[1] Workflow-Engine: Eine Workflow-Engine ist ein wesentlicher Bestandteil eines Workflow-Management-Systems (WfMS), einer Software für die Ausführung vorab modellierter Arbeitsabläufe.

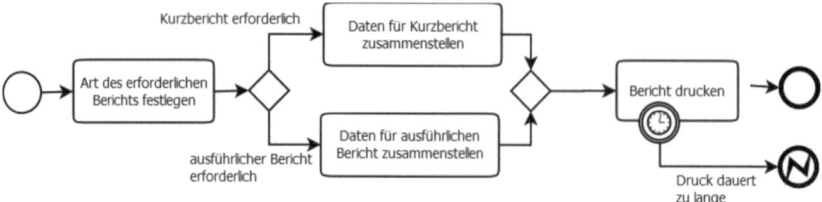

Abbildung 12.1 Beispiel-BPMN-Modell

Die (leicht vereinfachte) XML-Struktur, die diesem Prozessfragment entspricht, ist in Listing 12.1 gezeigt. Das *definitions*-Element umfasst Informationen zu Ressourcen (im *resource*-Element) und zum Ablauf des Prozesses (im *process*-Element). Das *process*-Element enthält Angaben über Ereignisse (Events), durchzuführende Aufgaben (Tasks), Verzweigungen und Zusammenführungen (Gateways) und Verbindungen, die den Kontrollfluss (Sequence Flow) anzeigen. Das *resource*-Element gibt die Ausführenden an, die einer Aufgabe zugeordnet werden können. Diese Einträge gelten modellweit. Im Gegensatz dazu gehört das *property*-Element zu einem einzelnen Prozess. Es beschreibt eine Variable, die innerhalb einer Prozessinstanz Gültigkeit hat. Ebenso gibt es die Möglichkeit, sog. Datastores für Variablen mit modellweiter Gültigkeit zu benutzen. Wir machen von dieser Möglichkeit in unserem Beispiel jedoch keinen Gebrauch.

Die Entscheidungslogik ist im Diagramm durch die Bedingungen gegeben, die an den von Verzweigungsknoten ausgehenden Pfeilen notiert sind. In Zukunft ist auch häufiger die Nutzung des Decision Model and Notation (DMN)-Standards zu erwarten, der die Modellierung der Entscheidungslogik in Entscheidungstabellen erlaubt (OMG-Standard 2016).

```
<definitions xmlns="...">
  <resource id="resource:id" />
  <process id="process_id">
    <property id="property_id" name="report"/>
    <startEvent id="start_id" />
    <sequenceFlow sourceRef="start_id" targetRef="task_id"/>
    <task id="task_id">
      <performer id="performer_id">
        <resourceRef>resource_id</resourceRef>
      </performer>
    </task>
    <sequenceFlow sourceRef="task_id" targetRef="gatw_id"/>
    <exclusiveGateway id="gatw_id"   />
    <sequenceFlow sourceRef="gatw_id" targetRef="task2_id">
      <conditionExpression>
        <![CDATA[decision == 'kurzbericht';]]>
      </conditionExpression>
    </sequenceFlow>
    <sequenceFlow sourceRef="gatw_id" targetRef="task3id">
      <conditionExpression>
        <![CDATA[decision == 'ausfuehrlicher_bericht';]]>
```

```
          </conditionExpression>
       </sequenceFlow>
       ...
    </process>
    <bpmndi:BPMNDiagram>
<!--Angaben zum graphischen Layout--></bpmndi:BPMNDiagram>
</definitions>
```

Listing 12.1 Beispielmodell in XML-Serialisierung.

12.3 Business Process Simulation Interchange Standard (BPSim)

Der Business Process Simulation Interchange Standard (BPSim) (Workflow Management Coalition 2016a; Workflow Management Coalition 2016b) wurde 2013/14 veröffentlicht. Er entstand aus dem Bedürfnis heraus, einen Modellaustausch zwischen verschiedenen Modellierungswerkzeugen möglich zu machen. Der Standard ist in Produkten von Trisotech, Lanner, Sparx aud jBPM implementiert, wobei die Werkzeuge in der Regel jeweils nicht den vollen Standard unterstützen.

BPSim nutzt den von BPMN vorgesehenen Erweiterungsmechanismus, um Geschäftsprozessmodellen zusätzliche, für die Simulation relevante Informationen hinzuzufügen. Im XML-Austauschformat von BPMN wird hierfür der Namensraum *bpsim* verwendet (http://www.bpsim.org/schemas/1.0).

Ein BPSim-Modell enthält Simulationsszenarien, in denen die Durchführung eines Simulationsexperiments spezifiziert ist. Ein Szenario ist bestimmt mit Werten für Start- und Laufzeit, Zahl der Durchläufe und Startwert des Zufallszahlengenerators. Man vermisst einen Parameter zur Angabe einer Einschwingphase, während der die Ergebnisse des Simulationsexperiments noch nicht ausgewertet werden. Einzelne Hersteller von Simulationswerkzeugen sehen einen solchen Parameter in herstellerspezifischen Erweiterungen von BPSim vor.

```
<definitions>
  <resource />   <process />  ..
  <bpmndi:BPMNDiagram> </bpmndi:BPMNDiagram>
  <relationship type="BPSimData">
      <extensionElements>
          <bpsim:BPSimData xmlns:bpsim=
                 "http://www.bpsim.org/schemas/1.0">
          </bpsim:BPSimData>
      </extensionElements>
  </relationship>
</definitions>
```

Listing 12.2 Einbinden der BPSim-Erweiterung in ein serialisiertes BPMN-Modell.

Eine sog. Szenario-Definition im BPSim-Modell erlaubt es, den Kanten und Knoten im BPMN-Diagramm Parameter zuzuordnen. Hierfür wird das XML-Element *elementParameter* benutzt. So ist es beispielsweise möglich, einer Aufgabe im Element *durationParameter* Informationen über die Ausführungszeit zuzuordnen.

Einer Aufgabe können zahlreiche Zeitparameter wie Rüst-, Warte-, Transport-, Ausführungs- und Nacharbeitszeit zugeordnet werden. Ebenso können Kosteninformationen angegeben werden: Fixkosten werden pro Ausführung einer Aufgabe berechnet (Parameter *fixedCost*), variable Kosten (Parameter *unitCost*) werden als Kosten pro Zeiteinheit angegeben.

Steuerungsparameter geben an, wie oft/mit welchen Wahrscheinlichkeiten bestimmte Ereignisse auftreten bzw. Entscheidungen gefällt werden. Weiterhin erlaubt BPSim, Ressourcen zu definieren und sie Aufgaben zuzuordnen sowie Aufgaben mit einer Priorität zu versehen. All diese Angaben können mit Bezug auf Zeitangaben variiert werden. So ist es etwa möglich, die Verfügbarkeit von Ressourcen abhängig vom Wochentag oder von Schichtplänen zu spezifizieren. Auch die Kosten können zeitabhängig angegeben werden, womit etwa Wochenendzuschläge beim Lohn abbildbar sind. Leider wird diese Möglichkeit nicht von allen Simulationswerkzeugen umgesetzt, die den BPSim-Standard unterstützen.

Wenig Beachtung fand im BPSim-Standard die Modellierung des Datenflusses. Kosten für Datenübertragung können nicht direkt an den Datenobjekten im BPMN-Diagramm modelliert werden. Auch Verfügbarkeiten von Übertragungskanälen sind nicht direkt abbildbar.

Alle beschriebenen Daten können als konstante Werte oder durch Festlegen der Verteilung einer Zufallsgröße angegeben werden. Ebenso ist es möglich, historische Daten (etwa zu Auftragseingängen) einzuspielen und somit eine Simulation mit „echten" Daten durchzuführen.

Für die Angabe eines Parameters als Zufallsgröße steht eine große Auswahl an Verteilungsfunktionen zur Verfügung. Generell sollte bei der Auswahl eines Werkzeuges zur Geschäftsprozess-Simulation darauf geachtet werden, dass Parameter (z. B. für Kosten) nicht nur als Konstanten angegeben werden können. Zur Angabe von Parametern als Zufallsgröße ist zu beachten, dass hinreichend sinnvolle Wahrscheinlichkeitsverteilungen zur Verfügung stehen. Kann etwa nur aus symmetrischen Verteilungen gewählt werden, ist es nicht möglich zu spezifizieren, dass eine Überschreitung der erwarteten Kosten wahrscheinlicher ist als eine Unterschreitung. Unter den ausdrücklich für die Modellierung von Geschäftsprozessen entwickelten Simulationswerkzeugen sind Einschränkungen bei der Wahl der Verteilungsfunktionen leider nicht ungewöhnlich: In drei von den fünf in Pereira und Freitas (2016) untersuchten Werkzeugen konnte nur mit symmetrischen Verteilungen gearbeitet werden.

```
<bpsim:Scenario id="default" name="Scenario" ... .>
  <bpsim:ScenarioParameters
          replication="2" seed="999" ... >
    <bpsim:Start>
      <bpsim:DateTimeParameter value="2016-01-01T00:00:00"/>
    </bpsim:Start>
  </bpsim:ScenarioParameters>
  <bpsim:ElementParameters elementRef="task_id">
    <bpsim:TimeParameters>
```

12 Aufbau von Kostensimulationsmodellen mit Standard-Modellierungssprachen 223

```
        <bpsim:ProcessingTime>
            <bpsim:DurationParameter value="PT1H"/>
        </bpsim:ProcessingTime>
      </bpsim:TimeParameters>
    </bpsim:ElementParameters>
</bpsim:Scenario>
```

Listing 12.3 Szenario-Definition in BPSim.

Sowohl eine Workflow-Engine als auch ein Simulationswerkzeug müssen in der Lage sein, Geschäftsprozesse entsprechend dem Modell schrittweise abzuarbeiten. Die Workflow-Engine greift hierzu auf die im BPMN-Modell hinterlegten Informationen zurück. Dies sind Eigenschaften (*properties*) und Datenobjekte (*data objects*). In BPSim können darüber hinaus *ElementParameter*-Einträge an Kanten und Knoten des Graphen notiert werden. Der Standard trifft keine Aussage darüber, wie zu verfahren ist, wenn die im BPMN-Modell hinterlegten Informationen den zusätzlichen per BPSim definierten Parametern widersprechen. So ist es etwa möglich, dass im BPMN-Modell andere Informationen zur Nutzung von Ressourcen stehen als im BPSim-spezifischen *ResourceParameters*-Eintrag. Wie in einem solchen Falle zu verfahren ist, bleibt dem Hersteller des Simulationswerkzeuges überlassen.

Um unser Beispielmodell zu einem Simulationsmodell mit 10 verfügbaren Ressourcen und einem Ressourcenbedarf von 2 pro Aufgabe zu erweitern, nutzen wir die in Listing 12.4 gezeigten Parameter (die alle im Namensraum BPMSim zu finden sind).

```
<ElementParameters elementRef="resource_id">
    <ResourceParameters>
     <Quantity>
        <NumericParameter value="10"/>
     </Quantity>
    </ResourceParameters>
</ElementParameters>

<ElementParameters elementRef="task_id">
    <ResourceParameters>
     <Selection>
        <ExpressionParameter value=
  "bpsim:getResource('resource_id', 2)" />
     </Selection>
    </ResourceParameters>
</ElementParameters>
```

Listing 12.4 Angaben zu Ressourcen.

Parameter können mit einem Element *Result-Request* gekennzeichnet werden. Dies erlaubt dann, nach Ablauf der Simulation die minimalen, maximalen oder mittleren Werte etwa von Zeitdauern zu bestimmen. Ebenso können Summen gebildet oder einfach die Zahl der Vorkommen (etwa eines bestimmten Ereignisses) bestimmt werden. Leider sind gerade für Kosten die Möglichkeiten eingeschränkt: Hier können immer nur die während des Simulationslaufs angefallenen Gesamtkosten zurückgemeldet werden. Für eine Kostensimulation wären auch weitere Informationen wie maximale Kosten für eine Aufgabe wünschenswert.

```xml
<ElementParameters elementRef="task_id">
   <TimeParameters>
    <WaitTime>
       <ResultRequest>sum</ResultRequest>
    </WaitTime>
    <ProcessingTime>
       <ResultRequest>sum</ResultRequest>
    </ProcessingTime>
   </TimeParameters>
</ElementParameters>
```

Listing 12.5 Kennzeichnung von Parametern als ResultRequest.

12.4 Bewertung des BPSim-Standards

Viele Geschäftsprozessmodelle für die Kostensimulation haben einen eher einfachen Aufbau. Für diese ist der BPSim-Standard ausgesprochen hilfreich, da er eine Austauschbarkeit zwischen Modellierungs- und Simulationswerkzeugen sicherstellt. Negativ ist zu bemerken, dass die Werkzeuge in der Regel nur eine Untermenge des Standards implementieren. Beispielsweise erlaubt das Modellierungswerkzeug von Trisotech nicht, einer Aufgabe Ressource-Parameter zuzuordnen. Um eine Simulation mit Ressourcen laufen zu lassen, müssen diese Angaben manuell in die XML-Datei eingefügt werden. Auf der anderen Seite stellen einzelne Werkzeuge nützliche - aber leider herstellerabhängige - Erweiterungen des Standards zur Verfügung. Es ist zu hoffen, dass sich der Standard in Zukunft sinnvoll weiterentwickelt und von den Herstellern vollständiger umgesetzt wird.

Neben diesen grundsätzlichen Schwierigkeiten hat der BPSim-Standard aber auch konzeptionelle Einschränkungen, die im folgenden Abschnitt beschrieben werden.

12.4.1 Ausdrücke als Parameter

In vielen einfachen Simulationsszenarien reicht es aus, dem BPSim-Standard folgend, einzelnen Modellelementen (etwa Aufgaben) Parameter zuzuordnen. Es ist auch möglich, Eigenschaften an Prozessinstanzen zu vergeben. In unserem Beispielprozess könnte die Seitenzahl des anzufertigenden Berichts eine solche Eigenschaft einer Prozessinstanz sein. Diese Angabe kann dann als globale Variable betrachtet werden, die im Kontext jedes Modellelements (also etwa einer Aufgabe oder eines Ereignisses) gelesen werden kann. Wird im Prozess von Abbildung 12.1 der obere der beiden alternativen Pfade durchlaufen, muss ein Kurzbericht (Seitenzahl=30)

12 Aufbau von Kostensimulationsmodellen mit Standard-Modellierungssprachen   225

angefertigt werden, andernfalls ein ausführlicher Bericht (Seitenzahl=100). Sobald die Entscheidung gefällt wurde, kann die an die Prozessinstanz gebundene Eigenschaft *numberOfPages* auf den entsprechenden Wert gesetzt werden. Jetzt können sog. Ausdrucks-Parameter genutzt werden, um festzuschreiben, dass die Kosten der Aufgabe „Bericht drucken" von der Seitenzahl abhängig sind. Man kann also die Kosten dieser Aufgabe z.B. als 2 Cent pro Druckseite definieren. Auf diese Weise kann durch das Lesen und Verändern von Variablen zusätzliche Logik im Geschäftsprozessmodell beschrieben werden, die alleine mit BPMN-Mitteln nicht ausgedrückt werden könnte.

```
<bpsim:CostParameters>
   <bpsim:fixedCost>
    <bpsim:ExpressionParameter value=
        "bpsim:getProperty('numberOfPages') *0.02"/>
   </bpsim:fixedCost>
</bpsim:CostParameters>
```

Listing 12.6 Druckkosten abhängig von der Seitenzahl.

Im vorliegenden Beispiel (Listing 12.6) werden die Kosten durch den Parameter *bpsim:CostParameters* angegeben. Der Wert dieses Parameters ist als Ausdruck gegeben. Dies ist eine Formel, die während des Simulationslaufs berechnet werden kann.

In einem anderen Fall gelingt die Beschreibung der Abhängigkeit vom Ausgang der Entscheidung allerdings nicht: Nehmen wir an, dass wir die zum Drucken benötigte Zeit durch eine gestutzte Normalverteilung mit dem Erwartungswert 70 (und gegebenen Minimum- und Maximum-Werten) modellieren wollen:

```
<bpsim:TimeParameters>
   <bpsim:ProcessingTime>
      <bpsim:TruncatedNormalDistribution
         max="1000" mean="70" min="0"
         standardDeviation="10"/>
   </bpsim:ProcessingTime>
</bpsim:TimeParameters>
```

Listing 12.7 Zeitparameter durch Wahrscheinlichkeitsverteilung gegeben.

In Listing 12.7 sind die Parameter der Wahrscheinlichkeitsverteilung, also z.B. der Erwartungswert, als *Attribute* angegeben. Im vorliegenden Fall schreibt der Standard vor, dass der Wert des Attributs vom Datentyp *Double* ist. Es ist keine Möglichkeit vorgesehen, diesen Wert - ähnlich wie wir es bei den Kosten getan haben - durch einen *Ausdruck*, der noch zur Laufzeit der Simulation zu berechnen ist, anzugeben.

12.4.2 Querbeziehungen zwischen BPMN- und BPSim-Semantik

Wir wollen jetzt modellieren, dass die Aufgabe „Bericht drucken" abgebrochen werden soll, wenn der Druck länger als 5 Minuten dauert. Das lässt sich leicht mit Mitteln der BPMN ausdrücken: An die Aufgabe wird ein Zeitereignis angeheftet und ein Attribut *TimerEventDefinition* zugeordnet. Dieses legt fest, dass das Ereignis fünf Minuten nach Start der Aufgabe ausgelöst wird:

```
<boundaryEvent id="cancelPrintTimer_id"
        name="Druck abbrechen" cancelActivity="true"
        attachedToRef="PrintTaskID">
    <timerEventDefinition>
        <timeDuration>PT5M</timeDuration>
    </timerEventDefinition>
</boundaryEvent>
```

Listing 12.8 Zeitereignis in BPMN.

Das Zeitverhalten wird hier komplett mit BPMN-Mitteln beschrieben. BPSim bietet keine Möglichkeit, etwa Folgendes zu spezifizieren: „Unterbrich die Aufgabe, wenn sie länger als 5 Sekunden multipliziert mit der Zahl der Druckseiten dauert". Zwar wäre es möglich, das Zeitverhalten des angehefteten Ereignisses auch mit Mitteln von BPSim zu definieren. Das wäre jedoch nicht hilfreich. Es gibt nämlich keine Möglichkeit, das BPSim-Attribut *InterTriggerTimer*, das man zu diesem Zweck verwenden müsste, auf die Startzeit der Aufgabe „Bericht drucken" zu beziehen.

12.4.3 Ressourcenmodell

Es wurde vielfach diskutiert, dass ein Schwachpunkt vieler Geschäftsprozess-Simulationswerkzeuge darin besteht, dass Ressourcen nur unter unrealistisch vereinfachenden Annahmen modelliert werden können (van der Aalst et al. 2009; Tarumi et al. 1999). Unter anderem sollte berücksichtigt werden können, dass Mitarbeiter nicht jederzeit mit der gleichen Geschwindigkeit arbeiten und dass sie bevorzugen, gleichartige Arbeitsaufträge hintereinander zu erledigen. In Januszczak und Hook (2011) wurde diese Kritik aufgegriffen und als Ziel für den BPSim-Standard erklärt, umfangreichere Ressourcenmodelle bereitzustellen.

Die Möglichkeiten, die BPSim für die Modellierung von Parametern vorsieht, sind tatsächlich ein Schritt in die richtige Richtung: Man kann angeben, dass sich die Verfügbarkeit von Ressourcen in Abhängigkeit von Tag und Uhrzeit ändert. Um Krankheit von Mitarbeitern oder Defekte von Maschinen zu modellieren, kann man die Verfügbarkeit von Ressourcen auch als Zufallsgröße definieren.

Allerdings bleiben auch Wünsche offen. Beispielsweise haben wir keine Möglichkeit, zu definieren, dass in unserem Beispiel der Drucker (der als Ressource modelliert wird) eine Aufwärmzeit von 3 Minuten benötigt, wenn der Abschluss des letzten Druckauftrags länger als 20 Minuten zurückliegt. Problematisch ist weiterhin, dass der Standard keine Aussage über die Bedeutung der Prioritäten trifft. Man kann vermuten, dass die Semantik von Prioritäten die ist, dass freigewordene Ressourcen der Aufgabe mit der höchsten Priorität zugewiesen werden. Waller et al. (2006) betont, dass dieses Verhalten in jedem praxistauglichen Geschäftsprozess-Simulationswerkzeug implementiert werden muss. Es sollte aber auch möglich sein, sich für andere Strategien der Ressourcenzuordnung zu entscheiden. Auch wenn keine Prioritäten angegeben sind (oder zwei Aufgaben mit derselben Priorität um eine Ressource konkurrieren), sollte es möglich sein, verschiedene Strategien der Ressourcenzuordnung anzugeben: Denkbar sind z.B. eine zufällige Auswahl, die Zuordnung an die am längsten wartende Aufgabe (FIFO) oder an die Aufgabe mit der frühesten erwarteten Endzeit (siehe auch Russell et al. 2005).

Aus Sicht der Kostensimulation ist auch die Betrachtung von Ressourcen wichtig, die nach Beendigung einer Aufgabe nicht wieder freigegeben werden. Solche „konsumierbaren" Ressourcen betreffen beispielsweise in einem Produktionsprozess Rohmaterial, sich abnutzende Werkzeuge oder Kühlwasser. Solche Ressourcen müssen in einem BPSim-Modell als Eigenschaft der Prozessinstanz modelliert werden, sie sind nicht Teil des Ressourcen-Modells.

12.4.4 Arbeit mit historischen Daten

Die Prozessparameter eines simulierten Prozesses können nicht nur als Konstanten oder als Zufallsgrößen angegeben werden.

In typischen Prozessoptimierungsprojekten können häufig die Verteilungen der Parameter aus den Protokollen früherer Durchläufe gewonnen werden. BPSim erlaubt, diese historischen Daten als Parameter bei der Abarbeitung einer Prozessinstanz im Simulationslauf zu nutzen. Wenn möglich, sollte von dieser Möglichkeit Gebrauch gemacht werden, da genauere Ergebnisse zu erwarten sind. Möglicherweise nicht zureichende Ergebnisse erhält man bei der Parametrisierung mit historischen Daten, wenn Zusammenhänge (z.B. zwischen Entscheidungen und den Parametern) zu beachten sind. In unserem Beispielprozess etwa dauert der Druck länger, wenn zuvor die Entscheidung für einen ausführlichen Bericht getroffen wurde. Zwar wird bei der Nutzung historischer Daten als Eingabe sowohl die Entscheidung für eine der beiden Möglichkeiten als auch die Dauer des Druckvorgangs aus historischen Daten erzeugt. Dies geschieht aber auf Ebene aller Prozessinstanzen gemeinsam, so dass der Zusammenhang „ausführlicher Bericht → längere Druckzeit" verloren geht.

12.4.5 Ergebnispräsentation

Im BPSim-Modell kann festgelegt werden, welche Werte als Ergebnis des Simulationslaufs zurückgeliefert werden sollen. Hier liegt ein Schwachpunkt des Standards, der in künftigen Versionen behoben werden sollte: Mögliche Rückgabewerte sind neben absoluten Anzahlen das Maximum, das Minimum und der Mittelwert einer beobachteten Größe. Diese sind aber nicht ausreichend, um die Verteilung einer Zufallsgröße zu beschreiben: Es fehlen insbesondere Angaben zur Streuung und Schiefe. Für eine Risikoanalyse eines Projekts sind auch Perzentile gefragt, also Informationen wie „zu 90% liegen die Kosten unter dem Betrag x". Wünschenswert wäre ebenso eine Speicherung der während eines Simulationslaufs aufgetretenen Ereignisse in einem einheitlich vorgegebenen Format zur späteren Weiterverarbeitung in Statistikwerkzeugen. Hierfür liefert der Standard derzeit keine Lösung.

12.4.6 Zusammenfassung: BPMN und BPSim

Wir haben in diesem Abschnitt gesehen, dass die Nutzung von BPMN als standardisierter Geschäftsprozessmodellierungssprache Vorteile hat. Ebenso haben wir aber auch gesehen, dass der BPMN-Standard alleine noch nicht die notwendigen Voraussetzungen dafür mitbringt, alle für eine Simulation relevanten Parameter zu modellieren. Hier hilft BPSim, eine Erweiterung des BPMN-Standards.

Die Kombination BPMN/BPSim ist ausdrucksfähig genug, um „statische" Simulationsszenarien abzubilden. Das heißt, dass die Parameter (Zeit, Kosten) der einzelnen Modellelemente Zufallsgrößen sein können, deren Verteilung sich aber während der Ausführung des Prozesses nicht ändern sollte.

Festzustellen ist, dass weder BPMN noch BPSim über ein vollständig ausgearbeitetes Ressourcenmodell verfügen. Für Simulationszwecke wäre die Möglichkeit einer detaillierteren Modellierung der Ressourcen wünschenswert. Vorschläge hierzu sind etwa in Cabanillas et al. (2012) zu finden.

Eine Analyse von Modellierungs- und Simulationswerkzeugen (Müller et al. 2015a; Müller und Bösing 2015b) zeigte, dass derzeit noch kein Werkzeug den vollen BPSim-Standard umsetzt. Es ist zu hoffen, dass sich dies mit weiterer Verbreitung des BPSim-Standards ändern wird.

12.5 SysML als Beschreibungssprache

Die SysML ist eine auf der UML2[2] basierende, allgemeine graphische Modellierungssprache (Friedenthal et al. 2014). Die SysML ist ein Profil der UML, da viele ihrer Modellelemente um Eigenschaften und Semantik erweiterte Modellelemente (Stereotypen) der UML sind. SysML ermöglicht die Analyse, Spezifikation, Verifizierung und Validierung komplexer Systeme, z.B. aus Hardware, Software, Anlagen, Daten, Personal, Geschäftsprozessen und weiteren Systemen. Die so spezifizierten Systemkomponenten und resultierenden Architekturbeschreibungen ermöglichen dann die Umsetzung durch domänenspezifische Sprachen wie VHDL für das Hardware-Design. So lassen sich Systeme, Komponenten und Einheiten auf folgenden Abstraktionsebenen in SysML beschreiben:

- Strukturelle Kompositionen, Klassifikationen und Verbindungen/Schnittstellen zwischen einzelnen Komponenten (engl. modeling structure),
- funktions-, nachrichten-, zustandsbasiertes Verhalten (engl. modeling behavior),
- Vorgaben, Beschränkungen oder Zusicherungen (engl. constraints) bezüglich physischer Eigenschaften und Leistungsparametern,
- zu berücksichtigende Anforderungen (engl. requirements) sowie ihre Beziehungen zu anderen Anforderungen und/ oder Systemkomponenten,
- Zuteilungen (engl. allocations) zwischen Verhalten, Struktur, Zusicherungen und Anforderungen.

Die SysML beinhaltet dazu neun verschiedene Diagrammtypen, von denen einige unverändert aus der UML übernommen (Sequenz-, Zustands-, Anwendungsfall-, Paketdiagramm) und andere für die Zwecke des Systems Engineering angepasst wurden (Aktivitäts-, Blockdefinitions-, internes Blockdiagramm). Zwei zusätzliche Diagrammarten (Zusicherungs- und Anforderungsdiagramm) wurden hinzugefügt, andere Diagramme der UML wurden nicht mit in die Spezifikation aufgenommen. Abbildung 12.2 zeigt die aktuelle SysML-Taxonomie mit relevanten Gemeinsamkeiten und Unterschieden zur UML.

SysML unterscheidet zwischen Diagrammen zur Modellierung des Verhaltens auf der einen Seite und der Struktur auf der anderen Seite. Zudem bietet die SysML die Möglichkeit, mithilfe des Anforderungsdiagramms funktionale sowie nichtfunktionale Anforderungen an das zu modellierende System präzise zu formulieren und zu den betroffenen Systemelementen (modelliert als Bausteine) in Bezug zu setzen. Aufgrund der modularen Struktur ist es nicht zwingend notwendig, sämtliche Diagrammtypen anzuwenden, um ein ganzheitliches SysML-Modell zu erhalten, sondern es sind lediglich die für den bestimmten Modellierungszweck benötigten Diagrammarten auszuwählen (Weilkens 2006).

---

[2] UML2: Die Unified Modeling Language, kurz UML, ist eine grafische Modellierungssprache zur Spezifikation, Konstruktion und Dokumentation von Software-Teilen und anderen Systemen. Sie ist aktuell in der Version 2.5 spezifiziert.

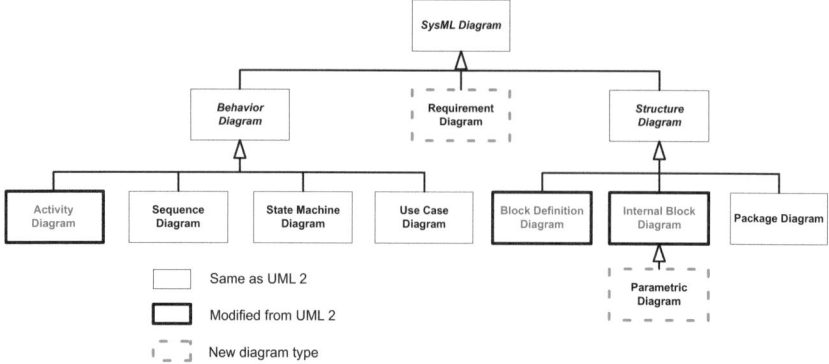

Abbildung 12.2 Modellarten der SysML (Friedenthal et al. 2014)

Eine System-Abbildung in der SysML ergibt sich aus den vier Säulen der SysML: die Modellierung der Struktur, der Parameter, des Verhaltens sowie der Anforderungen.

12.5.1 Eignung von SysML für Simulations-Anwendungen

Sowohl von industrieller als auch von wissenschaftlicher Seite erfährt die modellgetriebene Entwicklung von Simulationsmodellen mit SysML eine wachsende Aufmerksamkeit. Ursächlich hierfür sind insbesondere die zahlreichen Vorteile, welche die SysML aufweist (vgl. beispielsweise McGinnis und Ustun 2009). Nachfolgend sollen einige der bekannten Ansätze kurz vorgestellt werden.

Transformation in andere Sprachen

Johnson und Paredis (2008) entwickelten in ihrer Forschungsarbeit einen Transformationsansatz, der ähnlich der Transformation von BPMN-Modellen in BPSim-Modelle ist. Hierzu erweiterten die Forscher die SysML zunächst um einen sog. „Simulations"-Stereotypen. Ein Stereotyp ist dabei in der Lage, eine neue Semantik und ebenso zusätzliche Eigenschaften zu bereits existierenden Modellelementen hinzuzufügen (Weilkiens 2006). Der entwickelte Stereotyp „Simulation", erweitert die SysML um die Eigenschaften der Zeit und ermöglicht somit die graphische Modellierung von kontinuierlichen, dynamischen Vorgängen mit SysML. Die eigentliche Modelltransformation des SysML-Modells erfolgt dann in die objekt-orientierte Modellierungssprache Modelica, die dann eine simulative Ausführung erlaubt.

Wang und Dagli (2008) entwickelten in ihrer Forschungsarbeit ein allgemeines Rahmenwerk, welches ein zu Grunde liegendes SysML-Modell ebenfalls über Transformationsregeln in ein gefärbtes Petrinetz-Modell überführt. Gefärbte Petrinetze besitzen ebenfalls eine formale und mathematische Grundlage und lassen sich mit Hilfe von Simulationstools wie Graphviz oder der BRITNeY-Suite simulieren. Als Beispiel wenden Wang und Dagli (2008) ihr entwickeltes Rahmenwerk auf das Global Earth Observation System of Systems (GEOSS) an. Hierzu modellieren sie das Systemverhalten von GEOSS durch ein internes Blockdiagramm und durch ein Sequenzdiagramm in SysML.

Nikolaidou et al. (2008) entwickelten einen theoretischen Transformationsansatz für SysML-Modelle, der ebenfalls auf einer auf einer SysML-Erweiterung basiert. Hierzu erweiterten die beiden Forscher zunächst die SysML erneut mit Hilfe von Stereotypen um spezifische Formalismen und Regeln der Discrete Event System Specification (DEVS). Dieses DEVSSysML-Profil wird dann mit dem Modellierungswerkzeug Magic Draw implementiert. Die automatische Generierung von DEVS-Code aus diesem SysML-Modell erfolgt dabei in zwei Schritten: In einem ersten Schritt wird das Quellmodell in das DEVSXML-Format konvertiert. In einem zweiten Schritt erfolgt die automatische Transformation des DEVSXML-Codes über einen Konverter in die plattformspezifische Sprache des jeweiligen DEVS-Simulationswerkzeuges. Als plattformspezifische Sprache dienen C++ und/oder Java.

Huang (2011) entwickelte ein Rahmenwerk zur Transformation von SysML-Modellen in Simulationsmodelle des Simulationswerkzeuges AnyLogic. Hierzu wird das modellierte SysML-Modell zunächst in das XMI-Format überführt. Im Anschluss werden mittels Xpath alle für die Simulation relevanten Daten aus dem XMI-Format exportiert und in die Sprache Java übersetzt. Java ist die grundlegende Modellierungssprache von AnyLogic und ermöglicht somit dann die eigentlichen Simulationsläufe. Die Durchführbarkeit des entwickelten Rahmenwerkes wird mit der Transformation eines einfachen Warteschlangenmodells demonstriert.

Transformation in diskret ereignisgesteuerte Werkzeuge

Bei der Simulation von Produktions- und Logistiksystemen findet fast ausschließlich die ereignisdiskrete Simulation Anwendung. Ursächlich hierfür ist die komplexe und umfassende Struktur von Produktions- und Logistiksystemen. Sie vereinen zumeist Tausende von Objekten und ebenso komplexe Beziehungen in ihrem System. Allein die ereignisdiskrete Simulation ist in der Lage, diese enorme Komplexität zu beherrschen.

Huang et al. (2007), Schönherr und Rose (2009) sowie Schönherr und Rose (2011), McGinnis und Ustun (2009) und Batarseh und McGinnis (2012) beschäftigten sich in ihren Forschungsarbeiten mit der automatischen Modelltransformation von mit SysML modellierten Produktions- oder Logistiksystemen in ereignisdiskrete Simulationsmodelle.

Huang et al. (2007) entwickelten ein System, mit dem sie ein in SysML modelliertes Modell einer Fließfertigung automatisch in ein ausführbares Simulationsmodell für die Materialflusssimulationssoftware eM-Plant (heute: Plant Simulation) überführen können. Hierzu wird das modellierte SysML-Modell zunächst in eine

XMI-Datei überführt Im Anschluss hieran liest ein „Parser" die Datei und generiert auf Basis von Zuordnungsregeln das Simulationsmodell im Zielwerkzeug.

McGinnis und Ustun (2009) entwickelten einen Ansatz, der ein modelliertes Fließfertigungsmodell überwiegend automatisch in das Simulationsprogramm Arena überführen kann. Die Belegung der Maschinen erfolgt nach dem first-come-first-served Prinzip. Dazu wird in dem Ansatz in einem ersten Schritt das beschriebene Fließfertigungsmodell in SysML mit Hilfe des Modellierungswerkzeuges Topcased modelliert. In einem zweiten Schritt erfolgt, auf Basis des Topcased SysML-Metamodells, welches wiederum auf dem Ecore-Metamodell des Modellierungsrahmenwerks Eclipse[3] beruht, der Export des modellierten SysML-Modells in ein XMI-Dokument. Aus Gründen der Vereinfachung entwickelten die Autoren ein eigenes Metamodell namens „SysMLCreate". Auf Basis des entwickelten Metamodells wird in einem dritten Schritt das exportierte XMI-Dokument in ein neues XMI-Dokument transformiert. Der vierte Schritt beinhaltet die Transformation des neu generierten XMI-Dokuments in eine MS Access-Datenbank, welche Arena-Modelle repräsentiert. Die Transformation erfolgt dabei mit Hilfe der Atlas Transformation Language (ATL). In einem letzten Schritt wird die MS Access-Datenbank in die Arena-Modellierungsumgebung integriert.

Schönherr und Rose (2009) sowie Schönherr und Rose (2011) entwickelten in ihren gemeinsamen Forschungsarbeiten einen praktischen Ansatz zur automatischen Transformation eines SysML-Modells in Simulationsmodelle für die Simulationswerkzeuge AnyLogic, Simcron Modeler, Factory Explorer und Flexsim. Das entwickelte Transformationssystem basiert auf einer mehrschichtigen Systemarchitektur. In einem ersten Schritt erfolgt die Modellierung des SysML-Modells mit Hilfe des Modellierungstools MagicDraw. In einem zweiten Schritt überführt ein Parser das mit Hilfe von MagicDraw modellierte SysML-Modell in ein internes Modell. Als Parser benutzten die Autoren einen Prototyp, der auf dem SAX-Standard basiert. In einem dritten Schritt werden die Daten des internen Modells in das Eingabeformat des jeweiligen Simulationstools überführt. Da nahezu jedes Simulationstool ein eigenes, spezifisches Eingabeformat besitzt, ist es notwendig, für jedes Simulationstool eine spezifische Transformation zu entwickeln. Der Vorteil der beschriebenen mehrschichtigen Systemarchitektur besteht darin, dass auch bei der Transformation des SysML-Modells in verschiedene Simulationsmodelle die Schritte eins und zwei des Systems lediglich einmal durchgeführt werden müssen. Neben der Transformation eines SysML-Modells in ein Simulationsmodell gelang die Durchführung einer rückwärtsgerichteten Transformation zur automatischen Generierung von SysML-Modellen aus Flexsim-Modellen. Während sich der entwickelte Transformationsansatz auf die Simulation von Produktionssystemen beschränkt, wendeten Rehm et al. (2011) den entwickelten Transformationsansatz auf Modellszenarien im Bereich der Logistik und des Bauingenieurwesens an.

---

[3] Eclipse ist ein quelloffenes Programmierwerkzeug zur Entwicklung von Software. Ursprünglich wurde Eclipse als integrierte Entwicklungsumgebung (IDE) für die Programmiersprache Java genutzt, aber mittlerweile wird es wegen seiner Erweiterbarkeit auch für viele andere Entwicklungsaufgaben eingesetzt.

Batarseh und McGinnis (2012) entwickelten ein System zur automatischen Transformation von SysML-Modellen in Modelle für die Simulationssoftware Arena. Zur Veranschaulichung ihres Systems benutzten sie den Produktionsbereich. Der verwendete Transformationsansatz basiert auf der Erweiterung der SysML über Stereotypen um ein SysML4Arena-Profil. Mit Hilfe der entwickelten domänenspezifischen Bibliothek ist der Endnutzer in der Lage, ein domänenspezifisches SysML-Modell für den Zweck der Simulation zu bilden, indem er die Bibliothek benutzt. Die Modelltransformation des SysML-Modells erfolgt durch die Atlas Transformation Language (ATL) und Eclipse.

Dabei generiert die Atlas Transformation Language die Zuordnungsregeln zwischen dem SysML-Modell und dem Modell des Zielwerkzeuges; Eclipse dient als Plattform zur Ausführung der Transformation.

12.5.2 Eignung von SysML für Simulations-Anwendungen der Kostensimulation

Arbeiten, die Aspekte einer Kostensimulation in die Abbildung der Simulationsmodelle mittels SysML integrieren, sind heute nicht allgemein bekannt.

Der in den dargestellten Forschungsarbeiten vorgestellte Ansatz ließe sich jedoch mit vertretbarem Aufwand hinsichtlich eines spezifischen Kostenrechnungsmodells erweitern, indem auf die existierenden Profile aus den bestehenden Forschungsarbeiten aufgesetzt wird und Aspekte der Kostensimulation innerhalb dieser Profile ergänzt würden. Vorteilhaft an solch einer Lösung wären die direkte Integration sowie die Abbildung spezifischer Verrechnungsregeln in den jeweiligen Transformatoren. Als nachteilig wäre sicherlich anzusehen, dass dafür die Erstellung der jeweiligen Profile noch spezifischer und zwangsläufig auch aufwändiger werden würde. Eine entsprechende Erweiterung der in den Arbeiten vorgestellten Bibliotheken würde die Festlegung auf ein spezifisches Kostenrechnungsmodell voraussetzen. Eine weitere Herausforderung ist die jeweilige Übersetzung in die spezifischen Simulationswerkzeuge, die auch jeweils, wenn überhaupt, nur spezifische Kostenmodelle berücksichtigen können.

Alternativ könnten verschiedene Kostenrechnungsmodelle als eigenständige SysML-Profile entwickelt werden, die dann in der jeweiligen Modellierung als eigene Bausteine innerhalb einer gemeinsamen Domäne verwendet werden könnten. Hier müsste nur einmal ein möglichst vollständiges Profil entwickelt werden. Die Transformation der Quellmodelle auf Basis zweier Profile in ein gemeinsames Zielmodell für ein spezifisches Werkzeug würde bei einem solchen Vorgehen zwangsläufig anspruchsvoller, prinzipiell aber möglich.

Der Modellierungsansatz der SysML mit den verschiedenen Diagrammtypen ist prinzipiell wegen seiner flexiblen Ausgestaltung aber gut dazu in der Lage, beide Welten symbiotisch zu vereinen.

Für eine prinzipielle Verbreitung der vorgestellten Ansätze und der Ideen aus diesem Kapitel müsste aber zunächst die SysML an sich eine steigende Akzeptanz im Bereich der Modellierung erfahren. Diese ist heute nicht gegeben, auch weil die Modellierung für Nicht-Programmierer grade im Vergleich mit den vorher vorgestellten Ansätzen der BPMN oder EPKs als weniger intuitiv empfunden wird.

12.6 Zusammenfassung

Dieses Kapitel widmet sich der Frage, inwiefern zur Modellierung von Kostensimulationsmodellen auf standardisierte Modellierungssprachen zurückgegriffen werden kann, die heute häufig schon für Geschäftsprozesse in Sprachen wie BPMN, Ereignisgesteuerten Prozessketten oder der SysML verwendet werden. Prinzipiell müssten diese Modelle dann „nur noch" mit den für die (Kosten-)Simulation relevanten Parametern angereichert werden.

Die Betrachtung der BPMN zeigt, dass hier in den vergangenen Jahren schon viele Arbeiten geleistet wurden und solch eine Erweiterung und Anwendung, wenn auch mit den beschriebenen Einschränkungen, heute möglich ist. Dennoch sind hier noch offene Themen zu bearbeiten.

Auch die SysML konnte über verschiedene Arbeiten nachweisen, dass zumindest eine prinzipielle Modellierung und anschließende Ausführung von verschiedenen Simulationsmodellen möglich ist. Eine konkrete Erweiterung um Aspekte einer Kostensimulation ist nicht bekannt, verschiedene Möglichkeiten einer solchen Abbildung werden jedoch kurz skizziert.

Literatur

Batarseh, Ola und Leon McGinnis (2012). "System modeling in SysML and system analysis in Arena". In: *Proceedings - Winter Simulation Conference*.

Buech, P. et al. (2012). "Intelligent guide to enterprise BPM: Remove silos to unleash process power". In: *Darmstadt: Software AG*.

Cabanillas, Cristina et al. (2012). "RAL: A high-level user-oriented resource assignment language for business processes". In: *BPM 2011: Business Process Management Workshops*. Bd. 99 LNBIP, S. 50–61.

Cartelli, Vincenzo et al. (2016). "Complementing the BPMN to enable data-driven simulations of business processes". In: *12th International Workshop on Enterprise and Organizational Modeling and Simulation, EOMAS 2016*. Bd. 272, S. 22–36.

Friedenthal, Sanford et al. (2014). *A practical guide to SysML: The systems modeling language*. Third edition. Waltham, MA: Morgan Kaufman.

Huang, Chien-Chung (2011). "Discrete event system modeling using SysML and model transformation". Diss. Georgia Institute of Technology.

Huang, Edward et al. (2007). "System and simulation modeling using SysML". In: *Proceedings - Winter Simulation Conference*, S. 796–803.

ISO-Standard (2013). "ISO/IEC 19510: 2013". In: *Information Technology–Object Management Group Business Process Model and Notation*.

Januszczak, John und Geoff Hook (2011). "Simulation standard for business process management". In: *Proceedings - Winter Simulation Conference*, S. 741–751.

Johnson, Thomas und Christiaan J. J. Paredis (2008). "Using OMG's SysML to support simulation". In: *Simulation Conference, 2008. WSC 2008. Winter*, S. 2350–2352.

Kloos, Oliver (2014). *Generierung von Simulationsmodellen auf der Grundlage von Prozessmodellen: Zugl.: Ilmenau, Techn. Univ., Diss., 2013*. Ilmenau: Univ.-Verl.

Korherr, Birgit und Beate List (2007). "Extending the EPC and the BPMN with business process goals and performance measures". In: *ICEIS 2007 - 9th International Conference on Enterprise Information Systems, Proceedings* ISAS, S. 287–294.

Magnani, Matteo und Danilo Montesi (2007). "BPMN: How much does it cost? An incremental approach". In: *Proceedings of the 5th international conference on Business process management*, S. 80–87.

McGinnis, Leon und Volkan Ustun (2009). "A simple example of SysML-driven simulation". In: *Proceedings - Winter Simulation Conference*, S. 1703–1710.

Müller, Christian und Klaus D. Bösing (2015b). "Vergleich von Simulationsfunktionalitäten in Werkzeugen zur Modellierung von Geschäftsprozessen". In: *AKWI Tagungsband 2015*.

Müller, Christian et al. (2015a). *Gegenüberstellung der Simulationsfunktionalitäten von Werkzeugen zur Geschäftsprozessmodellierung*. Wildau: Technische Hochschule Wildau.

Nikolaidou, Mara et al. (2008). "A SysML profile for classical DEVS simulators". In: *Proceedings - The 3rd International Conference on Software Engineering Advances, ICSEA 2008, Includes ENTISY 2008: International Workshop on Enterprise Information Systems*, S. 445–450.

OMG-Standard (2016). *Decision Model and Notation 1.1, www.omg.org/spec/DMN*.

Pereira, José Luís und António Paulo Freitas (2016). "Simulation of BPMN process models: Current BPM tools capabilities". In: *Advances in Intelligent Systems and Computing*. Bd. 444, S. 557–566.

Rehm, Markus et al. (2011). "Ein Metamodell von Produktionssystemen als Grundlage für die automatische Simulationsmodellgenerierung". In: *Logistics Journal* 6.

Russell, Nick et al. (2005). "Workflow resource patterns: Identification, representation and tool support". In: *CAiSE 2005: Advanced Information Systems Engineering*. Bd. 3520 LNCS, S. 216–232.

Scherer, Raimar und Ali Ismail (2011). "Process-based simulation library for construction project planning". In: *Proceedings - Winter Simulation Conference*, S. 3488–3499.

Schönherr, Oliver und Oliver Rose (2009). "First steps towards a general SysML model for discrete processes in production systems". In: *Proceedings - Winter Simulation Conference*, S. 1711–1718.

Schönherr, Oliver und Oliver Rose (2011). "A general model description for discrete processes". In: *Proceedings - Winter Simulation Conference*, S. 2201–2213.

Tarumi, Hiroyuki et al. (1999). "Evolution of business processes and a process simulation tool". In: *Software Engineering Conference, 1999.(APSEC'99) Proceedings. Sixth Asia Pacific*, S. 180–187.

van der Aalst, W.M.P. et al. (2009). "Business Process Simulation: How to get it right". In: *International Handbook on Business Process Management*. Springer-Verlag.

Waller, Anthony et al. (2006). "L-sim: Simulating BPMN diagrams with a purpose built engine". In: *Proceedings - Winter Simulation Conference*, S. 591–597.

Wang, Renzhong und Cihan H. Dagli (2008). "An executable system architecture approach to discrete events system modeling using SysML in conjunction with Colored Petri Net". In: *2008 IEEE International Systems Conference Proceedings, SysCon 2008*, S. 118–125.

Weilkiens, Tim (2006). *Systems Engineering mit SysML/UML: Modellierung Analyse Design*. 1. Aufl. Heidelberg: dpunkt-Verl.

Workflow Management Coalition (2016a). *BPSim – Business Process Simulation Specification 2.0, Document Number WFMC -BPSWG-2012-1*.

Workflow Management Coalition (2016b). *BPSim Implementer's Guide*.

If you have any concerns about our products,
you can contact us on
ProductSafety@springernature.com

In case Publisher is established outside the EU,
the EU authorized representative is:
**Springer Nature Customer Service Center GmbH
Europaplatz 3, 69115 Heidelberg, Germany**

Printed by Libri Plureos GmbH
in Hamburg, Germany